Kursbuch Gesundes Herz

Dr. med. M. Gabriel Khan/
Dr. med. Henry J. L. Marriott

Kursbuch Gesundes Herz

Aktiv vorbeugen
Rechtzeitig erkennen
Sinnvoll behandeln

Aus dem Amerikanischen
von Dr. Sebastian Vogel

Fachliche Beratung für die deutsche Ausgabe:
Dr. med. Jörg Eimers-Kleene

vgs

Die Informationen und Anleitungen in diesem Buch sind von Autoren und Verlag nach bestem Wissen und Gewissen sorgfältig erwogen und geprüft, stellen aber keinen Ersatz für eine medizinische Betreuung jeglicher Art dar. Autoren und Verlag übernehmen keinerlei Haftung für etwaige Personen- oder Sachschäden, die sich aus Gebrauch oder Mißbrauch der in diesem Buch aufgeführten Therapievorschläge ergeben.

Titel der amerikanischen Originalausgabe: Heart Trouble Encyclopedia
erschienen bei: Stoddart Publishing Co. Limited, Toronto/Kanada

Die Deutsche Bibliothek – CIP-Einheitsaufnahme

Khan, M. I. Gabriel:
Kursbuch gesundes Herz : aktiv vorbeugen, rechtzeitig erkennen, sinnvoll behandeln / M. Gabriel Khan ; Henry J. L. Marriott. Aus dem Amerikan. von Sebastian Vogel. Fachliche Beratung für die dt. Ausg.: Jörg Eimers-Kleene. – Köln : vgs, 1997
Einheitssacht.: Heart trouble encyclopedia ⟨dt.⟩
ISBN 3-8025-1347-9

Umschlagfoto: IFA-Bilderteam
Redaktion: Martina Weihe-Reckewitz
Lektorat: Marcus Reckewitz, Bonn
Umschlaggestaltung: Christa Stüber, Köln
Produktion: Ilse Rader
Satz: Typo Forum Gröger, Singhofen
Druck: Freiburger Graphische Betriebe, Freiburg
Printed in Germany
ISBN 3-8025-1347-9

Inhalt

Vorwort

Mit dem »Kursbuch Gesundes Herz« wollen wir dem Leser einen Zugriff auf umfassende Informationen über alle aktuellen Aspekte der unterschiedlichsten Herzerkrankungen ermöglichen. In den Industrieländern sind Millionen Menschen herzkrank oder leiden an hohem Blutdruck. Erkrankungen des Herz-Kreislauf-Systems sind in Nordamerika, Europa und Rußland die Todesursache Nummer eins.

Doch in vielen Fällen geben die Fortschritte der Medizin heute Anlaß zur Hoffnung. Wir haben uns im folgenden bemüht, systematisch und in verständlicher Form die häufigsten Beschwerden herzkranker Patienten, ihre vielfältigen Ursachen sowie lebensrettende Therapie- und Heilmethoden zu beschreiben.

Über Herzkrankheiten gibt es bereits eine ganze Reihe von Büchern. Doch viele dieser zum Teil veralteten Publikationen enthalten vorwiegend Einzelfallberichte oder bieten Behandlungspläne, Diätrezepte und Therapieprogramme, die sich nicht auf die neueste wissenschaftliche Literatur gründen. In manchen dieser Bücher erteilen die Autoren bisweilen überholte und zweifelhafte Ratschläge, andere besprechen zwar eingehend das Cholesterinproblem und die Gefahren eines Herzinfarkts, Herz-Kreislauf-Krankheiten wie Angina pectoris, hoher Blutdruck, Herzklappenerkrankungen, Herzgeräusche, Herzinsuffizienz, Herzrhythmusstörungen oder Herzbeutelentzündung werden jedoch nur am Rande oder gar nicht berücksichtigt. Ein Kursbuch sollte jedoch ein umfassendes und aktuelles Nachschlagewerk sein: In letzter Zeit wurde viel über Chlamydien, Acetylsalicylsäure, Östrogen, Vitamin E, Beta-Carotin und andere Antioxidantien sowie über Herzkrankheiten bei Frauen geredet; auch diese Themen werden hier eingehend erörtert.

Wenn die hier aufgeführten Therapievorschläge auch nach bestem Wissen und Gewissen zusammengestellt sind, müssen wir dennoch darauf hinweisen, daß alle Therapievorschläge und Informationen in diesem Buch die ärztliche Beratung und Behandlung nicht ersetzen können.

Acetylsalicylsäure gegen Herzkrankheiten

Historischer Überblick

Der englische Volksmund kennt eine ebenso einfache wie zutreffende Erkenntnis: An apple a day keeps the doctor away (was soviel bedeutet wie: Der tägliche Apfel macht den Hausarzt überflüssig). Aber man weiß mittlerweile, daß es für die Gesundheit neben dem täglichen Apfel noch etwas Wichtiges gibt: die tägliche Tablette Acetylsalicylsäure.

Acetylsalicylsäure (ASS) ist ein enger chemischer Verwandter der Salicylsäure, die schon Hippokrates um 500 v. Chr. seinen Patienten zur Schmerzlinderung verabreichte: Er ließ sie die Rinde von Weiden (lat. Salix) kauen, in der diese Verbindung enthalten ist. Im Jahr 1763 präsentierte Reverend Stone aus Chipping Norton in England seine Erkenntnis, daß Weidenrinde bei wechselndem Fieber und Schüttelfrost hilft. Felix Hoffmann, Chemiker bei der Firma Bayer in Wuppertal, behandelte 1899 die Schmerzen seines rheumakranken Vaters erfolgreich mit dem mittlerweile Aspirin genannten Wirkstoff. Bereits ab 1900 wurde Aspirin in der modernen Form als Tablette von Bayer vertrieben.

Die erste klinische Studie zur Wirkung von Acetylsalicylsäure bei Patienten stammt aus der Zeit von 1948 bis 1956: Damals behandelte der praktische Arzt Lawrence Craven 1500 relativ gesunde, aber übergewichtige Männer, die 40 bis 65 Jahre alt waren und sich körperlich wenig bewegten. Die Ergebnisse wurden im Mississippi Valley Journal veröffentlicht: Demnach reichte als Vorbeugung gegen einen Herzinfarkt eine Aspirin pro Tag, denn von den 1500 untersuchten Patienten hatte während der fünfjährigen Behandlung kein einziger einen Herzinfarkt erlitten. Diese kleine Studie veranlaßte die Ärzteschaft jedoch noch nicht dazu, fortan Acetylsalicylsäure gegen Herzkrankheiten zu verschreiben.

Das erreichte erst John Vane, der 1971 in England beweisen konnte, daß ASS im Körper die Wirkung bestimmter Substanzen, der sogenannten Prostaglandine, blockiert, was zur Folge hat, daß die Blutplättchen nicht mehr zu Gerinnseln verklumpen. ASS hat also eine schwach blutverdünnende Wirkung.

Eine neue Epoche wurde 1983 in den USA durch eine Studie von Dr. Lewis und seinen Mitarbeitern eingeläutet; von nun an wurde Acetylsalicylsäure allgemein als lebensrettender Wirkstoff bekannt. Das Ärzteteam um Lewis konnte nämlich nachweisen, daß die tägliche Einnahme einer Tablette Alka-Seltzer®, die 325 mg Acetylsalicylsäure enthält, bei Patienten mit schwerer Angina pectoris zu einem Rückgang der tödlichen und nicht tödlichen Herzinfarkte um 49% führt. Zu dem gleichen Ergebnis gelangte auch eine Studie in Kanada. Die zweite Internationale Studie zum Überleben bei Herzinfarkt (International Study of Infarct Survival, ISIS-2), die in Großbritannien durchgeführt wurde, bestätigte 1988, daß Patienten mit einem Herzinfarkt, die in den ersten sechs Stunden nach Einsetzen der Schmerzen 160 mg reine ASS einnehmen, deutlich häufiger überleben. Dieser Studie zufolge verstärkte die Acetylsalicylsäure die lebensrettende Wirkung der Streptokinase, eines Wirkstoffs, den man kurz nach einer Herzattacke zum Auflösen von Blutgerinnseln einsetzt.

Schließlich führte man im Jahr 1988 eine Studie an 22 071 männlichen Ärzten im Alter von 40 bis 80 Jahren durch, die fünf Jahre lang jeden zweiten Tag

325 mg ASS nahmen. Auch hier ging die Herzinfarkthäufigkeit um 44 % zurück.

Acetylsalicylsäure: Anerkannte Indikationen und Dosierung

- Zur Verhütung eines möglicherweise tödlichen Herzinfarktes täglich 100 mg Acetylsalicylsäure in Verbindung mit Nitraten.
- Stabile Angina pectoris (schwache bis mittelschwere Schmerzen in der Brust, vor allem bei körperlicher Belastung): zur Verhütung eines möglicherweise tödlichen Herzinfarktes täglich 100 mg Acetylsalicylsäure.
- Nach einem Herzinfarkt zur Verhütung eines weiteren, möglicherweise tödlichen Infarktes täglich 100 mg Acetylsalicylsäure.
- Nach einer Bypass-Operation zur Verhütung einer Verengung des transplantierten Gefäßes: während der ersten Jahre täglich 100 mg Acetylsalicylsäure.
- Männer über 45 und Frauen über 60 Jahre bei Vorliegen von Risikofaktoren (Herzinfarkt bei Angehörigen unter 60 Jahre, hoher Cholesterinspiegel bzw. LDL über 160 mg, mäßiger Bluthochdruck, Diabetes): täglich 100 mg.
- Zur Vorbeugung gegen Schlaganfall, siehe dort.
- Für Personen mit erhöhtem Risiko (Herzinfarkt bei Angehörigen unter 60 Jahren, hoher Cholesterinspiegel bzw. LDL über 160 mg, mäßiger Bluthochdruck, Diabetes) ist eine Tablette mit 100 mg Acetylsalicylsäure vor dem Zubettgehen ein guter Schutz.

Achtung: Höhere Dosen Acetylsalicylsäure erhöhen bei langfristiger Einnahme das Risiko von Magenblutungen.

Alkohol

Alkohol (Ethanol) wirkt hemmend auf die Nervenleitung und die Herzmuskel-Erregbarkeit. Experimente, bei denen gesunde Studenten im Laufe von zwei Stunden 250 ml Alkohol zu sich nahmen, haben erwiesen, daß die Blutmenge, die das Herz in die Arterien pumpte, um 33 % sank. Patienten, die unter einer Herzerweiterung leiden oder schon einmal ein Herzversagen erlebt haben, sollten keinen Alkohol trinken, denn er schwächt die Pumpkraft des Herzens und kann zur Herzinsuffizienz führen.

Hoher Alkoholkonsum – ob Bier, Wein oder Spirituosen – kann im Laufe mehrerer Jahre eine erhebliche Schwächung und Schädigung des Herzmuskels herbeiführen, die schließlich zur Vergrößerung und zur Erkrankung des Herzens führt (Kardiomyopathie). Glücklicherweise kommt dies aber nur selten vor. Geringer bis mäßiger Alkoholkonsum läßt bei gesunden Patienten, aber auch bei solchen mit koronarer Herzkrankheit ohne Herzinsuffizienz, das Infarktrisiko nicht steigen. Durch 60 bis 90 ml Alkohol am Tag steigt der Spiegel des HDL-Cholesterins (s. S. 85ff.) um 5 bis 10 %, aber ob dieser mäßige Anstieg schützend wirkt, ist nicht nachgewiesen und bleibt umstritten.

Schädliche Wirkungen

Alkohol wirkt auf das Herz in dreierlei Hinsicht schädlich:

- Patienten mit Herzmuskelschwäche, die zu Atemnot führt, sollten keinen Alkohol trinken, denn dieser schwächt das Herz noch mehr.
- Bei entsprechender Veranlagung kann Alkohol zu Herzrhythmusstörungen führen. Der Herzschlag

wird durch Extrasystolen unregelmäßig, und diese Unregelmäßigkeit kann besorgniserregende Ausmaße annehmen, bis hin zum Vorhofflimmern (s. S. 173). Die Rhythmusstörungen treten manchmal in den ersten Stunden nach dem Alkoholgenuß auf, aber häufiger setzt die Störung 12 bis 24 Stunden später ein.

- Übermäßiger Alkoholkonsum kann das Herz auch unmittelbar schädigen, aber das kommt glücklicherweise nur selten vor. Für alkoholbedingte Herzerkrankungen gibt es offenbar eine genetische Veranlagung. Der Herzmuskel dehnt sich, und es kommt zum Herzversagen. Diese Störung ist kaum zu behandeln, so daß nur geringe Überlebensaussichten bestehen. Personen mit einer solchen alkoholbedingten Herzkrankheit sterben meist innerhalb von fünf Jahren. Wenn sie mit dem Trinken völlig aufhören, ist allerdings in manchen Fällen mit Hilfe einer besonderen Therapie eine Genesung möglich. Diese Krankheit betrifft aber nur wenige Personen, die genetisch entsprechend disponiert sind.
- Man hat den Alkohol auch mit einem Anstieg des systolischen Blutdrucks in Verbindung gebracht. Personen, die an Bluthochdruck leiden und mehr als zwei Gläser am Tag trinken, werden unter Umständen feststellen, daß sie weniger oder gar keine Medikamente brauchen, wenn sie den Alkoholkonsum einschränken.

Nützliche Wirkungen

Ein bis zwei Gläser Alkohol täglich, über mehrere Jahre hinweg konsumiert, scheinen einen leichten Rückgang der Sterblichkeit durch koronare Herzkrankheit zu bewirken. Frankreich weist trotz eines hohen Durchschnittskonsums von Fett den zweitniedrigsten Wert dieser Todesursache auf. Allerdings steht der geringen Sterblichkeit durch koronare Herzkrankheit in Frankreich eine hohe Sterblichkeit durch Leberzirrhose gegenüber.

Ob Wein, insbesondere Rotwein, stärker vor koronarer Herzkrankheit schützt als andere alkoholische Getränke, ist bisher noch nicht zweifelsfrei geklärt. Im Rotwein sind zwar Antioxidantien und Phenole enthalten, die Qualität ihrer Wirkung ist aber in der Fachwelt noch umstritten. Nachgewiesen ist hingegen, daß alkoholische Getränke durchaus nützliche Wirkungen hervorrufen. Langzeitstudien haben gezeigt, daß die Schutzwirkung bei einem bis höchstens zwei Gläsern pro Tag am stärksten ist. Ein Alkoholkonsum von mehr als zwei Gläsern pro Tag ist mit einem erhöhten Risiko für Leberzirrhose verbunden.

Ethanol läßt den Spiegel des »guten« HDL-Cholesterins im Blut ansteigen; das ist vermutlich der Grund, warum es die Sterblichkeit durch koronare Herzerkrankungen senkt.

Ärztlicherseits wird Alkohol zum Schutz vor koronarer Herzkrankheit dennoch nicht empfohlen, denn vor anderen Herzerkrankungen schützt er nicht, und bei einem Konsum von mehr als vier Gläsern pro Tag wächst die Gefahr der Leberzirrhose erheblich. Darüber hinaus besteht die Gefahr des Alkoholmißbrauchs mit seinen gesundheitsschädigenden und sozialen Folgen. Besorgniserregend ist bei manchen Menschen auch die Gefahr einer genetischen Veranlagung zur Suchterkrankung.

Gleichwohl ist es nicht von der Hand zu weisen, daß Personen, die ihren Konsum auf höchstens ein bis zwei Gläser am Tag beschränken, deutlich besser gegen die koronare Herzkrankheit geschützt sind als Abstinenzler.

Aneurysma

Ein Aneurysma ist eine Ausbeulung einer Arterie oder des Herzens. Seine Ursache ist eine schwerwiegende Schwächung der Arterien- oder Herzkammerwand.

Die größte Schlagader (Arterie) des menschlichen Körpers ist die Aorta, die das aus dem Herzen kommende Blut aufnimmt. Sie verläuft unmittelbar vor der Wirbelsäule vom Brustkorb in die Bauchhöhle und spaltet sich über dem Becken in die Hüftarterien, die Becken, Gesäß und Beine mit Blut versorgen (s. Abb. S. 17). Die Aorta muß also den gesamten Druck des aus dem Herzen gepreßten Blutes aufnehmen, weshalb es bei ihr am häufigsten zu einer Schwächung kommt. Die Aorta ist auch häufig von der Atherosklerose betroffen. Vor allem im Bauchraum kann es zu einer Dehnung und Schwächung ihrer elastischen Wand kommen. In den meisten Fällen bildet sich das Aneurysma im Bauchraum kurz unterhalb der Abzweigung zu den Nieren, aber noch über der Gabelung zu den beiden Hüftarterien, die das Becken versorgen (s. Abb. S. 17). Normalerweise hat die Aorta einen Durchmesser von 1,8 bis 2 cm. Von einem ausgeprägten Aneurysma spricht man, wenn der Durchmesser 4 cm überschreitet. Weitere Stellen, an denen sich häufig Aneurysmen bilden, sind der obere Abschnitt der Aorta im Brustkorb, die Hüftarterien im Becken und die Kniekehlen-Arterie (Arteria poplitea) auf der Rückseite des Knies.

Die Ursachen der Schwächung sind Atherosklerose und die altersbedingt verminderte Elastizität der Gefäßwände; verstärkt wird die Gefahr, daß sich ein Aneurysma bildet und reißt, durch zu hohen Blutdruck. Häufig beobachtet man Aneurysmen auch bei Patienten mit dem Marfan-Syndrom, einer Krankheit, die sich auch auf die Elastizität der Gefäßwände auswirkt. Einigen Studien zufolge kann das Auftreten von Aneurysmen der Aorta im Bauchraum auch mit einer familiären Vorbelastung zusammenhängen.

Bei Männern über 60 sind Aneurysmen durchaus nicht selten. Sie können bis zu 5 cm groß werden, ohne Beschwerden zu verursachen, so daß der Betroffene sie häufig gar nicht bemerkt. Mit einer einfachen Ultraschalluntersuchung des Bauchraumes kann man sie aber erkennen und ihre Größe recht genau bestimmen.

Behandlung

Übersteigt die Größe eines Aneurysmas ca. 4 cm, ist eine größere Operation erforderlich. In jüngster Zeit ist es auch gelungen, die Arterienwand künstlich zu verstärken. Dazu ist nur ein kleiner chirurgischer Eingriff erforderlich: Man schiebt ein kleines Röhrchen aus rostfreiem Stahl oder einem anderen Material durch eine Beinschlagader bis an die geschwächte Stelle des Gefäßes, wo es als zusätzliche Innenwand dient. Diese Technik stellt einen wichtigen Fortschritt dar, denn die Betroffenen sind vielfach ältere Menschen, die auch an anderen Krankheiten leiden oder bereits einen Herzinfarkt hinter sich haben, so daß größere Operationen mit einem entsprechend erhöhten Risiko verbunden sind.

Hirnarterien-Aneurysma

Aneurysmen eines anderen Typs treten gelegentlich an der Unterseite des Gehirns auf. Dort sind die Blutgefäße bei manchen Menschen von Geburt an geschwächt, so daß sich eine sack- oder beerenförmige Erweiterung einer Arterie bildet. Die Betroffenen haben meist keinerlei Beschwerden, bis das

Aneurysma zwischen dem 20. und 50. Lebensjahr irgendwann reißt. Die dann eintretende sogenannte Subarachnoidalblutung kann das Gehirn schädigen und sogar tödlich verlaufen. Hirnarterien-Aneurysmen sind nicht mit Bluthochdruck gekoppelt, dieser kann aber ihre Neigung zum Reißen verstärken. Häufig beobachtet man das Hirnarterien-Aneurysma bei Patienten, die gleichzeitig an Gefäßverengungen oder Zystennieren leiden.

Angeborene Herzfehler

Der Sammelbegriff »angeborene Herzfehler« bezeichnet Erkrankungen des Herzens, die schon während der Entwicklung des ungeborenen Kindes entstehen. Sie sind bei der Geburt vorhanden, werden aber unter Umständen erst viel später entdeckt.

Angeborene Herzfehler kommen bei etwa 0,8 % aller Neugeborenen vor; ihre Ursachen sind nicht im einzelnen geklärt. In etwa 10 % der Fälle kann man die Erkrankung auf Chromosomenstörungen oder genetische Abweichungen (Mutationen) zurückführen. Die häufigste Chromosomenstörung, das Down-Syndrom (Mongolismus), tritt etwa bei einem von 600 Neugeborenen auf; das Risiko für diese Störung steigt stark an, wenn die Mutter über 35 Jahre alt ist (bei 40- bis 45jährigen Frauen 1:50). Beim Down-Syndrom findet man häufig einen sogenannten Vorhofseptumdefekt, das heißt, die Trennwand zwischen den beiden Herzvorhöfen weist ein Loch auf.

Manche angeborenen Herzfehler entstehen durch schädliche Einflüsse während der Schwangerschaft; diese teratogene (Mißbildungen hervorrufende) Wirkung haben unter anderem Rötelninfektionen, Strahlung, Medikamente und Chemikalien (darunter auch ACE-Hemmer), Alkohol, Hydantoin, Lithium, Phenylalanin, Thalidomid (Contergan), Trimethadion, Valproinsäure, Vitamin A, Antikoagulantien. Da man über die Ursachen bei der Mehrzahl der angeborenen Herzfehler so wenig weiß und da das teratogene Potential der verschiedensten Einflüsse bei so vielen von ihnen eine Rolle spielt, sollten Frauen in den ersten sechs Monaten einer Schwangerschaft keinerlei Medikamente einnehmen, ohne zuvor einen fachkundigen Arzt zu befragen.

Angeborene Zyanose

Manche Babys sehen wegen eines angeborenen Herzfehlers bei der Geburt oder in den ersten Lebensjahren blau aus. Andere Kinder werden bei körperlicher Anstrengung blau. In schweren Fällen ist das Kind sogar in Ruhe blau verfärbt, und die Fingerspitzen sind verdickt (»Trommelschlegelfinger«). Diese Erkrankung bezeichnet man als angeborene Zyanose, bei der nur unzureichend mit Sauerstoff beladenes Blut aus der rechten Herzhälfte in die linke übertritt. In der Regel geschieht dies, weil die Herzscheidewand ein Loch hat, während gleichzeitig der Blutfluß durch eine der Herzklappen blockiert ist.

Die Fallot-Tetralogie

Zu diesem Zustand tragen mehrere Störungen bei:

- Ein Ventrikelseptumdefekt (VSD), das heißt ein Loch in der Scheidewand zwischen den beiden Herzkammern.
- Eine rechtsseitige Pulmonalstenose, das heißt, eine Blockade des Blutflusses durch die rechte Pulmonal- oder Taschenklappe. Dies führt zu

einer Verdickung (Hypertrophie) der rechten Herzkammer, in der dadurch ein höherer Druck herrscht. Deshalb strömt das sauerstoffarme Blut durch das Loch in der Scheidewand aus der rechten in die linke Herzkammer, und von dort wird es in die Arterien des Körperkreislaufs gepumpt. Das führt zu einer blauen Verfärbung an Lippen, Zunge, Ohrläppchen und anderen Bereichen.
- Eine Rechtsverlagerung (Dextroposition) der Aorta, die den Septumdefekt aufhebt.

Andere Fehlbildungen, beispielsweise ein Vorhofseptumdefekt, ein Ventrikelseptumdefekt oder ein offener Ductus arteriosus (s. u.), können eine Verbindung zwischen rechter und linker Herzhälfte herstellen und so eine Zyanose verursachen, wenn der Druck in der rechten Herzkammer gleichzeitig durch Pulmonalstenose und Vergrößerung der rechten Herzkammer stark ansteigt.

In ihrer Mehrzahl führen angeborene Herzfehler aber dazu, daß sauerstoffreiches Blut von der linken in die rechte Herzhälfte strömt, so daß es nicht zu einer blauen Verfärbung kommt. Solche Kinder führen in jungen Jahren unter Umständen ein völlig normales Leben, und der Herzfehler wird erst während der Pubertät oder im frühen Erwachsenenalter bemerkt. Sowohl die angeborene Zyanose als auch andere angeborene Herzfehler führen, wenn der Defekt groß genug ist, zu Wachstumsstörungen und zu einer größeren Anfälligkeit für Lungeninfektionen.

Ventrikelseptumdefekt (VSD)

Der Ventrikelseptumdefekt ist der häufigste angeborene Herzfehler; er macht ca. 30 % der Fälle aus. Die betroffenen Kinder haben ein Loch in der Herzscheidewand, das den Übertritt des Blutes von der linken in die rechte Herzhälfte ermöglicht. Häufig ist die Störung nur geringfügig, und die Diagnose wird erst gestellt, wenn der Patient schon über 30 Jahre alt ist. Bei vielen Kindern mit einem kleinen VSD verschließt sich die Öffnung während der ersten zehn Lebensjahre von selbst. Ist es größer, so daß auch Atembeschwerden auftreten, kann man es chirurgisch schließen.

Atriumseptumdefekt (ASD, Vorhofseptumdefekt)

Der zweithäufigste Herzfehler ist der Atriumseptumdefekt, ein Loch in der Scheidewand zwischen den Herzvorhöfen (Atria). Viele Patienten können mit der Störung jahrelang leben, und manchmal wird er sogar erst nach dem 35. Lebensjahr diagnostiziert. Die Öffnung läßt sich chirurgisch ohne Probleme verschließen, seit einigen Jahren wendet man aber zu diesem Zweck auch eine Methode an, die ohne Operation auskommt – das Einsetzen eines Teflonnetzes via Katheter.

Offener Ductus arteriosus

Während der Entwicklung des Ungeborenen fließt das Blut durch eine kurze Verbindung, den Ductus arteriosus oder Ductus Botalli, von der Lungenarterie in die Aorta. Nach der Geburt ändern sich durch das plötzliche Aufblähen der Lunge und das Abbinden der Nabelschnur sowohl der Druck als auch der Sauerstoffgehalt im Ductus arteriosus, was dazu führt, daß sich dieser während der ersten Lebenstage verengt und am Ende verschließt.

Bei manchen Kindern, insbesondere bei Frühgeborenen, bleibt der Ductus arteriosus jedoch offen. Dieser Herzfehler, der recht häufig vorkommt, schafft eine Verbindung zwischen linker und rechter Herzhälfte, so daß sauerstoffreiches Blut von der Aorta in die Lungenarterien und mit dieser in die Lunge gelangt. Wenn die Verbindung groß ist und über mehrere Jahre erhalten bleibt, kann sich im Lungenkreislauf ein erhöhter Blutdruck einstellen, was zur Zyanose führt. Chirurgisch kann man den Ductus arteriosus mit einer einfachen Operation schließen. Standard ist derzeit ein nichtoperatives Verfahren, bei dem man über eine Vene ein »Schirmchen« aus Polyurethanschaum einführt, das den Ductus endgültig verschließt. Erste Ergebnisse dieser Versuche sind vielversprechend.

Pulmonalstenose

Die Herzklappe ist verengt (Stenose), so daß die rechte Herzkammer das Blut nur schwer durch die Taschenklappe in die Lungenarterie drücken kann (s. Abb. S. 13). Bei einem nichtoperativen Therapieverfahren wird durch die Beinarterie ein Ballonkatheter eingeführt. Wenn er sich an der richtigen Stelle an der verengten Klappe befindet, wird der Ballon aufgeblasen. Mit dieser Methode erzielt man seit etwa zwölf Jahren ausgezeichnete Ergebnisse bei minimalem Risiko.

Aortenisthmusstenose

Die Aortenisthmusstenose ist eine angeborene Verengung der Aorta an der Stelle, wo sie oberhalb des Herzens einen Bogen macht (s. Abb. S. 17). Wenn die Stenose stark ist oder wenn ein aufmerksamer Arzt die Zeichen richtig deutet, kann man die Störung schon im Säuglingsalter diagnostizieren. 80 % der betroffenen Kinder haben jedoch nur eine mäßige Stenose; bei ihnen entwickelt sich ein System von Blutgefäßen, die das Blut an der verengten Stelle vorbeileiten – solche Kinder zeigen in der Regel bis zu einem Alter von 15 bis 30 Jahren keine Symptome.

Für eine rechtzeitige chirurgische oder nichtchirurgische Korrektur ist eine frühzeitige Diagnose von entscheidender Bedeutung. Sie ist in der Arztpraxis zwar ohne weiteres möglich, weil es sehr spezifische Anzeichen gibt, doch diese werden bei Kindern häufig übersehen. Die Krankheit ist in wenigen Minuten zu erkennen, wenn der behandelnde Arzt feststellt, daß der Puls am Oberschenkel schwach oder gar nicht zu spüren ist. Außerdem ist der Blutdruck in den Armen hoch und in den Beinen niedrig. In 80 % aller Fälle befindet sich die Verengung unmittelbar hinter dem Ductus arteriosus und glücklicherweise auch hinter der Abzweigung der linken Arteria subclavia (leitet Blut zum Gehirn und zu den Armen) die den linken Arm versorgt.

Durch die Verengung der Aorta herrscht in den Gliedmaßen Blutmangel. In der oberen Körperhälfte ist der Blutdruck zu hoch, in den Beinen dagegen ist er zu niedrig. Diese Symptome haben folgende Ursachen:

- Unzureichende Durchblutung der Beine; die Folgen sind Kälte und Taubheitsgefühl in den Beinen, schwere Beine und Füße, Muskelschmerzen, vorübergehendes Hinken und Beinkrämpfe.
- Schwindelgefühl, Kopfschmerzen, Nasenbluten, Kurzatmigkeit und Herzrasen.
- Als Komplikationen treten auf: Angina pectoris, Herzinsuffizienz, Aortenruptur und Gehirnblutungen, insbesondere durch gleichzeitig auftre-

tende Hirnarterien-Aneurysmen an der Unterseite des Gehirns. Hirnarterien-Aneurysmen, polyzystische Nieren und Schäden der Bikuspidalklappe sollten bei allen Patienten durch entsprechende Untersuchungen ausgeschlossen werden. Entzündungen können sowohl an der Bikuspidalklappe auftreten als auch im Aortenbogen oder kurz hinter der verengten Stelle.

Die Behandlung erfolgt am besten durch eine Ballondilatation. Tritt die Stenose immer wieder auf, ist ein operativer Eingriff zu empfehlen. Die Ballondilatation ist in 80% der Fälle erfolgreich. Ähnliche Erfolgsaussichten bestehen auch bei der Herzklappenplastik und Angioplastik. Zunächst aber wird man es in der Regel mit der Ballonangioplastie versuchen. Dabei besteht die Gefahr, daß es zu einer Aortenruptur kommt, denn der verengte Bereich ist, anders als nach einer Operation, nicht von Narbengewebe umgeben. Da die Erweiterung der Arterie in ihrer inneren und mittleren Wandschicht (Intima und Media) Risse entstehen läßt, sind langfristig Nachuntersuchungen erforderlich, damit die Bildung eines Aneurysmas ausgeschlossen wird. Bevor man dieses Verfahren ins Auge faßt, sind eine genaue Untersuchung und die Abschätzung der langfristigen Prognose erforderlich.

Nach der Korrektur einer Aortenisthmusstenose steigt der Blutdruck unter Umständen mehrere Jahre lang an, was eine genaue Beobachtung erforderlich macht. Da sich durch die Verengung der Aorta auch der Blutdruck in den Nieren vermindert, wird das Renin-Angiotensin-System aktiviert, das den Blutdruck steigen läßt. Eine vernünftige Therapie des Bluthochdrucks kann mit ACE-Hemmern erfolgen, aber sie gelingt nicht immer.

Angina pectoris

Schmerzen oder andere Beschwerden in Brustkorb, Rachen, Unterkiefer oder Armen, hervorgerufen durch eine starke, aber vorübergehende Verminderung der Blut- und Sauerstoffversorgung von Teilen des Herzmuskels (s. Abb. u.). Männer leiden häufiger an Angina pectoris als Frauen, so daß man diese Krankheit recht zutreffend auch als »Witwenmacher« bezeichnet.

Koronare Herzkrankheit

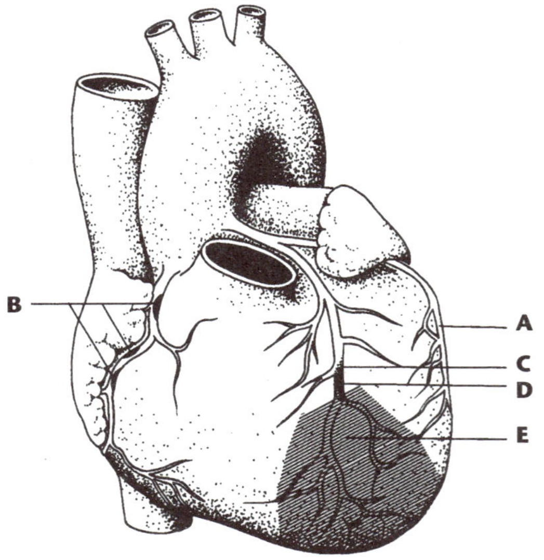

A Gesundes Herzkranzgefäß
B Durch Atherosklerose verengtes Herzkranzgefäß versorgt den Herzmuskel nicht ausreichend mit Blut, so daß Schmerzen (Angina pectoris) entstehen.
C Blutgerinnsel
D Vollständiger Verschluß eines Herzkranzgefäßes durch Atherosklerose oder ein Blutgerinnsel (Koronarthrombose).
E Schädigung und Absterben von Herzmuskelzellen (Herzinfarkt) durch Verschluß eines Herzkranzgefäßes.

Herzkranzgefäße

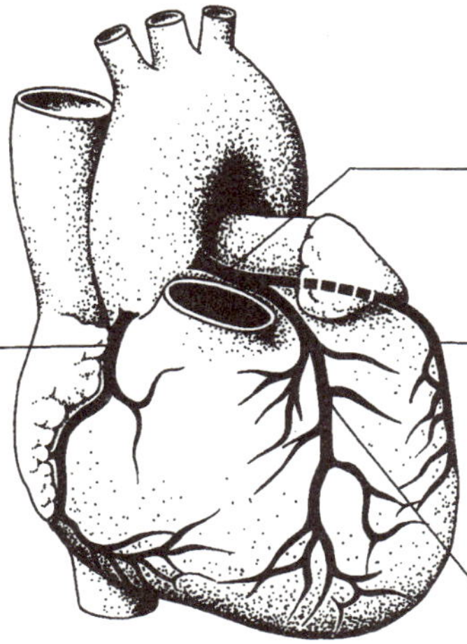

Ursachen

Neben einer gewissen erblichen Veranlagung haben verschiedene Ursachen, vor allem aber ein hoher Cholesterinspiegel Gefäßschäden zur Folge, die zu einer Gefäßverengung oder gar einem Gefäßverschluß insbesondere in den Herzkranzgefäßen (Koronararterien), die den Herzmuskel mit Blut versorgen (s. Abb. o.), führen können (zur Zeit wird auch ein bakterieller Infekt als Ursache diskutiert, s. S. 102). Das Herz gehört zu den stärksten Muskeln im Körper – seine Kraft ist ebenso groß wie die der Beinmuskeln. Beim Gehen oder Laufen müssen sich die Beinmuskeln zusammenziehen, diese Tätigkeit erfordert eine wirksame Versorgung mit Sauerstoff sowie mit Glucose und anderen Nährstoffen, die das Herz mit dem Blut über die Arterien zu den Muskeln befördert. Das Herz selbst ist eigentlich eine einfache Pumpe, die im Laufe eines Menschenlebens über 250 Millionen Liter Blut bewegt. Erstaunlicherweise wird dieser wichtige Pumpmuskel nur über drei Arterien mit Blut versorgt, die mit 3 bis 7 mm nicht dicker sind als ein Strohhalm. Die Herzkranzgefäße, die auf der Oberfläche des Herzens entlanglaufen, zweigen von der Aorta ab, der größten Arterie des Körpers, die in der linken Herzkammer, dem wichtigsten pumpenden Teil des Herzens, entspringt. Wenn die Arterien, die den Herzmuskel versorgen, teilweise verschlossen sind, entstehen durch die Tätigkeit dieses Muskels Schmerzen.

Schon in römischer Zeit bezeichnete man Schmerzen in den Beinen, die durch eine Arterienverengung und die dadurch entstehende Durchblutungsstörung verursacht wurden, als Claudicatio intermittens. Der Begriff erinnert an den Kaiser Claudius, der deswegen humpelte. Ganz ähnlich verhält es sich bei der Angina pectoris: Der Herzmuskel, der nicht ausreichend mit Sauerstoff versorgt wird, verursacht kurzfristig Schmerzen im Brustkorb. Das Blut enthält lebenswichtige Nährstoffe und insbesondere den Sauerstoff, die für die Funktion des Herzens und aller anderen Körperzellen unentbehrlich sind.

Etwa vom 30. Lebensjahr an werden die Herzkranzgefäße allmählich enger, und zwar durch die Ablagerung von Cholesterin und Blutplättchen aus dem Blut. Diese verhärteten Ablagerungen bezeichnet man als Plaques oder Atherom. Diese Plaques ragen ins Innere des Gefäßes und behindern den Blutstrom (s. Abb. S. 16). Die Ablagerungen umgibt der Organismus mit einer Schutzschicht aus Bindegewebe. Arterienplaques bestehen also aus einem fetthaltigen, grütz- oder geleeartigen Kern und einer Außenschicht aus Bindegewebe.

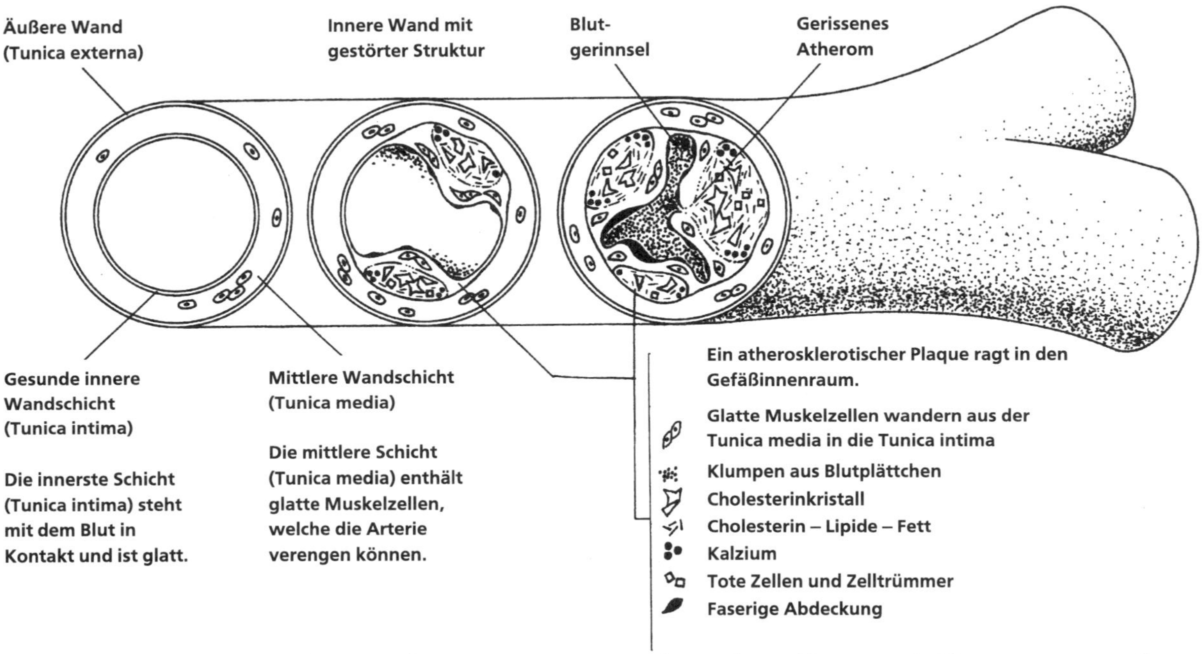

Bindegewebe ist aus besonderen Zellen zusammengesetzt, die im Organismus überall da gebildet werden, wo etwas repariert werden muß. Einige Tage nach einer Operation oder nach dem Vernähen einer großen Schnittwunde wandern Bindegewebszellen in den betreffenden Bereich ein und bilden zwischen den Wundrändern eine Brücke, die sich im Laufe der folgenden Wochen in eine Narbe verwandelt. Narben bestehen also aus Bindegewebe. Sie können glatt oder auch rauh und uneben sein. Das gleiche gilt auch für die Arterienplaques: Manche sind glatt, andere haben eine unebene Oberfläche. Vermutlich sind diese harten Narben an der Innenseite der Gefäße ein Versuch des Körpers, etwas abzudecken und zu heilen. Da man die Schäden der Gefäßwand auch als Atherome (griech. »Weizengrütze«) bezeichnet und Verhärtungen in der medizinischen Fachsprache »Sklerosen« heißen, nennt man die so entstehende Krankheit Atherosklerose. Am häufigsten bilden sich die Plaques in der Aorta des Bauchraumes an der Gabelung der Becken- und Beinschlagadern, in den Herzkranzgefäßen, in den zum Gehirn führenden Halsschlagadern (Carotisarterien) und in den Blutgefäßen der Beine (s. Abb. 17).

Wenn die Atherosklerose in den Herzkranzgefäßen Symptome verursacht, spricht man von »koronarer Herzkrankheit«. Die beiden wichtigsten Formen der koronaren Herzkrankheit sind die Angina pectoris und der Herzinfarkt.

Auch wenn ein Herzkranzgefäß stark durch Ablagerungen verengt ist, wird das Herz noch ausreichend mit Sauerstoff versorgt- – solange es langsam mit etwa 70 Schlägen je Minute arbeitet, weil der Körper ruht. Bei Anstrengungen und Streß steigt der

Puls jedoch stark an, und das Herz braucht für seine stärkere Tätigkeit entsprechend mehr Sauerstoff. Die dazu erforderliche Blutmenge kann aber die Herzkranzgefäße wegen der Verengung nicht mehr passieren. In solchen Augenblicken schmerzt der Herzmuskel oder man empfindet ein mäßiges, aber beunruhigendes Unwohlsein in der Brust.

Herz und Arterien

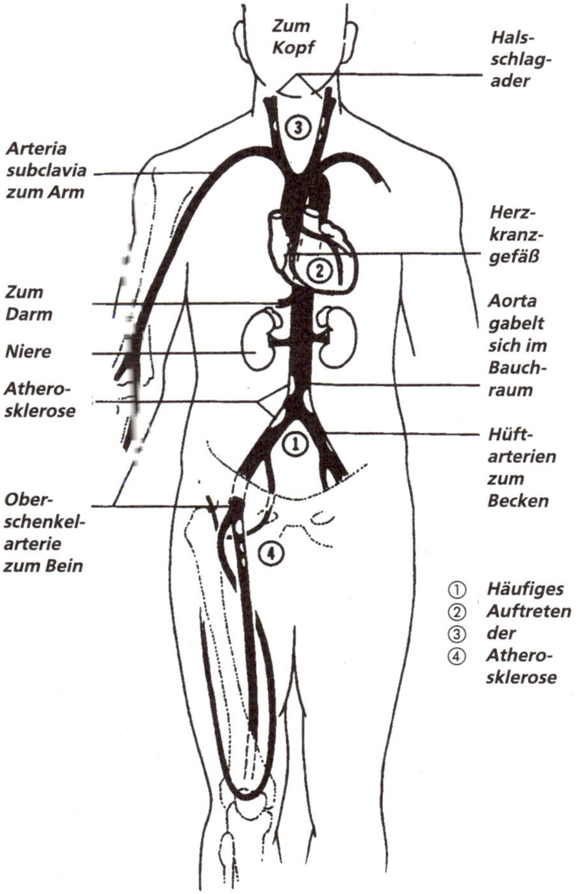

Glücklicherweise nimmt der Herzmuskel während eines solchen Anginaanfalls keinen dauerhaften Schaden. Wenige Minuten danach hat er sich vollständig erholt. Viele Patienten haben über 15 Jahre hinweg jeden Monat mehrere derartige Erlebnisse und lernen, sich mit kleinen Veränderungen ihrer Lebensweise darauf einzustellen. In manchen Fällen jedoch verschlimmert sich die Angina pectoris, so daß eine besondere Therapie notwendig wird. Gelegentlich kommt es aber auch zum Herzinfarkt.

Verteilung der Schmerzen

Die Schmerzen liegen bei der Angina pectoris meist im Brustkorb hinter dem Brustbein und strahlen in die linke (auch rechte) Schulter-Arm-Handregion bzw. Hals-Unterkieferregion aus (s. Abb. S. 18). Wenn während eines Spazierganges oder einer anstrengenden Tätigkeit Schmerzen im Unterkiefer und gleichzeitig in Brust oder Armen auftreten, handelt es sich fast immer um Angina pectoris, insbesondere wenn die Symptome bei ähnlichen Tätigkeiten regelmäßig wiederkehren. Manchmal ist von den Beschwerden nur der Oberarm betroffen, und in den Fingern stellt sich ein prickelndes Gefühl ein. Die Schmerzen entstehen vorwiegend durch Anstrengungen, anders als beispielsweise bei einem eingeklemmten Nerv; dieser verursacht in Armen und Fingern ähnliche Gefühle, die aber durchgängig bestehen, auch wenn die betroffene Person ruht.

Die Schmerzen bei einer Angina pectoris müssen nicht sehr stark sein, oft sind sie nur schwach oder mäßig ausgeprägt. Oft handelt es sich nur um ein »ungutes Gefühl«, die Betroffenen sprechen nicht einmal von Schmerzen, sondern von einem Gefühl der Enge in der Brust. Es kann sich aber auch ein

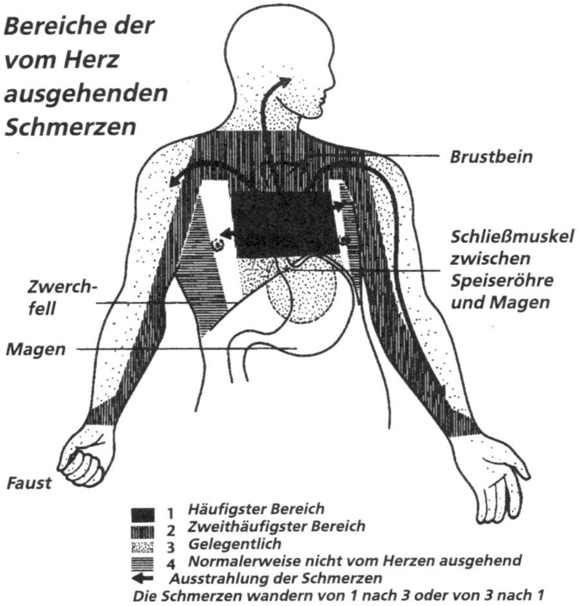

Gefühl des Brennens oder der Atemnot, ja sogar ein Vernichtungsgefühl oder Todesangst einstellen, was jedoch wieder zurückgeht, wenn die betroffene Person sich im Stehen oder Sitzen einige Minuten lang ausruht. Nur selten halten die Schmerzen in Ruhe bei der Angina pectoris länger als zehn Minuten an. Wenn Sie Schmerzen haben, die dieser Beschreibung in etwa entsprechen und länger als 15 Minuten bestehen bleiben, sollten Sie sofort einen Arzt oder ein Krankenhaus aufsuchen.

Damit sind die wichtigsten Symptome genannt, gleichwohl lohnt es sich, an dieser Stelle William Heberden zu zitieren, der 1786 als erster in allen Einzelheiten die Beschwerden in der Brust beschrieb und den Begriff »Angina pectoris« einführte:

»Es gibt eine Störung in der Brust, die durch starke, sonderbare Symptome gekennzeichnet ist; sie ist wegen der damit verbundenen Gefahren bemerkenswert und nicht besonders selten, so daß sie eine ausführliche Erwähnung verdient. Ihr Ort und das Gefühl des Erstickens und der Angst sind der Grund, daß man sie zu Recht ›Angina pectoris‹ nennen kann.

Die Betroffenen erleben die Anfälle beim Gehen (besonders wenn der Weg bergauf führt oder wenn sie kurz zuvor gegessen haben); es ist ein schmerzhaftes, höchst unangenehmes Gefühl in der Brust, welches das Leben auszulöschen scheint, wenn es sich verstärkt oder fortsetzt; sobald man aber stillsteht, verschwinden alle Beschwerden.

In jeder anderen Hinsicht sind die Patienten zu Beginn dieser Erkrankung vollkommen gesund, und insbesondere leiden sie nicht an Kurzatmigkeit, sondern die Krankheit ist völlig anders. Der Schmerz sitzt manchmal im oberen Teil, manchmal in der Mitte und manchmal am unteren Ende des Os sterni, und zwar oftmals mehr links als rechts. Ebenso erstreckt er sich häufig von der Brust bis zur Mitte des linken Arms.«

Wie Heberden bereits richtig erkannte, schwinden die Schmerzen der Angina pectoris innerhalb kurzer Zeit, nachdem man die Anstrengung, die sie auslöst, beendet hat.

Das Entscheidende bei der Angina pectoris ist das Gleichgewicht zwischen Sauerstoffbedarf und Sauerstoffversorgung des Herzens. Das ist für den Arzt ausschlaggebend, wenn er sich nach den Symptomen erkundigt. Man kann eine lange Liste von Tätigkeiten aufstellen, die den Schmerz auslösen oder lindern. Das wichtigste Indiz für Patient und Arzt ist dabei die Beobachtung, daß die Beschwerden bei einer bestimmten Tätigkeit auftreten und in wenigen Minuten verschwinden, wenn man diese Tätigkeit einstellt.

Auslöser der Beschwerden

1. Bergaufgehen.
2. Anstrengendes Gehen gegen den Wind.
3. Hastiges Laufen, beispielsweise weil man den Bus erreichen will und besonders wenn man noch eine schwere Tasche trägt. Wenn man sich beeilen muß, addieren sich körperliche Anstrengung und emotionaler Streß.
4. Ein flotter Spaziergang oder eine ähnliche Anstrengung kurz nach dem Essen. Die Übelkeit, die entstehen kann, wenn man sich bückt, hat jedoch nichts mit dem Krankheitsbild zu tun.
5. Ungewohnte Anstrengung.
6. Gefühlsmäßige Belastungen, beispielsweise durch schlechte Nachrichten, Streit, Ärger, Wut, Alpträume und ähnliches.
7. Bei Patienten, die an Angina pectoris leiden, können die Schmerzen auch bei Aufregungen auftreten, die man beispielsweise erlebt, wenn man seiner Lieblingsmannschaft beim Fußball oder Basketball zusieht.

Stabile und instabile Angina pectoris

Man unterscheidet zwei Typen der Angina pectoris: die stabile und die instabile. Von stabiler Angina pectoris spricht man, wenn die Störung seit mehr als zwei Monaten besteht und wenn sich die Gesetzmäßigkeit ihres Auftretens nicht ändert, insbesondere was die Häufigkeit, Schwere und Dauer der Anfälle angeht. Die Betroffenen haben im Ruhezustand keine Schmerzen, es sei denn, sie erleben eine plötzliche emotionale Belastung. Instabil nennt man die Erkrankung, wenn sie noch keine 60 Tage vorhanden ist, wenn Häufigkeit, Schwere und Dauer der Anfälle zunehmen oder wenn sich die auslösenden Faktoren verändern. Wenn die Schmerzen anfangs nur bei Anstrengungen und mittelschweren Tätigkeiten auftreten, später aber auch bei geringer Bewegung oder in Ruhe und ohne emotionalen Streß, sollte die betreffende Person sofort einen Arzt oder ein Krankenhaus aufsuchen.

Gewichtsabnahme

Wer nach diagnostizierter Angina pectoris 5 bis 12 kg abnimmt, wird mit Sicherheit weniger Schmerzen haben; man benötigt weniger Medikamente, und eine Angioplastie oder andere chirurgische Eingriffe werden unter Umständen überflüssig.

Gewichtsabnahme, Streßabbau, eine Ernährung mit möglichst wenig gesättigten Fettsäuren und das Rauchen einzustellen sind bei Angina pectoris die wichtigsten nichtmedikamentösen Therapieformen. Der Gewichtsverlust stellt sich ein, wenn man weniger Kalorien zu sich nimmt und gleichzeitig durch körperliche Betätigung (s. u.) mehr Kalorien verbrennt. Eine kalorienarme Diät sollte man mit einer Erhöhung der körperlichen Betätigung kombinieren, die den Kalorienverbrauch steigert, da man sonst in den ersten sechs Monaten nach dem Ende der Diät häufig wieder zunimmt. Diäten, die nachgewiesenermaßen zu einem über Jahre anhaltenden Gewichtsverlust führen, beruhen auf einer Verminderung der Kalorienaufnahme. Denn Kalorien sind entgegen anderslautenden Stimmen für die Gewichtsabnahme sehr wohl von Bedeutung – lassen Sie sich nichts anderes einreden.

Ein Gewichtsverlust stellt sich ein, wenn man die Kalorienzufuhr einschränkt und den Kalorienverbrauch gleichzeitig durch körperliche Betätigung steigert. Die Mahlzeiten sollten nur mäßig viel Protein enthalten und wenig gesättigte Fettsäuren. Vermindern sollte man auch die Aufnahme kalorienreicher Lebensmittel mit Weißzucker und Stärke. Dreimal in der Woche Fisch – auch wenn es sich um Thunfisch, Lachs, Sardinen oder Hering aus der Dose handelt – tragen dazu bei, daß die Nahrung weniger gesättigte Fettsäuren enthält. Viele Menschen halten sich an diese Regeln, vergessen aber, daß auch Alkohol – und zwar sowohl Bier als auch Wein und Spirituosen – sehr kalorienreich sind. Fastfood sollte man meiden, denn es enthält häufig viel Fett und ist zu stark gesalzen. Zu viel Salz belastet das Herz, kann zu Atemnot und im Extremfall sogar zu Herzversagen führen. Patienten mit Bluthochdruck, Herzinsuffienz und Angina pectoris sollten sich deshalb salzarm ernähren.

Oft schlagen Versuche zur Gewichtsreduzierung fehl, weil die Motivation fehlt. Die meisten Übergewichtigen stehen den Kampf allein nicht durch. Man kann deshalb nur dringend dazu raten, den Arzt zu befragen oder sich an eine Selbsthilfegruppe zu wenden.

Körperliche Betätigung

Wie steht es mit körperlicher Betätigung bei Angina pectoris? Die Antwort auf die Frage, wieviel man sich gefahrlos zumuten kann, gibt ein Belastungstest auf dem Fahrradergometer beim Arzt. Ungefährlich sind körperliche Anstrengungen in der Regel dann, wenn sie nur leichte Beschwerden oder eine mäßige Atemlosigkeit erzeugen. Man sollte sich dann für ein paar Sekunden langsamer bewegen und anschließend etwa eine Minute lang ausruhen, bevor man die Tätigkeit wieder aufnimmt (zum Beispiel indem man weitere 500 oder 1000 Meter geht). Dehnübungen und Gehen – auch tägliches Treppensteigen über zwei bis drei Stockwerke – verbessern die Muskelspannung. Aber Sport allein beseitigt die Plaqueablagerungen in den Arterien nicht. Joggen eignet sich für Patienten mit Angina pectoris nicht, denn es löst häufig die Schmerzen aus.

Rauchen

Männer, die nicht rauchen, haben ein zehnmal geringeres Herzinfarktrisiko als starke Raucher. Das Risiko an einem Herzinfarkt zu sterben ist bei Rauchern ebenfalls größer. Medikamente, die der Angina pectoris vorbeugen und manchmal lebensrettend wirken, haben bei Rauchern einen geringeren Effekt, weil die Abbauprodukte des Zigarettenrauches in der Leber die Wirkstoffe in ihrer Funktion beeinträchtigen. Nach einer Bypassoperation sind die transplantierten Gefäße in wenigen Jahren wieder verstopft, wenn der Patient weiterhin raucht.

Frauen zwischen 35 und 50 Jahren mit gesunden Eierstöcken bekommen nur sehr selten Angina pectoris oder einen Herzinfarkt. Wenn sie aber rauchen oder einen erhöhten Cholesterinspiegel im Blut aufweisen, steigt leider auch bei ihnen das Risiko für Herzinfarkt, Angina pectoris und Schlaganfall.

Vielleicht haben Sie schon einmal daran gedacht, das Rauchen nicht sofort ganz aufzugeben, aber wenigstens die Zigarettenmarke zu wechseln. Doch leider senken Filterzigaretten und Marken mit niedrigen Nikotin- oder Kondensatwerten das Herzinfarktrisiko nicht. Bei Filterzigaretten ist die Kohlenmonoxidaufnahme sogar höher als bei filterlosen Sorten, weshalb sie die Infarktgefahr eher erhöhen.

Kohlenmonoxid ist ein gefährlicher Inhaltsstoff

des Zigarettenrauches. Bei Angina pectoris wird der Herzmuskel schlecht mit Sauerstoff versorgt. Die Raucher unter den betroffenen Patienten bekommen bereits bei geringerer Anstrengung Schmerzen. Der Nikotingenuß läßt nämlich Puls und Blutdruck steigen, so daß das Herz mehr Sauerstoff benötigt. Das Kohlenmonoxid »stiehlt« dem Herz den ohnehin schon knappen Sauerstoff. Nikotin und Kohlenmonoxid sind also besonders schädlich.

Welche Gefahren Kohlenmonoxid birgt, ist allgemein bekannt. Mittlerweile ist zweifelsfrei bewiesen, daß starke Raucher sich einer Kohlenmonoxidkonzentration aussetzen, die um ein Vielfaches höher sind als die Grenzwerte in der Industrie, und daß starkes Rauchen eine Ursache des Herzinfarkts ist, wurde ebenfalls eindeutig nachgewiesen.

Doch in der Regel reichen weder diese Informationen noch die Erkenntnisse über Rauchen als Ursache von Bronchitis, Emphysemen und Krebs aus, sich diese gesundheitsschädigende Angewohnheit bzw. Sucht abzugewöhnen. Wer das Rauchen ernsthaft aufgeben will, sollte an einem Entwöhnungsprogramm teilnehmen. Krankenkassen und Selbsthilfegruppen bieten verschiedene Kurse an. Wenn es um Nikotintabletten, -pflaster, -kaugummis und -sprays geht, sollte man sich vom Arzt beraten lassen. Die meisten Raucher entwickeln allein nicht die notwendige Motivation. Lassen Sie sich also helfen, und zwar sofort!

Notwendige Untersuchungen

1. Ruhe-EKG
2. Belastungstest
3. Röntgenaufnahme des Brustkorbs
4. Myocardszintigramm
5. Echokardiogramm (Ultraschall)
6. Bei manchen Patienten ist unter Umständen eine Koronararteriographie (Arteriogramm oder Angiogramm) erforderlich.

Eine nähere Beschreibung der Untersuchungen findet sich unter dem Stichwort »Untersuchungsverfahren bei Herzkrankheiten« (S. 169).

Medikamentöse Behandlung

- Nitrate
- Beta-Blocker
- Calciumantagonisten

Nitrate

Wer an Angina pectoris leidet, wird vom Arzt den Rat erhalten, immer ein Nitroglyzerinpräparat mitzuführen, auch wenn man nur zweimal im Jahr eine Tablette braucht. Nitroglyzerin ist ein Nitrat, das als Spray angewandt oder als Tablette unter die Zunge gelegt wird. Die Tabletten sollten in einer lichtgeschützten Pillendose oder Flasche aufbewahrt werden. Größere Vorräte sollte man im Kühlschrank aufbewahren, denn so halten sich die Tabletten über ein Jahr lang. In einer Packung, die öfter geöffnet wird, sind sie etwa drei Monate lang haltbar.

Nitroglyzerin erweitert die Venen, insbesondere in der unteren Körperhälfte, so daß eine geringere Menge Blut zum Herzen strömt. Die Blutgefäße erweitern sich durch die Wirkung des Nitroglyzerins aber auch in der Kopfhaut, was Kopfschmerzen hervorrufen kann, was jedoch nicht Folge eines erhöhten Blutdrucks ist. Im Gegenteil: Nitroglyzerin erweitert auch die Arterien ein wenig, so daß der Blutdruck geringfügig sinkt. Man sollte deshalb anfangs nach der Einnahme sich nicht gehend fortbewegen, sondern nach Möglichkeit sitzen; solange man das Medikament nicht gewohnt ist, können sich sonst Schwindel oder Ohnmacht einstellen.

Nitrattabletten zum Schlucken gehören zu den ältesten Medikamenten gegen die Angina pectoris. Die Präparate sind preisgünstig und haben keine schweren Nebenwirkungen. Kopfschmerzen treten aber häufig auf, und sie sind weniger wirksam als die Beta-Blocker.

Nitroglycerin, Glyceroltrinitrat (Nitrolingual® u. a.)

Darreichungsform: Sublingualtabletten zu 0,2, 0,6 und 1,2 mg. Auch als Spray.
Dosierung: In der Regel nimmt man anfangs 0,2 mg; der Patient sitzt und legt die Tablette unter die Zunge. Im Liegen wirkt das Präparat weniger gut, im Stehen können Schwindel oder Ohnmacht auftreten. Später liegt die Dosis bei 0,6 oder 1,2 mg.

Nitroglyzerin zur äußerlichen Anwendung
Darreichungsform: Paste oder Salbe, die aber nicht in die Haut einmassiert werden darf. Depotpräparate in Form von Pflastern sind sauber und trocken. Sie werden einmal täglich angewandt.
Die Wirkung der Salbe setzt nach etwa 30–60 Minuten ein und hält 4 bis 6 Stunden lang an. Die lange wirkenden Pflaster geben die Substanz 16 bis 20 Stunden lang ab; sie müssen jeweils nach 12 Stunden entfernt werden.

Die äußerlich anwendbaren Präparate sollte man auf Brust und Rücken, nicht aber auf Unterarme, Hände oder Unterschenkel auftragen, denn von dort aus gelangt der Wirkstoff nur langsam in den gesamten Kreislauf. Besonders nützlich sind solche Präparate für die zahnärztliche Behandlung sowie für kleinere und größere Operationen bei Patienten mit koronarer Herzkrankheit, weil die Patienten in diesem Fall nüchtern sein müssen.
Dosierung: Die äußerlich anzuwendenden Präparate sollte man höchstens 14 Tage lang benutzen. Für den Dauergebrauch sind sie nicht bestimmt, es sei denn, medikamentöse Therapien oder ein chirurgischer Eingriff kommen nicht in Frage. Wendet man sie mehr als zwölf Stunden täglich an, verlieren sie ihre Wirkung. Außerdem darf man solche Präparate nicht plötzlich absetzen; hat man sie beispielsweise mehrere Tage lang benutzt, muß man die Dosis über die folgenden ein bis zwei Tage hinweg allmählich herabsetzen. Bei plötzlichem Absetzen kann in seltenen Fällen eine Verschlimmerung der Angina pectoris eintreten.

Isosorbiddinitrat (Isoket® u. a.)

Darreichungsform: Sublingualtabletten zu 5 mg. Tabletten zur oralen Anwendung zu 5, 10, 20 und 40 mg. Depottabletten und -kapseln zu 40, 60, 80, 100 mg.

Dosierung: Die Sublingualtablette zu 5 mg legt man unter die Zunge, bevor man eine Tätigkeit beginnt, die im Regelfall die Beschwerden auslöst. Die 10-mg-Tabletten nimmt man zweimal täglich auf leeren Magen, zum Beispiel eine Stunde vor dem Essen. Treten keine allzu starken Kopfschmerzen auf, kann man die Dosis einige Tage lang auf zweimal täglich 20 mg und dann zweimal täglich 40 mg steigern. Die Depotpräparate nimmt man einmal täglich. Am wirksamsten sind Nitrate, wenn man sie um 7, 12 oder 17 Uhr einnimmt. Die zwölfstündige Lücke bewirkt, daß der Organismus sich nicht an das Medikament gewöhnt, denn das würde seine Wirksamkeit zunichte machen.

Ratschläge und Nebenwirkungen
Die Isosorbiddinitrat-Sublingualtabletten zu 5 mg wirken nach 3 bis 5 Minuten, etwas langsamer als Nitroglyzerinpräparate; deshalb rät man den Patienten, während eines Anfalls Nitroglyzerin zu nehmen. Die Wirkung von Isosorbiddinitrat-Sublingualtabletten hält etwa 20 bis 60 Minuten lang an. Nitrate verursachen Kopfschmerzen und Schwindelgefühle. Deshalb sind sie bei der Behandlung der Angina pectoris nicht das Mittel der ersten Wahl, insbesondere nachdem sich die Beta-Blocker als wirksam und zuverlässig erwiesen haben. Darüber hinaus können Beta-Blocker dem Patienten auch bei einem Herzinfarkt das Leben retten und die Folgen lindern. Oral einzunehmende Nitrate sind also vor allem dann sinnvoll, wenn ein Patient die Beta-Blocker nicht verträgt oder nicht auf sie anspricht.

Isosorbid-Mononitrat (Elantan® u. a.)

Darreichungsform: Das 5-Mononitrat des Isosorbiddinitrats steht ebenfalls zur Verfügung. Tabletten zu 20 und 40 mg. Retardkapseln zu 40 und 60 mg.
Dosierung: Zweimal eine Tablette täglich. Retardkapseln einmal täglich.

Beta-Blocker

Die Wirkstoffe aus der Gruppe der Beta-Blocker vermindern die Wirkung des Adrenalins auf Herz und Arterien. Beta-Blocker verlangsamen den Herzschlag, so daß der Ruhepuls von etwa 70 auf 50 bis 60 Schläge absinkt. Zweitens senken sie den Blutdruck, und drittens sorgen sie dafür, daß das Herz sich weniger kräftig zusammenzieht. Alle drei Wirkungen tragen dazu bei, daß das Herz weniger Sauerstoff braucht, und beugen damit der Angina pectoris vor.

Neben dem Nitroglyzerin sind Beta-Blocker die nützlichsten Medikamente für die Behandlung der Angina pectoris. Der älteste und bekannteste Wirkstoff dieser Gruppe ist das Propranolol (Markennamen: Dociton®, Efektolol® u. a.). Doch im Laufe der Jahre wurde eine ganze Reihe von Beta-Blockern für den Gebrauch zugelassen.

Beta-Blocker hemmen die anregende Wirkung der Streßhormone Adrenalin und Noradrenalin an den sogenannten Beta-Rezeptoren, die sich auf der Oberfläche der Zellen im Herzen und einigen Blutgefäßen befinden. Damit verhindern sie, daß der Herzschlag sich beschleunigt, daß die Herzkontraktion sich verstärkt und daß der Blutdruck steigt – alles Wirkungen, die diese Hormone normalerweise hervorrufen. Häufig verwendete Beta-Blocker sind Acebutolol, Atenolol, Nadolol, Metoprolol und Propanolol.

Bei Patienten mit Angina pectoris ist mindestens eine Koronararterie zu mehr als 75 % verengt. Im Ruhezustand wird das Herz noch ausreichend mit Sauerstoff versorgt, aber schon bei mäßiger Anstrengung steigen Puls und Blutdruck an, und das Herz zieht sich kräftiger zusammen, weil der Organismus mehr sauerstoffreiches Blut braucht. Wegen der Arterienverengung gelangt jedoch nicht mehr genügend Sauerstoff zum Herzen. Dieser Sauerstoffmangel hat zur Folge, daß der Herzmuskel schmerzt. Durch die Schmerzbelastung können Puls und Blutdruck weiter ansteigen. Beta-Blocker sorgen im wesentlichen dafür, daß der Herzmuskel bei gleicher Leistung weniger Sauerstoff benötigt. Einen ungefähren Orientierungswert für die Höhe der Leistung und die vom Herzen benötigte Sauerstoffmenge erhält man durch Multiplikation des Pulses mit dem systolischen Blutdruck. Beta-Blocker senken Puls und Blutdruck, so daß weniger Sauerstoff gebraucht wird. Außerdem sorgen sie dafür, daß das Herz sich weniger kräftig zusammenzieht, was den Sauerstoffbedarf ebenfalls vermindert. Die Wirkstoffe leiten Blut von reichlich versorgten Bereichen des Herzens zu dem mangelhaft durchbluteten Bereich um.

Anwendung der Beta-Blocker

Wenn keine Kontraindikationen gegen Beta-Blocker bestehen, erfolgt die Behandlung der Angina pectoris in der Regel mit Nitroglyzerin und einem Beta-Blocker, der am besten einmal, höchstens aber zweimal täglich eingenommen wird. Der Beta-Blocker wird anfangs sehr niedrig dosiert, dann wird die Einnahme über ein bis zwei Wochen hinweg bis zu einer wirksamen Dosis gesteigert. Ratsam ist eine niedrige Dosis, beispielsweise zweimal täglich 20 mg Propranolol vor dem Essen, mit einer Steigerung auf maximal zweimal täglich 40 mg nach zwei Wochen. Der behandelnde Arzt achtet darauf, daß Puls und Blutdruck stabil bleiben und daß keine Nebenwirkungen auftreten. Wenn nötig, kann man die Dosis steigern, beispielsweise auf eine Retardkapsel zu 160 mg morgens oder 160 mg am Morgen und 80 mg vor dem Zubettgehen. Sehr wenige Patienten – ungefähr einer von 100 – reagieren auf Beta-Blocker sehr empfindlich, und der Puls sinkt unter 50 Schläge in der Minute ab. In äußerst seltenen Fällen tragen Patienten durch einen extrem langsamen Puls einen Schaden davon. Ein Puls von unter 40 kann zu Schwindelgefühlen führen, so daß die betroffene Person sich hinlegen muß. Der Organismus kompensiert diesen Zustand aber recht schnell, die Wirkung einer 40-mg-Tablette läßt nach etwa vier Stunden nach. In der Regel senkt der Arzt dann die Dosis, in sehr wenigen Fällen muß das Medikament auch abgesetzt werden.

Allgemeine Vorsichtsmaßregeln für alle Beta-Blocker

1. Beta-Blocker nicht plötzlich absetzen! Wenn man mehrere Monate lang Beta-Blocker eingenommen hat, sind Herzschlag und Sauerstoffbedarf gebremst wie ein gezügeltes Pferd. Das Absetzen hätte einen ähnlichen Effekt wie das Lösen der Zügel: Unter Umständen geht das Pferd durch und galoppiert davon. Der Puls kann dann von

den gewohnten 55 bis 65 Schlägen in der Minute plötzlich auf 80 bis 90 ansteigen. Die Einnahme des Beta-Blockers ein- oder höchstens zweimal in einer Woche auszulassen oder zu vergessen, ist relativ ungefährlich, wenngleich man natürlich nicht dazu raten kann, denn etwas Unvorhergesehenes kann sich immer ereignen. Das Versäumen einer Einnahme richtet in der Regel keinen Schaden an, nimmt man das Medikament aber zwei oder drei Tage hintereinander nicht ein, kann sich die Angina pectoris wieder einstellen. Das Absetzen sollte allmählich und im Laufe mehrerer Wochen unter ärztlicher Aufsicht erfolgen.

2. Bei Anfällen von Atemnot sollte man so schnell wie möglich den Arzt informieren.
3. Beta-Blocker dürfen nicht zusammen mit Monoaminoxidase-Hemmern (MAO-Hemmern) eingenommen werden; diese Medikamente werden aber nur selten zur Behandlung schwerer Depressionen verschrieben.
4. Beta-Blocker dürfen nicht zusammen mit abschwellenden Mitteln oder Erkältungs- und Hustenmedikamenten genommen werden, die Adrenalin (Epinephrin), Phenyladrenalin oder Propranolamin enthalten. Diese Wirkstoffe können den Blutdruck ansteigen lassen.
5. Die Kombination von Beta-Blockern und Digitalis (Digoxin) ist ungefährlich.
6. Metoprolol und Propranolol werden in der Leber von Rauchern schneller abgebaut, so daß ihre Konzentration im Blut geringer ist; auf diese Weise werden die Medikamente unter Umständen unwirksam. Atenolol und Nadolol dagegen werden nicht in der Leber umgesetzt, so daß das Rauchen ihre Wirkung nicht beeinträchtigt.
7. Alkohol: Ein Liter Bier oder drei kleine Gläser Spirituosen führen weder zu Wechselwirkungen mit den Medikamenten noch zu einer Beeinträchtigung ihrer Wirkung.

Kontraindikationen

In folgenden Fällen dürfen Beta-Blocker nicht eingenommen werden:

1. Herzinsuffizienz: Wenn das Herz schwach ist und gleichzeitig eine Behandlung der Angina pectoris notwendig ist, wird der Arzt natürlich keine Beta-Blocker verschreiben. Glücklicherweise kommt es bei Patienten mit Angina pectoris nur selten zur Herzinsuffizienz, aber wenn das Herz sehr geschwächt ist, können Beta-Blocker eine Herzinsuffizienz auslösen. Um es noch einmal deutlich zu sagen: Das Herz ist der stärkste Muskel unseres Körpers. Viele Patienten, die bereits zwei Herzinfarkte hinter sich haben, können dennoch drei Kilometer flott gehen oder drei Etagen Treppen steigen, und manche schaffen es sogar, fünf Kilometer zu joggen. Bei 90 von 100 Patienten mit Angina pectoris verkraftet der Herzmuskel die Einnahme von Beta-Blockern.
2. Bronchialasthma, schwere chronische Bronchitis oder Emphysem: Wenn nur eine schwache chronische Bronchitis vorliegt oder wenn der Arzt die Beta-Blocker zur Kontrolle der Angina pectoris für unentbehrlich hält, kann man manchmal Atenolol oder Metoprolol anwenden; diese beiden Wirkstoffe beeinflussen die Lunge weniger stark und sind in geringer Dosierung relativ ungefährlich.
3. Heuschnupfen (allergische Rhinitis): Während einer akuten Phase des Heuschnupfens sollte man nicht mit der Einnahme von Beta-Blockern beginnen.

Nebenwirkungen

1. Herz und Blutgefäße:
   - Herzinsuffizienz bei Patienten mit stark geschwächtem Herzmuskel (siehe oben).
   - In seltenen Fällen und bei nicht genau eingestellter Dosis starke Verlangsamung des Pulses auf weniger als 40 Schläge in der Minute. Diese Wirkung macht sich in der Regel sehr schnell durch Schwindelgefühle oder allgemeines Unwohlsein bemerkbar und läßt sich sofort beheben. In der Praxis stellt sie kein großes Problem dar.
   - Etwa 10 % der Patienten bekommen sehr kalte Hände oder Füße. Nach Absetzen des Beta-Blockers bessert sich der Zustand sofort.
2. Lunge:
   - Atemnot oder Kurzatmigkeit bei Patienten, die bekanntermaßen an allergischem Asthma oder schwerer Bronchitis leiden.
3. Nervensystem, Psyche und Muskulatur:
   - Schwindelgefühl durch starkes Absinken von Puls und Blutdruck.
   - Etwa 10 % der Patienten, die Propranolol einnehmen, haben sehr lebhafte Träume. Sie verschwinden in der Regel, wenn man zu anderen Wirkstoffen wie Atenolol oder Nadolol wechselt.
   - Mäßige Depressionen. Dieses Problem, das bei knapp 10 % der Patienten auftritt, ist in der Praxis nicht besonders schwerwiegend. Atenolol und Nadolol gelangen im Gegensatz zu Propranolol nicht ins Gehirn und sind deshalb in dieser Hinsicht problemloser.
   - Bei etwa 10 % der Patienten ausgeprägte Schwächegefühle und Muskelerschöpfung. In solchen Fällen ist es ratsam, von Propranolol zu Metoprolol, Atenolol oder Nadolol zu wechseln. Wenn die Symptome bestehen bleiben und keine andere Ursache festzustellen ist, sollte man die Beta-Blocker absetzen. In unserer eigenen, langjährigen kardiologischen Praxis hatten wir seit 1965 nicht einmal zehn derartige Fälle. Manche Beta-Blocker führen gelegentlich zu Beeinträchtigungen, wenn die Betroffenen mehr als drei Kilometer joggen, aber das sollten Patienten mit Angina pectoris ohnehin nicht tun.
   - Libidoverlust und Impotenz. Dieser Effekt tritt bei weniger als 5 % der Patienten ein, aber Patient und Arzt sollten darauf achten. Da Beta-Blocker durch Verminderung von Puls und Blutdruck für eine geringere Belastung des Herzens sorgen, können sie andererseits auch nützlich sein, wenn der Geschlechtsverkehr normalerweise einen Angina-pectoris-Anfall auslöst.
4. Andere Nebenwirkungen:
   - Pindolol verursacht bei manchen Patienten Schlaflosigkeit, Schlafstörungen, Nervosität, Muskelkrämpfe und Muskelschmerzen in den Gelenken.

Atenolol (Tenormin® u. a.)

Darreichungsform: Tabletten zu 25, 50, 100 mg.

Dosierung: Zunächst drei Tage lang täglich 25 mg, danach täglich eine Tablette à 50 mg zu einer beliebigen Tageszeit. Mahlzeiten beeinträchtigen die Wirkung von Atenolol nicht. Bei schwer kontrollierbarer Angina pectoris und insbesondere bei erhöhtem Blutdruck sind als höchste sinnvolle Tagesdosis 100 mg erforderlich.

Metoprolol (Lopresor®, Metohexal® u. a.)

Darreichungsform: Tabletten zu 50, 100 und 200 mg.
Dosierung: Zweimal täglich 50 mg (vor dem Frühstück und vor dem Zubettgehen). Wenn nötig (in den meisten Fällen), Steigerung auf zweimal täglich 100 mg, in wenigen Fällen auch zweimal täglich 200 mg.
Bei Patienten mit mäßiger chronischer Bronchitis hat dieser Wirkstoff Vorteile gegenüber dem Propranolol; sind Beta-Blocker zur Behandlung der Angina pectoris unbedingt notwendig, sind zweimal täglich 100 mg Metoprolol ungefährlicher als die gleiche Dosis Propranolol.

Nadolol (Solgol®)

Darreichungsform: Tabletten zu 60 und 120 mg.
Dosierung: Einmal täglich 60 bis 120 mg.
Wie beim Atenolol beeinflussen Mahlzeiten die Resorption nicht. Rauchen verursacht keine Veränderung der Wirkung. Nach mehreren Tagen oder Wochen mit einer Anfangsdosis von 30 mg täglich kann der Arzt die Einnahme auf 60 mg und bei manchen Patienten auf bis zu 120 mg steigern.

Propranolol (Dociton®, Efektolol® u.a.)

Darreichungsform: Tabletten zu 10, 40, 80 mg. Retardkapseln zu 80 und 160 mg.
Dosierung: Anfangs zweimal täglich 80 mg vor dem Essen, danach unter ärztlicher Aufsicht allmähliche Steigerung bis auf maximal 320 mg täglich. Nach mehreren Wochen ist unter Umständen täglich eine Retardkapsel mit 80 oder 160 mg vorzuziehen. Die meisten Patienten mit Angina pectoris sollten 160 bis 240 mg einnehmen, bevor zusätzlich ein Calciumantagonist oder ein Nitrat gegeben wird. Wie bereits erwähnt, macht Rauchen die Wirkung von Propranolol zunichte.

Calciumantagonisten

Normalerweise ziehen sich die Muskeln in den Arterienwänden unter dem Einfluß von Calcium zusammen, das in die Zellen strömt. Diesen Einstrom verhindern die Calciumantagonisten, und sorgen somit dafür, daß sich die Arterien im ganzen Körper entspannen und erweitern. Calciumantagonisten wirken nicht so stark wie Beta-Blocker, aber durch die Kombination beider Wirkstoffgruppen läßt sich die Lebensqualität von Patienten mit Angina pectoris verbessern.

Wie wirken Calciumantagonisten?

Die Kontraktion der Muskeln von Herz und Gefäßwänden wird normalerweise dadurch ausgelöst, daß Calcium in die Zellen wandert. Aus der Zellumgebung ins Zellinnere gelangt es durch das System der sogenannten langsamen Calciumkanäle. Im

Inneren der Muskelzellen tritt es mit bestimmten Proteinen in Wechselwirkung, was zu einem Zusammenziehen der Muskeln führt. Die Calciumantagonisten blockieren die langsamen Calciumkanäle und da nun kein Calcium mehr ins Zellinnere gelangt, entspannt sich die Herz- und Gefäßmuskulatur.

■ **Nifedipin (Adalat® u.a.)**

Darreichungsform: Zerbeißkapseln zu 5 und 10 mg. Normale Kapseln zu 10 und 20 mg. Retardkapseln zu 20 mg.
Dosierung: Zweimal täglich 10 bis 20 mg.
Nützlich ist Nifedipin vor allem bei folgenden Erkrankungen:

1. Prinzmetal-Angina (Koronarspasmus). Bei dieser seltenen Sonderform der Angina pectoris sind alle drei Calciumantagonisten – Nifedipin, Verapamil und Diltiazem – gleichermaßen wirksam.
2. Stabile Angina pectoris in folgenden Fällen:

- Wenn Beta-Blocker kontraindiziert sind.
- Wenn die Wirkung der Beta-Blocker nicht ausreicht, obwohl der Patient gut darauf anspricht; hier führt die zusätzliche Anwendung eines Calciumantagonisten meist zu einer weiteren deutlichen Verbesserung.

Ratschläge und Nebenwirkungen
Nifedipin blockiert die Calciumkanäle sehr wirksam und verursacht eine starke Erweiterung der Arterien. Der Effekt betrifft also nicht nur die Herzkranzgefäße, sondern auch die Arterien in den Gliedmaßen und an anderen Stellen. Dies führt dazu, daß die Arterien dem Herzen weniger Widerstand entgegensetzen und der Blutdruck sinkt; da das Herz nun weniger arbeiten muß, während die Koronararterien sich gleichzeitig erweitern, wird die Angina pectoris gelindert. Auf die elektrischen Vorgänge am Herzen wirkt das Medikament sich nicht aus, so daß auch Patienten mit Reizleitungsstörungen es gefahrlos einnehmen können.

Unbedingte Kontraindikationen gegen Nifedipin gibt es nicht, aber es handelt sich dennoch um kein unproblematisches Präparat: Bei 3 bis 12 % der Patienten treten Schwindelgefühle auf; es kann vereinzelt auch zu Tachykardien kommen. In diesen Fällen ist die Dosis zu vermindern. Verschlimmern kann sich das Schwindelgefühl in Kombination mit oral oder äußerlich angewandten Nitraten sowie mit blutdrucksenkenden Medikamenten. Etwa 5 % der Patienten bekommen Ödeme (Wasseransammlungen) in den Beinen, die aber in diesem Fall kein Anzeichen einer Herzinsuffizienz sind; sie entstehen vielmehr durch die Erweiterung der Kapillaren. 5 bis 10 % der Patienten berichten über Kopfschmerzen oder ein pochendes Gefühl im Kopf, und gelegentlich muß der Wirkstoff aus diesem Grund abgesetzt werden. Man sollte den Patienten versichern, daß das Pochen nicht durch erhöhten Blutdruck entsteht, sondern durch die Gefäßerweiterung in der Kopfhaut. Die Wirkung ist ähnlich wie bei den unter die Zunge gelegten Nitroglyzerintabletten. Kopfschmerzen und Pochen werden nach mehrwöchiger Einnahme schwächer. Die Patienten vertragen in der

Mehrzahl eine tägliche Dosis von 20 bis 40 mg. Auch leichte Gesichtsrötung, gelegentliches Brennen in Kopfhaut und Kopf sowie Verdauungsstörungen kommen vor. Magengeschwüre werden von dem Wirkstoff weder verursacht noch verschlimmert.

Verapamil (Isoptin® u. a.)

Darreichungsform: Tabletten zu 40, 80, 120, 180, 240 mg.
Dosierung: Einmal täglich 120 bis 240 mg.

Indikationen:
1. Prinzmetal-Angina (Koronarspasmus), eine sehr seltene Form der Angina pectoris.
2. Chronische stabile Angina pectoris, die auf Beta-Blocker nicht anspricht; in diesem Fall ist Verapamil eine wirksame Alternative.
3. Starkes Herzrasen (paroxysmale atriale Tachykardie). In Notfällen stellt Verapamil, intravenös injiziert, sehr wirksam den normalen Herzrhythmus wieder her.

Ratschläge und Nebenwirkungen
Verapamil wirkt mäßig gefäßerweiternd und schwächt die Kontraktionen des Herzens ab. Durch diese Effekte kann es zu einer Herzinsuffizienz kommen.
Zu den Nebenwirkungen gehört Verstopfung, die vor allem bei älteren Menschen sehr lästig werden kann. Bei Frauen kommt es in seltenen Fälle zur Milchausscheidung in den Brüsten (Galaktorrhöe) und zu geringfügigen Störungen der Leberfunktion.

Verapamil ist kontraindiziert bei Patienten mit sehr langsamem Puls, Herzblock, Sinusknotensyndrom, Herzinsuffizienz, Herzerweiterung und Funktionsstörungen des Herzmuskels.

Wechselwirkungen mit anderen Medikamenten:
- Beta-Blocker: Die Kombination kann zu einer deutlichen Pulsverlangsamung bis unter 40 Schläge je Minute führen. Unter Umständen kommt es zur Herzinsuffizienz.
- Digoxin: Verapamil kann den Digoxinspiegel im Blut ansteigen lassen; werden beide Wirkstoffe eingenommen, muß der Arzt den Digoxinspiegel häufiger überprüfen und möglicherweise die Dosis beider Medikamente senken.
- Amiodaron: Dieser Wirkstoff dient zur Behandlung schwerer Herzrhythmusstörungen (ventrikuläre Tachykardie); er sollte nicht in Kombination mit Verapamil eingesetzt werden.
- Tranquilizer: In Kombination mit Tranquilizern wirkt Verapamil häufig stark beruhigend. Nifedipin hat diese Wirkung in Verbindung mit Tranqulizern nicht.
- Verapamil verstärkt die Wirkung gerinnungshemmender Mittel (Antikoagulantien).

Diltiazem (Dilzem® u. a.)

Darreichungsform: Tabletten zu 60, 90, 120, 180 und 240 mg.
Dosierung: Ein- bis dreimal täglich eine Tablette (je nach Dosierung).

Indikationen:
Die Indikationen sind die gleichen wie für Verapamil; zur Behandlung der paroxysmalen Tachykardie wird Diltiazem jedoch nicht verwendet, weil es eine sehr milde Wirkung hat.

Ratschläge und Nebenwirkungen
Diltiazem wirkt ähnlich wie Verapamil, ist aber nicht so stark. Gelegentlich kommen Kopfschmerzen und Schwindelgefühle vor. Bei manchen Patienten wurden vorübergehende Orientierungsstörungen und eine Erhöhung der Leberenzyme (Transaminasen) beobachtet. Häufig tritt eine lästige Verstopfung auf.

Amlodipin (Norvase® u. a.)

Darreichungsform: Tabletten zu 5 und 10 mg.
Dosierung: einmal täglich 5 bis 10 mg. Indikationen wie bei Nifedipin.

Antihistaminika

Diese allgemein bekannten, allergiehemmenden Medikamente verursachen gelegentlich einen Pulsanstieg, weil sie ähnlich wie Atropin wirken. In Einzelfällen kann sich der Herzschlag dabei stark beschleunigen. Das Gefühl des Herzrasens läßt innerhalb einiger Minuten bis weniger Stunden nach und richtet in der Regel keinen Schaden an. Patienten mit Angina pectoris sollten aber Antihistaminika nur mit Vorsicht anwenden, denn der Pulsanstieg kann einen Anginaanfall auslösen.

Der Blutdruck steigt durch die Einnahme von Antihistaminika im allgemeinen nicht, es sei denn, die Medikamente enthalten auch Phenylpropanolamin zur Beseitigung von Blutandrang; diese Substanz steigert den Blutdruck und sollte von Patienten mit Angina pectoris und Bluthochdruck nicht eingenommen werden.

Histamin-Antagonisten

Diese neueren Wirkstoffe unterscheiden sich ein wenig von den herkömmlichen Antihistaminika, denn sie blockieren gezielter die H1-Rezeptoren. Sie verursachen nicht die lästigen Nebenwirkungen der üblichen Antihistaminika wie Benommenheit und Mundtrockenheit. Anders als die Antihistaminika sind sie auch bei Patienten mit Glaukom (grünem Star) und Prostatavergrößerung gefahrlos anzuwenden. Solche H1-Rezeptorenblocker sind Astemizol und Terfenadin; beide Wirkstoffe sind in der Regel ungefährlich, es wurde aber auch über Herzrhythmusstörungen, Herzrasen, vorübergehende Bewußtlosigkeit und sogar Herzstillstand berichtet.

Die Histamin-Antagonisten werden in der Leber

abgebaut. Wenn ein Patient an einer Leberkrankheit leidet oder Medikamente nimmt, welche die Leberenzyme beeinträchtigen (wie beispielsweise das Antibiotikum Erythromycin), steigt möglicherweise die Anfälligkeit für Herzrhythmusstörungen. Wer Wirkstoffe mit einer ähnlichen chemischen Struktur einimmt – Fluconazol (Diflucan® u. a.), Itraconazol (Sempera® u. a.) oder Metronidazol –, kann ebenfalls leichte, manchmal auch gefährliche Herzrhythmusstörungen bekommen. Patienten mit Herzkrankheiten und solche, die mit harntreibenden Mitteln (Diuretika) oder kaliumsenkenden Wirkstoffen behandelt werden, sollten Astemizol und Terfenadin besser meiden.

Bei Cetirizin (Zyrtec® u. a.) und Loratadin (Lisino® u. a.), zwei neueren Histamin-Antagonisten, wurde bisher nicht über Herzrhythmusstörungen berichtet. Doch Patienten, die an Herzkrankheiten leiden und Diuretika oder kaliumsenkende Medikamente nehmen, sollten weiterhin vorsichtig sein und genau überwacht werden. Außerdem sollte die gleichzeitige Einnahme des Antibiotikums Erythromycin oder ähnlicher Wirkstoffe vermieden werden.

Antioxidantien

Antioxidantien verhindern die Oxidation des LDL-Cholesterins, das die Atherosklerose in Gang setzt und fördert, bis schließlich eine Arterie blockiert ist (siehe »Atherosklerose«, S. 32f.). Die schädlichen Wirkungen des oxidierten LDL-Cholesterins und wie man der Oxidation bzw. der schädlichen Wirkung begegnen kann ist derzeit ein viel diskutiertes Thema in der Forschung.

Nahrungsbestandteile, die als Antioxidantien wirken, insbesondere Vitamin E, Vitamin C und Beta-Carotin, werden heute verbreitet in der Hoffnung angewandt, Krebs und Herzkrankheiten verhüten zu können. Der Schutz gegen Krebs ließ sich in klinischen Studien bisher nicht zweifelsfrei nachweisen, aber möglicherweise wurde in manchen dieser Untersuchungen noch nicht die richtige »schützende« Dosis verwendet. Diese Dosis kennt man bisher nicht genau, aber sie dürfte über 100 IE (Internationale Einheit) täglich liegen; 200 bis 400 Einheiten sollten ausreichen. Vitamin E verstärkt nachgewiesenermaßen die Immunantwort, und das wiederum könnte einen gewissen Schutz vor Krebserkrankungen bieten. Nützliche Wirkungen sind aber nur dann zu erwarten, wenn man über mehr als zwei Jahre hinweg täglich 200 bis 400 IE einnimmt.

Nachdem man in den letzten Jahren zu widersprüchlichen Befunden gelangt ist, bleibt die Frage: Wirken Antioxidantien tatsächlich?

Inwieweit Antioxidantien vor Herzkrankheiten schützen, ist umstritten. In ihrer Mehrzahl sprechen die Indizien jedoch für einen gewissen Nutzen, vorausgesetzt, Vitamin E wird mehr als zwei Jahren lang in einer täglichen Dosis von 200 bis 400 IE eingenommen. Vitamin C schützt dagegen offensichtlich wesentlich weniger vor Herzkrankheiten als Vitamin E. Beta-Carotin kann nicht verhindern, daß LDL oxidiert wird; für diese Substanz wurde keine nennenswerte Schutzwirkung nachgewiesen.

Vitamin E ist ein fettlöslicher Wirkstoff, der vor allem in Gemüse und Pflanzenöl enthalten ist, insbesondere in Sojabohnen, Färberdisteln, Sonnenblumenkernen, Mais, Nüssen, Vollkornprodukten und Weizenkeimen. Daß eine verstärkte Aufnahme des Vitamins über die Nahrung die Häufigkeit von

Herzerkrankungen oder Krebs senkt, war nicht nachzuweisen. Mit fortschreitendem Alter sinkt jedoch der Vitamin-E-Gehalt der Blutplättchen; dieser Effekt dürfte dazu führen, daß die Blutplättchen leichter verklumpen, so daß die Gefahr der Bildung von Blutgerinnseln (Thrombosen) steigt. Für ältere Menschen kann die Einnahme von Vitaminpräparaten also von einem gewissen Nutzen sein.

In einer großangelegten Studie in den USA zeigte sich eine Verringerung des Risikos für die koronare Herzkrankheit nur bei Frauen mittleren Alters, die über mehr als zwei Jahre hinweg Vitamin-E-Präparate einnahmen. Bei Männern fand man einen geringfügigen, an der Grenze der Nachweisbarkeit liegenden Nutzen bei einer täglichen Einnahme von 100 IE über zwei Jahre hinweg. In einer Langzeitstudie mit 40 000 Männern zeigte sich jedoch, daß das Risiko von Herzerkrankungen bei Personen, die täglich 400 IE Vitamin E einnahmen, gegenüber solchen mit der geringsten Vitamin-E-Aufnahme um 40 % niedriger lag. Und in einer Studie an 121 000 Krankenschwestern fand man eine Risikoverminderung um 34 % bei Frauen, die täglich mehr als 200 IE nahmen. In einer Doppelblindstudie aus Oxford erwies sich Vitamin E als nützlich zur Vorbeugung gegen nicht tödliche Herzinfarkte.

Bis weitere klinische Befunde vorliegen, sind 200 bis 400 IE täglich über mehr als fünf Jahre hinweg wahrscheinlich die beste Empfehlung. Der positive Effekt einer Behandlung mit statistisch geringfügig nachweisbarem, aber individuell wichtigem Nutzen, ist oft nur bei der richtigen Dosierung zu beobachten, und auch das nur, wenn der Wirkstoff über mehrere Jahre hinweg eingenommen wird.

Atherosklerose

Atherosklerose ist eine Form der Arteriosklerose (»Arterienverkalkung«). Als Arteriosklerose bezeichnet man eine Verhärtung der Arterien, der verschiedene Ursachen zugrunde liegen können, z. B. Verkalkung, Elastizitätsverlust, Atherom etc. Der Begriff »Atherom« stammt vom griechischen »athere«, was soviel wie »Weizengrütze« oder »Haferbrei« bedeutet. Schneidet man ein Atherom auf, so findet man tatsächlich eine gelee- oder haferbreiartige Masse, die Cholesterin und andere Fettsubstanzen enthält. Solche Ablagerungen, auch Plaques genannt, finden sich in der inneren und mittleren Schicht der Arterienwand (s. Abb. S. 16). Neben dem Fett enthalten diese Plaques auch glatte Muskelzellen, die aus der mittleren Schicht der Gefäßwand stammen. Diese glatten Muskelzellen sind nach heutiger Kenntnis von großer Bedeutung für die Entstehung und das Wachstum der Plaques. Substanzen wie Cholesterin und Produkte der Blutplättchen regen die Muskelzellen zur Vermehrung an, so daß die Ablagerungen immer größer werden.

Die Abbildung auf S. 16 zeigt den Querschnitt durch eine Koronararterie. Die Innenwand der Arterie, die mit dem Blut in Berührung kommt, ist normalerweise glatt. Bei Atherosklerose dagegen ragt das Atherom in den Gefäßinnenraum. Mit jedem Pulsschlag dehnt sich die Arterie, und im Laufe der Jahre müssen zwangsläufig Defekte auftreten. Sie werden teilweise von den Blutplättchen repariert, die sich zusammenlagern und die geschädigte Stelle abdecken. Die Blutplättchen bilden aber nur einen vorübergehenden Schutz, ganz ähnlich wie bei einer kleinen äußeren Verletzung, bei der sie einen Pfropfen aus geronnenem Blut bilden. In den Herzkranzgefäßen und in der Aorta entstehen recht häufig solche kleinen Gerinnsel, die vermutlich zur Reparatur von Verletzungen an der Gefäßinnenwand dienen. Sie werden als harte, verdickte Bereiche in die Gefäßwand eingebaut; mit dieser Maßnahme versucht der Organismus, die Arterienwand zu stärken.

Beim Atherom können die Plaques glatt, uneben, groß oder rauh sein und sogar Geschwüre bilden. Da die Gefäßwand in diesem Fall verhärtet (sklerosiert), spricht man von Atherosklerose (s. auch »Angina pectoris« S. 14ff.). Ist ein Herzkranzgefäß völlig verschlossen, kommt es zum Herzinfarkt. Dieser Vorgang kann folgende Ursachen haben:

- An einem Plaque bildet sich ein Blutgerinnsel, häufig weil der Plaque aufgerissen ist oder ein Geschwür gebildet hat.
- Ein großer Plaque verschließt die Arterie nahezu völlig.
- Blutplättchen bleiben an dem Plaque hängen und bilden einen Klumpen, der sich dann losreißt und an anderer Stelle ein kleines Blutgefäß blockiert.
- Ein Herzkranzgefäß verkrampft sich, insbesondere an einer Stelle mit Plaques, die Durchblutung ist minuten- oder stundenlang blockiert.
- Bei Streß oder anderen Aufregungen wird verstärkt Adrenalin ausgeschüttet, was zum Verklumpen der Blutplättchen und damit zur Entstehung von Blutgerinnseln führen kann. Ein Übermaß an Adrenalin kann am Herzen auch zu elektrischen Störungen bis hin zum Kammerflimmern führen. Beim Kammerflimmern zieht der Herzmuskel sich nicht mehr zusammen, sondern er zittert nur noch; daher wird kein Blut mehr gepumpt, und schließlich kann es zum Herzstillstand kommen.

Die Einzelheiten des Mechanismus, der zum Atherom und damit zum Gefäßverschluß führt, entziehen sich seit 60 Jahren der vollständigen wissenschaftlichen Aufklärung. Sicher ist aber, daß ein hoher Cholesterinspiegel und insbesondere das »schlechte«, oxidierte LDL-Cholesterin, die Bildung und das Wachstum von Atheromen sowohl in Gang setzt als auch fördert.

Atherosklerose führt zum Verschluß von Arterien und ist die Ursache von Herzschmerzen, Angina pectoris, Herzinfarkt und Tod durch koronare Herzkrankheit. Auch Schlaganfälle, Aortenaneurysma und schlechte Durchblutung der Beine haben ihre Ursache in Atheromen.

In den Industrieländern ist Atherosklerose bei Männern zwischen 35 und 75 Jahren sowie bei Frauen zwischen 65 und 85 die häufigste Krankheit. Die Zahl der von ihr verursachten Todesfälle ist um ein Mehrfaches höher als für alle Krebsarten zusammen.

Die Atherosklerose der Herzkranzgefäße ist in den Industrieländern die häufigste Todesursache. Männer sind im Vergleich zu Frauen auch in jungen Jahren wesentlich häufiger betroffen; Frauen sind bis etwa zum 55. Lebensjahr durch das in den Eierstökken produzierte Östrogen geschützt. Da bei Männern zwischen 40 und 60 Jahren der Herzinfarkt eine so häufige Todesursache ist, hat man den Verschluß der linken vorderen Koronararterie zu Recht auch als »Witwenmacher« bezeichnet.

Aufbau und Funktion des Herzens

Das Herz des Menschen ist ein Pumpmuskel. Es hat die Aufgabe, das sauerstoff-, glucose-, protein-, fett- und salzhaltige Blut zu allen Organen, Geweben und lebenden Zellen des Körpers zu befördern. Das Herz ist in vier Kammern unterteilt (s. Abb. S. 133). Die oberen Kammern bezeichnet man als rechten und linken Vorhof, die unteren als Herzkammern oder Ventrikel.

Das Blut aus allen Körperteilen fließt in Venen, die letztlich in den rechten Vorhof münden. Von dort gelangt es durch Herzklappen in die rechte Herzkammer; diese zieht sich zusammen und drückt das Blut in die Lunge, wo es Kohlendioxid abgibt und Sauerstoff aufnimmt. Anschließend gelangt es über die Lungenvenen in den linken Vorhof und dann durch die Mitralklappe in die linke Herzkammer. Wenn diese sich nun zusammen mit dem rechten Ventrikel zusammenzieht, stößt sie etwa 70 ml Blut durch die Aortenklappe in die Aorta aus; diese verzweigt sich in immer feinere Arterien, die alle Organe und Gewebe des Körpers versorgen.

Wenn das Herz mit etwa 70 Schlägen in der Minute pulsiert, fördert es in einer Minute ein »Herzminutenvolumen« von etwa fünf Litern Blut. Es wird in Portionen von ungefähr 70 ml durch insgesamt rund 100000 Kilometer Blutgefäße gepreßt. Während eines durchschnittlichen Menschenlebens schlägt das Herz etwa 2,5 Milliarden mal. Dabei pumpt es über 227 Millionen Liter Blut. Das Herz ist einer der kräftigsten Muskeln unseres Körpers. Es kann seine Pumpleistung und damit das Leben mehr als 100 Jahre lang aufrechterhalten, vorausgesetzt, die Herzkranzgefäße, über die es mit Blut versorgt wird, werden nicht durch Arteriosklerose beeinträchtigt.

Ballonangioplastie

Dieses Verfahren zur Behandlung der koronaren Herzkrankheit wird an den meisten großen Kliniken angewandt. Die erste Koronarangioplastie gelang dem inzwischen verstorbenen Dr. Grüntzig 1977 in Zürich.

Die gefährlichen Ablagerungen in den Koronararterien werden zusammengedrückt (s. Abb. S. 35). In der Regel sind allerdings mehrere Abschnitte dieser Arterien betroffen (s. Abb. S. 17).

Um den auch nach einer Angioplastie fortschreitenden Verlauf der Erkrankung aufzuhalten, sollte man alle Risikofaktoren ausschalten: Es gilt absolutes Rauchverbot, der Blutdruck muß im Normalbereich bleiben, Streß muß abgebaut werden, der Cholesterinspiegel sollte unter 200 mg/dl (5,2 mmol/l), der LDL-Spiegel unter 100 mg/dl (2,5 mmol/l) liegen. Unter Umständen sind sowohl eine Ernährungsumstellung als auch Medikamente erforderlich.

Indikationen

Die Angioplastie kommt bei Patienten mit schwerer Angina pectoris in Frage, wenn eine medikamentöse Therapie allein nicht zu einer ausreichenden Besserung führt und wenn außerdem mindestens eine der folgenden Störungen vorliegt:

1. Eine Koronararterie ist fast völlig (das heißt zu mehr als 75 %) und durch eine abgegrenzte, vorzugsweise nicht verhärtete Ablagerung verschlossen. Besonders geeignet ist das Verfahren, wenn die Verengung in der linken absteigenden Arterie oder in der rechten Koronararterie vor

der Abzweigung des ersten Astes liegt (s. Abb. S. 15).

2. Nachdem man heute über mehr Erfahrungen und über besonders vielseitig einsetzbare Katheterinstrumente verfügt, ist das Verfahren bei einem breiteren Spektrum von Indikationen anwendbar. In manchen Kliniken behandeln die Fachärzte auch Verengungen an schwierigeren Stellen. Geringer sind die Erfolgsaussichten bei einer Blockade des Ramus circumflexus der linken Koronararterie oder in den unregelmäßig gebogenen unteren Abschnitten der Koronararterien.
3. Bei Patienten mit akutem Herzinfarkt löst man das Gerinnsel meist zunächst mit Medikamenten wie Streptokinase oder Gewebe-Plasminogenaktivator auf. Anschließend erweitert man das Gefäß durch Koronarangioplastik (zusammendrücken des Plaques).

Kontraindikationen

- Wenn kein Chirurgenteam für eine Bypassoperation zur Verfügung steht.
- Die Arterie ist völlig verschlossen; in diesem Fall kann man den Katheter nicht an die richtige Stelle bringen.
- Bei der linken Koronararterie vor der Gabelung in die Kranzarterie und den vorderen absteigenden Ast ist das Risiko zu groß.
- Die Verengung liegt im Endabschnitt der Arterie, so daß man sie mit dem Katheter nicht erreichen kann.
- Bei Diabetikern erzielt man oft keine guten Ergebnisse; hier ist eher eine Operation angebracht.

Bei etwa 30 % der Patienten mit koronarer Herzkrankheit liegt die Verengung so, daß eine Ballonangioplastie nicht in Frage kommt. Bei schätzungsweise 33 % der Patienten, die an Angina pectoris leiden und sich für eine Bypassoperation eignen, kann man auch die Ballonangioplastie durchführen.

Ballonangioplastie

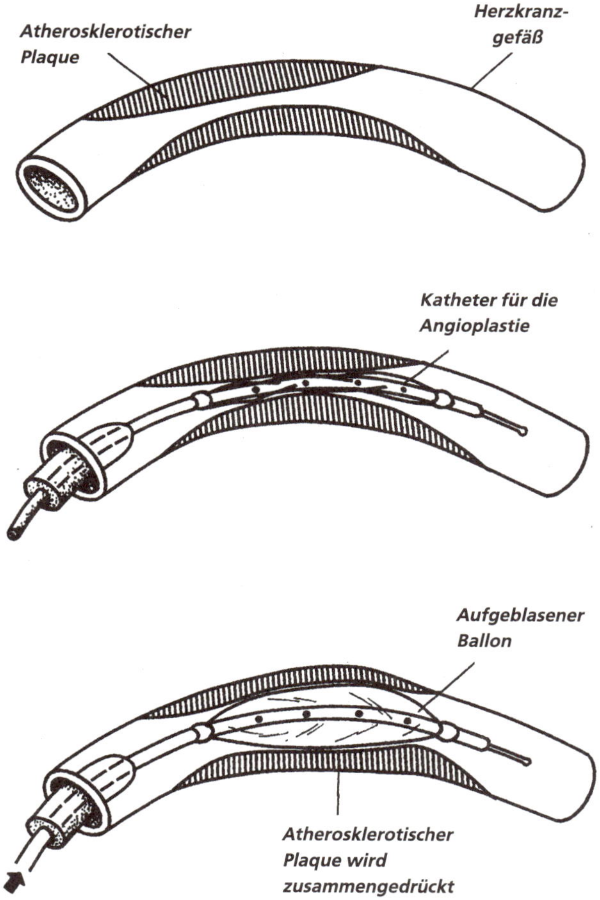

Der Ablauf

Der Fachausdruck für die Ballon-Angioplastie lautet perkutane transluminale Koronarangioplastie: Man schiebt das Instrument durch die Haut (perkutan) und dann durch das Innere (Lumen) der Arterie (transluminal) in ein Herzkranzgefäß (Koronararterie), das dann in die richtige Form gebracht wird (Angioplastie). Der Katheter, der an der Spitze einen aufblasbaren Ballon trägt, wird bis an den Ort der Gefäßverengung geschoben. Dann pumpt man den Ballon 30 bis 60 Sekunden lang auf, so daß die Ablagerungen zusammengepreßt werden (s. Abb. S. 35). Auf diese Weise wird einerseits die Ablagerung kleiner, andererseits dehnt sich die mittlere Schicht der Arterienwand, so daß sich das Gefäß insgesamt erweitert. Während der Ballon aufgeblasen wird, können vorübergehend Schmerzen in der Brust auftreten, die aber anschließend schnell wieder zurückgehen. Unter Umständen muß der Ballon mehrmals aufgepumpt werden, bis eine ausreichende Dehnung erreicht ist. Anschließend läßt der Arzt die Luft ab und injiziert ein Kontrastmittel, um festzustellen, ob der Bereich ausreichend gedehnt und die Durchblutung wiederhergestellt wurde.

Nach der Angioplastie wird der Patient zur Beobachtung 24 bis 48 Stunden lang stationär aufgenommen. Insgesamt dauert der Krankenhausaufenthalt etwa drei Tage.

Ergebnisse

Das Öffnen der Arterie gelingt in 70 bis 90 % der Fälle. Die meisten Patienten sind nach relativ kurzer Zeit wieder arbeitsfähig, die Angina tritt mindestens ein halbes Jahr lang nicht mehr auf. Kurzfristig können folgende Komplikationen auftreten: Bei 5 % kommt es zum Herzinfarkt, weil beim Zusammendrücken und Auflösen der Ablagerungen Zellen und Substanzen frei werden, welche die Blutgerinnung begünstigen. In etwa 5 % der Fälle ist eine Notoperation erforderlich, die Sterblichkeit liegt in diesem Fall bei ungefähr 4 bis 5 %. Bei etwa 25 % der Patienten gelingt es nicht, den Katheter in den verengten Gefäßabschnitt einzuführen. Und bei etwa 10 % ist keine Dehnung möglich, weil die Ablagerungen durch Calciumeinlagerungen verhärtet sind. In etwa 1 % der Fälle stirbt der Patient.

Die Komplikationen ähneln denen von Bypassoperationen. Die wichtigste Langzeitkomplikation ist eine erneute Verengung (Restenose) des gedehnten Bereichs, die in etwa einem Drittel der Fälle eintritt. Glücklicherweise kann man dann aber eine erneute Erweiterung vornehmen und zwar einfacher als beim ersten Mal. Bei 20 bis 35 % der Patienten stellt sich die Restenose innerhalb eines halben Jahres nach dem Eingriff ein, und mit ihr kehren auch die Schmerzen in der Brust wieder. Die Ballonangioplastie ist kein Konkurrenzverfahren zur Bypassoperation. Bei etwa 50 % der Betroffenen lassen sich die Gefäße nicht mit dem Katheter erweitern, so daß ein chirurgischer Eingriff notwendig wird. Die Angioplastie ist aber viel kostengünstiger. Der Patient muß nur einige im Krankenhaus bleiben und kann nach relativ kurzer Zeit wieder arbeiten. Wenn man erst einmal das Problem der Restenose gelöst hat, wird die Bedeutung der Ballonangioplastie sicher weiter wachsen.

Wenn Sie die Angioplastie in Erwägung ziehen, können die folgenden statistischen Angaben Ihnen und Ihrem Arzt vielleicht bei der Entscheidung helfen: Etwa 40 % der Patienten, die eine Bypassoperation benötigen, eignen sich auch für die Angioplastie. Bei ungefähr 33 % dieser Kandidaten gelingt die Dehnung nicht, weil man den Katheter nicht an die betroffene Stelle bringen kann oder weil die Ablagerungen zu hart sind. Wird die Angioplastie vorgenommen, liegt die Erfolgsquote insgesamt bei 85 %; diese Patienten haben anschließend keine Schmerzen mehr und sind im Beruf wieder wesentlich leistungsfähiger. In 1 % der Fälle endet der Eingriff jedoch tödlich, bei 3 % tritt innerhalb der folgenden 24 Stunden ein Herzinfarkt ein, und bei weiteren 3 % ist eine Notfalloperation erforderlich. In 33 % der Fälle kommt es in den ersten sechs Monaten erneut zu einer Verengung, und etwa bei der Hälfte gelingt die Erweiterung ein zweites Mal. Bei etwa 20 % der Patienten wird im Laufe des folgenden Jahres eine Bypassoperation notwendig.

Beta-Blocker

Die Zellen der verschiedenen Organe und Gewebe tragen auf ihrer Oberfläche vielfältige Rezeptoren. Wenn dort die Moleküle der Hormone und anderer Substanzen andocken, werden in der Zelle bestimmte Prozesse in Gang gesetzt. Zwei solche Signalsubstanzen, das Adrenalin und das Noradrenalin (zu den Katecholaminen gehörig), werden an den Enden sympathischer Nerven sowie in den Nebennieren freigesetzt. Ihre wichtigsten Wirkungen üben sie über die sogenannten adrenergen Betarezeptoren aus. Wird das System aus sympathischen Nerven und Nebennieren angeregt – zum Beispiel in einer Gefahren- oder Streßsituation –, werden Adrenalin und Noradrenalin an den Nervenenden und ins Blut ausgeschüttet. Die Katecholamine wirken stimulierend: Sie steigern die Kraft und Geschwindigkeit des Herzschlages, den Blutdruck und den Blutzuckerspiegel. Die Katecholaminausschüttung bereitet den Organismus auf die Reaktion des »Flüchtens oder Kämpfens« vor. Den Adrenalinstoß brauchen wir, um uns in Gefahr zu wehren oder schnell in Sicherheit zu bringen. Adrenalin und Noradrenalin sind also nützlich, aber im Übermaß haben sie auch schädliche Wirkungen; insbesondere dann verursachen sie eine Überlastung des Herz-Kreislauf-Systems.

Man konnte nachweisen, daß bei einem Herzinfarkt im Herzmuskel große Noradrenalinmengen frei werden, die dann Herzrhythmusstörungen und insbesondere das gefürchtete Kammerflimmern auslösen können: Das Herz beginnt zu »bibbern«, pumpt aber kein Blut mehr, so daß der Tod eintritt. Adrenalin steigert sowohl Puls als auch Blutdruck, so daß das Herz sich mehr anstrengen muß. Da beim Herzinfarkt ein Herzkranzgefäß blockiert ist, führt diese verstärkte Belastung bei gleichzeitig verminderter Sauerstoffversorgung zu weiteren Schäden am Herzmuskel, so daß sich das Ausmaß des Infarktes vergrößert.

Die Beta-Blocker tragen ihren Namen, weil sie die Beta-Rezeptoren blockieren. Sie ähneln in ihrer Molekülstruktur den Katecholaminen und hemmen deren Wirkung an den Rezeptorenstellen. So verlangsamt sich der Puls, die Kraft der Herzkontraktionen nimmt ab, der Herzrhythmus stabilisiert sich, und die Gefahr des Kammerflimmerns wird deutlich geringer. Beta-Blocker sorgen also dafür, daß das Herz weniger arbeiten muß, so daß es auch weniger Sauerstoff braucht. Diese Wirkung kann nach einem Herzinfarkt oder bei schwerer Angina pectoris lebensrettend sein, da die Gefahr des Kammerflimmerns reduziert wird. Da der Sauerstoffbedarf des Herzens herabgesetzt wird, verhüten die Beta-Blokker sehr wirksam die schmerzhafte Angina pectoris. Da für Patienten mit dieser Krankheit ein sehr hohes Herzinfarktrisiko besteht, sind die Beta-Blocker sowohl zur Schmerzlinderung als auch zur Vorbeugung von eminenter Bedeutung. Außerdem verändern sie die Gerinnungsfaktoren im Blut, so daß sich in den Gefäßen nicht so leicht Blutgerinnsel bilden; die Blutungsneigung bei Verletzungen erhöhen sie dagegen nicht.

Umfangreiche klinische Studien haben gezeigt, daß sich die Überlebensaussichten nach einem Herzinfarkt beträchtlich verbessern, wenn die Patienten von der ersten Woche nach dem Infarkt an mindestens zwei Jahre lang Beta-Blocker einnehmen.

Eine Studie in Norwegen führte zu aufschlußreichen Ergebnissen. Man teilte insgesamt 1884 Patienten nach dem Zufallsprinzip in zwei Gruppen ein. Die erste, 942 Personen, erhielten ab dem siebten Tag nach dem Herzinfarkt den Beta-Blocker Timolol, den anderen wurde ein Placebo verabreicht. Nach zwei Jahren gab es in der behandelten Gruppe 34 % weniger Herztote, 28 % weniger neue Herzinfarkte und 64 % weniger plötzliche Todesfälle. Ähnliche, allerdings nicht ganz so eindrucksvolle Befunde lieferte eine amerikanische Untersuchung.

Von Bedeutung sind vor allem die positiven Wirkungen der Beta-Blocker auf die Arterien. Diese Gefäße, bei jedem Menschen insgesamt viele tausend Kilometer, stehen durch die Pumpkraft des Herzens und die Strömungsgeschwindigkeit des Blutes sowie durch den Blutdruck unter ständiger Belastung. Die Atherosklerose tritt häufig an den Gabelungen der Arterien auf. Die Beta-Blocker vermindern nicht nur den Blutdruck, sondern auch die Heftigkeit und Geschwindigkeit des Blutstromes an diesen mechanisch belasteten Stellen, so daß sie auch einen gewissen Schutz vor Verletzungen der Gefäßwände bieten, was für Patienten mit Bluthochdruck von entscheidender Bedeutung ist. Mechanische Schäden durch die Geschwindigkeit und den Druck des Blutes sind die wichtigste Ursache der Gefäßschäden, die nicht nur zur Atherosklerose, sondern, nach der Auflösung der Plaques, auch zu Thrombosen sowie zu einem Aneurysma führen können.

Daß Beta-Blocker und Aspirin den Infarkttod verhindern können, wurde in Studien eindeutig nachgewiesen. Etwa 450 000 Patienten überleben in den USA und Kanada jährlich einen Herzinfarkt. 100 000 von ihnen bekommen innerhalb eines Jahres nach der Klinikentlassung einen zweiten. In etwa 30 % der Fälle (also bei 30 000 Patienten) können Beta-Blocker den zweiten Infarkt verhüten. Man sollte die Schutzwirkung von Beta-Blockern also nicht unterschätzen.

Bewegung

Gesundheitliche Auswirkungen körperlicher Betätigung

Einer der Hauptgründe, die für eine regelmäßige Ausübung körperlicher Betätigung sprechen, ist die Tatsache, daß sie sowohl zum Wohlbefinden als auch zum guten Aussehen beiträgt. Das heißt nicht, daß man anstrengenden Sport betreiben muß. Positive psychische Wirkungen stellen sich schon bei kurzer körperlicher Belastung ein, zum Beispiel durch 20 Minuten Spazierengehen, zehn Minuten Stretching oder, wenn möglich, 15 Minuten Radfahren oder Schwimmen – das aber möglichst jeden Tag oder zumindest jeden zweiten. Diese Übungen sind einfach auszuführen, nicht sehr zeitaufwendig und reichen dennoch zur Entspannung und zur Erzeugung inneren Wohlbefindens aus.

Wer sich jeden Tag 30 bis 40 Minuten mäßig körperlich betätigt und zusätzlich noch ein bis zwei Mal Tennis oder eine andere beliebige Ballsportart betreibt, erreicht sogar eine gewisse Fitness. Mit Fitness ist in diesem Fall gemeint, daß man Ausdauer und Energie für die tägliche Arbeit und leichte sportliche Betätigung hat, ohne daß sich Atemnot, Muskelkater oder Herzrasen einstellen.

Mit regelmäßigem, anstrengendem Training läßt sich die Kondition von Herz und Kreislauf sehr schnell steigern. Sportler, vor allem Langstreckenläufer – auch solche über vierzig –, können durch körperliche Anstrengung sogar einen Zustand der Euphorie erreichen. Wissenschaftliche Untersuchungen haben erwiesen, daß der Körper in diesem Fall große Mengen Endorphine ausschüttet. Endorphine sind opiatartige Verbindungen und ähneln in ihrer Molekülstruktur dem Morphium. Sie können die Schmerzgrenze anheben und tatsächlich euphorische Zustände erzeugen.

Im Zusammenhang mit den verschiedenen Formen körperlicher Betätigung sollte man sich mit den folgenden Grundkenntnissen vertraut machen:

Aerobe Tätigkeit

»Aerob« bedeutet wörtlich »mit Luft«, das heißt, die für eine Tätigkeit notwendigen Stoffwechselprozesse laufen nur bei Anwesenheit von Sauerstoff ab. Aerobe Übungen umfassen die Anspannung und Entspannung großer Muskelgruppen und die Bewegung von Gelenken, zum Beispiel beim Gehen, Schwimmen, Radfahren, Joggen und Tanzen.

Der Sauerstoff wird über die Lunge aufgenommen und vom Blut weitertransportiert. Arbeitende Muskeln sind auf eine verstärkte Zufuhr von Sauerstoff, Glucose und anderen Bestandteilen angewiesen. Den durch die Bewegung zusätzlich benötigten Sauerstoff führt sich der Organismus durch eine schnellere Atmung, einen schnelleren Herzschlag und eine Zunahme der vom Herz ausgeschütteten Blutmenge zu. Das Blutvolumen, das vom Herz in einer Minute gefördert wird (Herzminutenvolumen), steigt von durchschnittlich fünf Litern in Ruhe bis auf etwa 20 Liter an. Ein großer Teil der zusätzlichen Menge fließt in die Muskeln.

Aerobe Übungen beschleunigen den Puls und lassen den systolischen Blutdruck steigen; der diastolische Blutdruck bleibt dagegen unverändert oder steigt höchstens geringfügig an. Die Durchblutung in den nicht beanspruchten Muskeln, aber auch in Leber, Darm und Nieren vermindert sich. Bewegt man vor allem die Arme, steigen Puls und Blutdruck ein wenig stärker an als bei einer Belastung der Beine.

Isometrische Übungen

»Isometrisch« heißt »gleiches Maß«. Bei diesen Übungen bleibt die Länge der Muskelfasern gleich, während man die Muskelspannung gegen einen festen Widerstand aufbaut; mit anderen Worten: Bei isometrischen Übungen spannt man die Muskeln an, ohne die Gelenke und Knochen zu bewegen, zum Beispiel beim Drücken gegen eine Wand. Solche Übungen sind für Personen über 45 Jahre sowie für Patienten mit Bluthochdruck oder bekannten Herzschäden in der Regel nicht zu empfehlen, denn sie führen während der Anstrengung zu einem deutlichen Blutdruckanstieg. Die angespannten Muskeln drücken auf die Blutgefäße, so daß durch diese weniger Blut hindurchfließen kann. Das Herz muß stärker gegen den Druck in den verengten Arterien ankämpfen, aber die Menge, die es ausstößt, steigt nur geringfügig an, denn die wenigen angespannten Muskeln brauchen weniger Sauerstoff als bei isotonischen Übungen. Trotz dieses geringeren Sauerstoffbedarfs in der Muskulatur wird das Herz aber stärker belastet, so daß es selbst mehr Sauerstoff braucht. Bei koronarer Herzkrankheit besteht die Gefahr, daß es dadurch am Herzen zu einem Sauerstoffmangel kommt, der zu Angina pectoris oder sogar zum Herzinfarkt führen kann. Wer an Bluthochdruck leidet, darf keine isometrischen Übungen durchführen.

Da das Herzminutenvolumen und die Atemgeschwindigkeit trotz des Anstiegs von Puls und Blutdruck nur geringfügig zunehmen, läßt sich mit isometrischen Übungen zwar die Kondition der entsprechenden Muskelgruppen verbessern, nicht aber die Kondition von Herz und Kreislauf.

Anaerobe Übungen

»Anaerob« heißt »ohne Sauerstoff«; die Energie wird in diesem Fall durch den Abbau von Glucose in Blut und Muskeln bei gleichzeitiger Bildung von Milchsäure gewonnen. Anaerobe Betätigungen sind beispielsweise Gewichtheben oder ein 100-Meter-Lauf. Herzpatienten dürfen solche Übungen nicht durchführen.

Training für Herz und Kreislauf

Wer körperlich nie aktiv war und sich plötzlich entschließt, Sport zu treiben, wird zunächst die frustierende Erkenntnis machen, daß aller Anfang schwer ist – schnell gerät man außer Atem und spürt, wie das Herz bis zum Hals schlägt. Wiederholt man die gleiche Tätigkeit aber regelmäßig alle ein bis zwei Tage, wird die Kurzatmigkeit nach einer oder zwei Wochen zurückgehen, der Puls steigt nur noch mäßig an und kehrt danach schneller wieder zum Ruhewert zurück. Dies bezeichnet man als Trainingseffekt: Herz, Lunge, Blutgefäße und Muskeln passen sich allmählich der Belastung an.

Wenn Muskeln arbeiten, brauchen sie mehr Sauerstoff. Deshalb muß die Lunge mehr Luft aufnehmen, das Herz muß stärker und schneller pumpen, um den Sauerstoff zu den Muskeln zu befördern, und die Muskeln müssen dem Blut den Sauerstoff schneller entziehen.

Das Herz ist eine kräftige Pumpe, aber um die Energie für seine Kontraktion zu erzeugen, braucht es auch selbst Sauerstoff. Welche Menge davon es zu einem bestimmten Zeitpunkt benötigt, kann man mit komplizierten Methoden feststellen. Aber auch die Beziehung zwischen Pulsgeschwindigkeit und systolischem Blutdruck hat sich als zuverlässiger Anzeiger für den Sauerstoffbedarf des Herzmuskels erwiesen. Bei regelmäßigem Training steigt die Effizienz des Herzmuskels, das heißt, das Herz braucht dann für die gleiche Arbeit weniger Sauerstoff. Im Ruhezustand verbraucht das Herz etwa 65 % des Sauerstoffs, der seine Muskelzellen erreicht. Dieser Wert läßt sich auch durch Training kaum steigern. Wird mehr Sauerstoff gebraucht, müssen sich also die Herzkranzgefäße erweitern, um entsprechend mehr sauerstoffbeladenes Blut heranzutransportieren. Das ist nur möglich, wenn die Herzkranzgefäße gesund und dehnbar sind.

Bei regelmäßigem Training verbessert sich die Kondition des Herzens, so daß es mit langsamerem Puls die gleiche Arbeit verrichten kann. Steigert man die Trainingsbelastung und -dauer (letztere auf mindestens 30 Minuten täglich), kann sich der Ruhepuls um fünf bis 20 Schläge in der Minute verlangsamen.

Die Geschwindigkeit des Herzschlages wird vom Gehirn gesteuert, und zwar über Nerven, die zum Herzen und seinem natürlichen Schrittmacher (dem Sinusknoten) führen. Die Nerven, die es zu schnellerer Tätigkeit anregen, nennt man auch »sympathische Nerven«; sie erhalten ihre Reize vom Gehirn. Bei Fluchtreaktionen werden die sympathischen Nerven angeregt. Noradrenalin und Adrenalin sorgen dafür, daß das Herz schneller und kräftiger schlägt.

Die entgegengesetzte Wirkung hat der Vagusnerv, ein »parasympathischer Nerv«, der den Herzschlag verlangsamt. Der Vagusnerv ist mit einem Zügel zu vergleichen, der verhindert, daß das Pferd unkontrolliert davonläuft. Bei manchen Menschen ist die Wirkung des Vagusnerven von Geburt an besonders stark ausgeprägt, so daß sich ein langsamer Ruhepuls von ca. 60 Schlägen in der Minute einstellt. Auch häufiges Training verstärkt den Effekt des Vagusnerven (die Zügel werden sozusagen fester angezogen), so daß der Puls sich ebenfalls verlangsamt. Viele durchtrainierte Sportler haben einen Ruhepuls von nur 35 bis 50 Schlägen in der Minute, der sich auch bei leichten Anstrengungen nur geringfügig beschleunigt. Bei einem untrainierten Fünfzigjährigen, der 500 Meter joggt, kann der Puls ohne weiteres auf 150 bis 170 Schläge ansteigen. Mit Training verursacht die gleiche Anstrengung einen Anstieg auf lediglich 120 bis 140 Schläge, auch das Produkt von Puls und systolischem Blutdruck ist niedriger. Mit anderen Worten: Ein trainiertes Herz pumpt mit geringerer Belastung die gleiche Blutmenge und braucht deshalb auch weniger Sauerstoff.

Die Herzkranzgefäße füllen sich nur während der Entspannungsphase (Diastole) des Herzmuskels. Diese Phase ist bei langsamerem Puls länger, so daß gesunde oder eingeengte Herzkranzgefäße mehr Zeit haben, um neues Blut aufzunehmen. Die Folge ist eine bessere Sauerstoff- und Nährstoffversorgung des Herzmuskels.

Ein trainiertes Herz schlägt also langsamer und wird auch bei maximaler Anstrengung nicht übermäßig belastet. Auf eins muß an dieser Stelle jedoch warnend hingewiesen werden: Nach übereinstimmender Meinung der medizinischen Fachleute gibt es keine wissenschaftlichen Belege, daß dieser Effekt dem Herzinfarkt vorbeugt. Die Entstehung von Blutgerinnseln oder Atherosklerose wird durch sportliches Training also nicht hundertprozentig verhindert, alles in allem jedoch unwahrscheinlicher.

Durch sportliches Training stellen sich folgende wichtige Veränderungen ein:

- Durch den Sauerstoffbedarf der arbeitenden Muskeln kommt es zum Sauerstoffmangel. Deshalb beschleunigt sich die Atmung von etwa zwölf auf 24 bis 30 Atemzüge in der Minute, so daß die Lunge mehr Sauerstoff aufnimmt und ans Blut weitergibt.
- Ruhende Muskeln entziehen dem Blut, das ihre Zellen umspült, nur etwa 30 % des Sauerstoffs. Bei anstrengendem Training kann dieser Anteil jedoch bis auf 75 % steigen. Die bei maximaler Anstrengung aufgenommene Sauerstoffmenge setzt die

Obergrenze für die Leistung oder die Kondition von Herz und Kreislauf. Auf aerobe Übungen reagiert der Organismus mit einer Steigerung der maximalen Sauerstoffaufnahme; er nutzt also den Sauerstoff besser aus, so daß auch das Herz weniger arbeiten muß. Diese physiologische Anpassung ist der Grund, warum man mit aerobem Training die Ausdauer steigern und die Ermüdung hinausschieben kann.

Gewichtsabnahme und Bewegung

Regelmäßige sportliche Betätigung kann zu einer Gewichtsabnahme führen, die sich durch eine entsprechende Ernährungsumstellung erheblich verstärken läßt. Besonders für eine langfristig anvisierte Gewichtsabnahme ist körperliche Bewegung nützlich. Bei körperlicher Tätigkeit wird Energie verbraucht, die man in Kalorien mißt. Ohne ausreichende körperliche Bewegung verlangsamt sich der Stoffwechsel. Viele übergewichtige Menschen essen nicht unbedingt zuviel, aber ihr Stoffwechsel arbeitet so langsam, daß sie zwangsläufig Fett speichern. Aerobes Training, das man drei- bis viermal in der Woche jeweils 20 bis 40 Minuten lang betreibt, kann den Stoffwechsel dagegen um 20 bis 30 % beschleunigen, so daß Fettpolster abgebaut werden. Eine langfristige Umstellung auf eine kalorien- und fettarme Ernährung sorgt darüber hinaus zusätzlich für eine Reduktion der zugeführten Energie, was sich verstärkend auf eine Gewichtsabnahme auswirkt.

Bei einer Schnelldiät richtet sich der Körper darauf ein, mit weniger Nährstoffen auszukommen, und die Gewichtsabnahme ist nur von kurzer Dauer, weil man nach Beendigung der Diät wieder in die alten Gewohnheiten zurückfällt.

Man sollte zunächst mit einer regelmäßigen körperlichen Betätigung beginnen und einige Wochen später die Ernährung umstellen; um 100 Kalorien zu verbrennen, muß ein 77 kg schwerer Erwachsener etwa zweieinhalb Kilometer zügig gehen oder eineinhalb Kilometer joggen. Interessanterweise ist zügiges Gehen also fast ebenso wirksam wie Joggen, denn die Geschwindigkeit, mit der man eine bestimmte Entfernung zurücklegt, spielt für die Zahl der verbrannten Kalorien nur eine geringe Rolle. Geht man also jeden Tag zweieinhalb bis drei Kilometer, verliert man in 14 Tagen etwa ein halbes Kilo. Wenn man die über die Ernährung zugeführte Energie zum Beispiel auf 1000 Kalorien am Tag reduziert, verliert man in den gleichen zwei Wochen noch einmal ein halbes Kilo. Das mag auf den ersten Blick wenig erscheinen, aber nach einem halben Jahr ist man auf diese Weise um zwölf Kilo leichter, und zudem kann man das niedrigere Gewicht halten, wenn man darauf achtet, daß zwischen Kalorienzufuhr und Bewegung auch weiterhin ein ausgewogenes Verhältnis herrscht. Mit Bewegung allein, ohne eine verminderte Kalorienzufuhr, läßt sich nur eine geringfügige Gewichtsabnahme erzielen bzw. eine Gewichtszunahme verhindern. Um zufriedenstellende Ergebnisse zu erreichen, sollte man deshalb eine Ernährungsumstellung und körperliche Betätigung miteinander kombinieren.

Auswirkungen auf den Blutdruck

Bei heftiger Anstrengung, beispielsweise bei einem Dauerlauf von acht Kilometern, steigt der systolische Blutdruck bei den meisten Menschen deutlich an. Wenn beispielsweise ein 30jähriger mit einem normalen systolischen Blutdruck von 120 mm Hg drei Kilometer joggt, kann der Wert auf 140 bis 180 ansteigen; der diastolische Blutdruck bleibt in der Regel gleich, es sei denn, die betreffende Person leidet ohnehin an Bluthochdruck. Nach Beendigung der Anstrengung kehrt der Blutdruck innerhalb weniger Minuten zum Ruhewert zurück. Wer einen leicht erhöhten Blutdruck hat und regelmäßig Sport betreibt, kann den Ruheblutdruck damit um 10 bis 20 mm Hg senken, wahrscheinlich aufgrund mehrerer Faktoren, die mit einer körperlichen Betätigung einhergehen wie Gewichtsverlust und psychische Entspannung. Indirekt nutzt regelmäßiges Training also durchaus: Es unterstützt die Gewichtsabnahme und trägt so dazu bei, einen leicht erhöhten Blutdruck zu senken.

Bei mittelschwerem oder starkem Bluthochdruck sollte man sich aber nicht allein auf körperliche Betätigung verlassen. Hier ist sogar Vorsicht geboten. Die Möglichkeit, daß es durch starke Anstrengung im Einzelfall sogar zu Gefäßschäden kommt, kann nicht ausgeschlossen werden.

Auswirkungen auf das Blut

Durch regelmäßige, intensive körperliche Belastung bzw. Sport steigt die Menge des Lipoproteins hoher Dichte (HDL, High Density Lipoprotein), also des »guten« Cholesterins, im Blut um 1 bis 10 % an. Ob diese geringfügige Zunahme des HDL-Wertes auf lange Sicht das Krankheitsrisiko vermindert, ist umstritten.

Mittelschwere körperliche Betätigung hat unterschiedliche Auswirkungen. Der Gesamt-Cholesterinspiegel und das Lipoprotein geringer Dichte (LDL, Low Density Lipoprotein), das »schlechte« Cholesterin, vermindern sich nicht nennenswert. Ein gegebenenfalls erhöhter Triglyceridspiegel geht durch Bewegung zurück, aber er gilt auch nicht als Risikofaktor für die koronare Herzkrankheit.

Auf die Blutgerinnungsfaktoren wirkt sich körperliche Betätigung bzw. Sport auf unterschiedliche Weise aus. Ein Blutgerinnungsfaktor, Faktor VIII genannt, ist für die Blutgerinnung unentbehrlich und fehlt im Blut von Patienten mit Hämophilie (Bluterkrankheit). Bei Hämophilen steigt die Menge des Faktors VIII durch körperliche Betätigung leicht an, was sehr hilfreich ist. Bei gesunden Menschen vermehrt sich der Faktor VIII durch körperliche Belastung ebenfalls, das gleiche gilt auch für die Zahl und Klebrigkeit der Blutplättchen. Bei gesunden jungen Menschen steigt als Gegengewicht auch die Menge der Faktoren, die Blutgerinnsel auflösen.

Bei Personen über 50 Jahre, besonders bei solchen, die an Atherosklerose leiden, ist die Fähigkeit zum Auflösen von Blutgerinnseln beeinträchtigt. Deshalb können sich an den atherosklerotischen Plaques kleine Blutpfropfen (Thromben) bilden, die sich allmählich vergrößern; dies kann im Laufe von fünf oder zehn Jahren die koronare Herzkrankheit auslösen oder verstärken. Zügiges Spazierengehen (etwa sechs Kilometer in der Stunde) läßt jedoch die Menge von Faktor VIII und Blutplättchen nicht ansteigen, und die Klebrigkeit der Blutplättchen nimmt ein wenig ab. Deshalb ist jeder zügig marschierte Kilometer ein Gewinn für das Herz.

Bewegung zur Vorbeugung gegen Herzkrankheiten

Millionen Menschen betreiben regelmäßig irgendeine Form der körperlichen Betätigung. Diese wichtige Entwicklung wurde einerseits durch Werbung und Medien gefördert, andererseits aber auch durch den Wunsch, fit zu bleiben und so lange wie möglich zu leben.

Einige Studien haben die Vermutung nahegelegt, daß die Menschen mit sitzender Lebensweise stärker vom Herztod bedroht sind als Menschen, die körperlich aktiv sind. Bei genauerer Analyse dieser Untersuchungen zeigten sich jedoch Mängel in Methode und Auswertung. In den veröffentlichten Studien über den Zusammenhang zwischen körperlicher Betätigung und koronarer Herzkrankheit ist die Diagnose der Erkrankung ebensowenig standardisiert wie die Informationen über die Auswirkungen von Risikofaktoren und die Beurteilung der körperlichen Aktivitäten in Freizeit und Beruf.

Körperliche Betätigung bzw. Sport haben zwar durchaus nützliche Wirkungen, aber man kann nicht erwarten, daß sie allein das Fortschreiten der koronaren Herzkrankheit oder ihrer Komplikationen verhindern. Neben einem Bewegungsmangel gilt es auch die anderen Risikofaktoren zu beachten.

Gefahren körperlicher Betätigung

Der Zusammenhang zwischen intensiver körperlicher Betätigung und tödlichen oder nicht tödlichen Herzinfarkten ist seit langer Zeit der Gegenstand heftig geführter Diskussionen. Wie sich in einer Studie zeigte, die das New England Journal of Medicine im Oktober 1984 veröffentlichte, kann heftige Anstrengung auch bei gesunden Menschen zum plötzlichen Herztod führen. Dies betrifft besonders Männer, die körperliche Betätigung nicht gewohnt sind und sich plötzlich stark anstrengen. Aber auch bei Männern, die sich regelmäßig intensiv körperlich betätigen, zeigte sich ein geringfügig erhöhtes Risiko bei starker Belastung. Die Studie provozierte Widerspruch.

Es muß an dieser Stelle darauf hingewiesen werden, daß die Autoren nur neun Todesfälle analysierten. Daraus allgemeine Aussagen abzuleiten, wäre töricht. Die Untersuchung fand in King County im US-Bundesstaat Washington statt, einer Gegend mit 1,25 Millionen Einwohnern. Dort kamen in 14 Monaten nur neun Todesfälle durch Herzstillstand nach körperlicher Anstrengung vor – von den Toten waren fünf keine Anstrengungen gewohnt, vier dagegen sehr wohl. Die Studie hatte keine nachhaltige Wirkung auf die medizinische Fachwelt ebensowenig wie auf die Öffentlichkeit – sie wies eigentlich nur darauf hin, daß Joggen recht ungefährlich ist und der Herzstillstand sehr selten vorkommt, was ein weiteres Mal die eingeschränkte Aussagefähigkeit vieler Studien zeigt. Dennoch sollten Personen mit vornehmlich sitzender Lebensweise nicht von heute auf morgen anstrengende Sportarten betreiben, sondern die Belastung allmählich steigern.

Für Menschen, die an einer sehr seltenen Herzkrankheit leiden, der obstruktiven Kardiomyopathie, kann körperliche Anstrengung sehr gefährlich sein. Bei der obstruktiven Kardiomyopathie ist die Trennwand zwischen linker und rechter Herzkammer aus ungeklärten Gründen stark verdickt, so daß der Weg des Blutes von der linken Herzkammer in die Aorta teilweise blockiert ist. Diese Störung ist die Ursache für einige plötzliche Todesfälle bei Sportlern unter 30 Jahren. Glücklicherweise ist die obstruktive Kardiomyopathie sehr selten, und der Arzt kann sie durch eine Untersuchung mit dem Stethoskop und über zusätzliche Tests wie EKG und Echokardiographie leicht diagnostizieren.

Wenn eine Herzkrankheit vorliegt oder wenn

Symptome auf eine solche Erkrankung hinweisen – Schmerzen oder unangenehme Gefühle in Brust, Rachen, Kiefern oder Armen bei körperlicher Anstrengung; Atemnot, Herzrasen oder »Aussetzer« des Herzschlages – sollte man sich immer zuerst vom Arzt untersuchen lassen, bevor man mit mäßiger oder anstrengender sportlicher Betätigung beginnt.

Patienten, die schon einmal an Herzinsuffizienz gelitten haben oder deren Herz deutlich vergrößert ist, sollten sich in keinem Fall übernehmen, zügiges Spazierengehen reicht völlig aus, denn zu große Anstrengung kann in diesen Fällen durchaus zum Herzversagen führen; wer also über Spaziergänge von zwei Kilometern oder entsprechende andere Betätigungen hinaus Sport treiben will, sollte sich zuvor immer gründlich von seinem Arzt beraten lassen.

Wenn man noch keine 35 ist, nicht an Arthritis oder starkem Bluthochdruck leidet und sich allgemein wohl fühlt, kann man sich auf beliebige Weise und so oft man mag körperlich betätigen, auch mit starker Anstrengung. Vor anstrengendem Training ist es unabhängig vom Alter klug, sich fünf bis zehn Minuten lang aufzuwärmen. Aufwärmübungen verhindern, daß Puls und Blutdruck plötzlich in die Höhe gehen und das Herz stark belasten. Zunächst sollte man es ein bis zwei Wochen langsam angehen lassen, beispielsweise indem man täglich zwei bis drei Kilometer zügig geht oder einen Kilometer joggt. Erst danach sollte man sich größere Anstrengungen wie viermal wöchentlich einen Dauerlauf über drei bis acht Kilometer zumuten. Personen unter 35 Jahren brauchen dabei den Puls nicht unbedingt zu überprüfen. Wenn das Herz bis zum Hals schlägt, verlangsamt man einfach das Tempo.

Gesunde, aber untrainierte Personen über 35 Jahre sollten folgende Ratschläge beherzigen:

- Wer beruflich eine sitzende Tätigkeit ausübt und sich körperlich mehr als ein halbes Jahr lang kaum betätigt hat, sollte sehr langsam beginnen. Zunächst sollte man täglich oder jeden zweiten Tag nach zehnminütiger Aufwärmphase (leichtes Laufen, Heimtrainer etc.) zehn Minuten lang Dehnübungen absolvieren, bei denen man die gesamte Arm-, Bein- und Rumpfmuskulatur beansprucht.
- Täglich drei Kilometer in einer halben Stunde zügig spazierenzugehen ist zum Einstieg bereits ein ausgezeichnetes Herz-Kreislauf-Training. Aber auch Schwimmen, Radfahren und Joggen eignen sich ausgezeichnet zum Erhalt bzw. zur Steigerung der körperlichen Fitness. Joggen trainiert zwar die Beine, aber nicht die wichtigen Quadrizepsmuskeln an der Vorderseite der Oberschenkel. Diese werden durch Treppensteigen oder Fahrradfahren gestärkt, was zur Stabilisierung der Kniegelenke beiträgt.
- Nachdem man vier Wochen lang auf einem niedrigen Niveau trainiert hat und wenn dabei keine Symptome auftreten – beispielsweise Beschwerden in Brust, Rachen oder Armen, Herzrasen oder Atemnot –, kann man die Länge und Intensität der körperlichen Bewegung langsam steigern und sich auch anderen Sportarten zuwenden.
- Grundsätzlich gilt: Egal auf welchem Niveau Sie sich sportlich betätigen möchten, lassen Sie sich vorher ärztlich untersuchen und von Ihrem Arzt beraten. Die Krankenkassen bieten in der Regel eine ergänzende Beratung, Tips, Broschüren und praktische Anfängerkurse an.

Maximaler Puls und Trainingsumfang

Lassen Sie sich von Ihrem Arzt zeigen, wie man den Puls am Handgelenk oder an der Halsschlagader mißt. Man zählt die Herzschläge zehn Sekunden lang und multipliziert das Ergebnis mit sechs, um den Puls pro Minute zu ermitteln.

Der Puls beschleunigt sich bei anstrengenden Tätigkeiten. Für die maximale Höchstbelastung des Herzen gibt es Grenzwerte: Für 20jährige liegt der Puls, den das Herz maximal erreichen kann, bei 200 bis 220 Schlägen in der Minute (s. Tab. u.). Aus Sicherheitsgründen sollte der Puls nicht über 85 % dieses Maximalwertes ansteigen, das heißt, bei einem jungen, gesunden Menschen sollte er nicht über 170 Schläge pro Minute ansteigen.

In den ersten Trainingswochen sollte der Puls 70 % des Maximalwertes nicht überschreiten, das sind ca. 140 Schläge in der Minute. Anschließend kann man, wenn man unter 35 Jahre alt ist, die Pulsfrequenz auf 85 % steigern. Ein Training, bei dem der Puls etwa 20 Minuten lang bei 70 bis 80 % des Maximalwertes liegt, ist für gesunde Menschen ungefährlich. Nach sechs bis acht Wochen stellt sich eine verbesserte Kondition von Herz und Kreislauf ein.

Mit 40 Jahren liegt die maximal erreichbare Pulsfrequenz bei etwa 180 (220 minus 40), der Trainingsbereich bei 125 bis 150 Schlägen in der Minute, das heißt, in zehn Sekunden sollte man 20 bis höchstens 25 Herzschläge spüren. Doch der maximale Trainingsbereich muß nicht unbedingt erreicht werden, um die Kondition zu verbessern.

Erkundigen Sie sich auch bei Ihrem Arzt nach Ihrem günstigsten Trainingspuls, der je nach individueller Lebenssituation von den Werten in der unten aufgeführten Tabelle abweichen kann.

Insbesondere wenn die betreffende Person über 40 Jahre alt ist und keine anstrengende körperliche Betätigung gewohnt ist, wenn in der Familie Herzinfarkte vor dem 50. Lebensjahr aufgetreten sind, wenn der Cholesterinspiegel über 200 mg/dl liegt oder wenn der Blutdruck leicht erhöht ist, sollte man sich beim Arzt einem Belastungstest unterziehen, bevor man mit intensiver sportlicher Betätigung beginnt.

Der Belastungstest

Beim Belastungstest bewegt man sich auf einem Fahrradergometer oder einem Laufband. Dabei wird

Maximale Herzfrequenz

Alter	20	25	30	35	40	45	50	55	60	65
Höchste Herzrate (220 – Alter)	200	195	190	185	180	175	170	165	160	155
Trainingswerte										
85 %	170	165	161	157	153	148	144	140	136	131
70 %	140	136	133	130	126	122	119	115	112	108

mit am Brustkorb befestigten Elektroden das EKG (Elektrokardiogramm) aufgezeichnet. Die Geräte werden so programmiert, daß der Widerstand alle drei Minuten stärker wird, bis – bei gesunden Personen – 90 % der maximalen Pulsfrequenz erreicht sind. Bei Schmerzen in Brust oder Beinen, oder wenn das EKG auf eine ungenügende Sauerstoffversorgung des Herzens hinweist, wird der Test abgebrochen. Der Blutdruck wird alle drei Minuten gemessen. Der systolische Wert steigt dabei in der Regel um bis zu 50 % des Ausgangswertes an.

Ein 40jähriger, der körperlich fit ist und über eine gute Herz-Kreislauf-Kondition verfügt, kann den Test gewöhnlich zehn bis zwölf Minuten fortsetzen und dabei eine Pulsfrequenz von 160 bis 170 Schlägen pro Minute erreichen, ohne daß eine übermäßige Atemnot eintritt. Beendet wird der Test mit einigen Minuten mäßiger Bewegung zum Beruhigen, dann wird das Ergometer bzw. Laufband abgeschaltet.

Der Puls eines durchtrainierten, 35 Jahre alten Sportlers steigt bei dieser Übung in zwölf Minuten unter Umständen nur bis auf 140; in Ruhe sollte er dann innerhalb von einer bis vier Minuten wieder auf unter 100 zurückgehen. Eine solche Beruhigungsphase sollte man grundsätzlich nach jedem Training einlegen. In der Regel reicht es, einige Minuten langsam umherzugehen oder ein paar Dehnübungen zu machen.

Das Herz-Kreislauf-Training für herzkranke Patienten und insbesondere für solche mit koronarer Herzkrankheit wird unter dem Stichwort »Herzinfarkt« genauer beschrieben.

Zusammenfassung

Gesunden Menschen und solchen mit leichter koronarer Herzkrankheit oder Herzklappenfehlern ist nachdrücklich ein mäßiges, aber regelmäßiges Fitnesstraining zu empfehlen. Wer fit ist, fühlt sich allgemein wohler und lebendiger. Man sollte mit einem ausgewogenen Training einen Zustand der »relativen Fitness« anstreben.

Trainingseinheiten auf sportlich höherem Niveau sind allen, die gesund und bereits relativ fit sind, zu empfehlen. Ein trainiertes Herz hat einen niedrigeren Ruhepuls, was für gesunde, aber auch leicht verengte Herzkranzgefäße einen schonenden Effekt hat. Allerdings gibt es keinen wissenschaftlichen Beleg oder auch nur stichhaltige Indizien dafür, daß man mit Sport sein Leben verlängern kann. Ausschlaggebend ist die gesamte Lebensführung

Wer über 40 ist, vornehmlich sitzende Tätigkeiten ausübt und sich nur gelegentlich mäßig körperlich betätigt, sollte sein Trainingspensum nicht erhöhen, ohne sich zuvor einer ärztlichen Untersuchung und einem Belastungstest unterzogen zu haben. Sportlich höhere Anstrengungen sollte man erst auf sich nehmen, wenn man mindestens drei Monate lang auf einem mäßigen Niveau trainiert hat.

Große körperliche Anstrengungen bergen bei Personen über 35, die zuvor vorwiegend inaktiv waren, ein erhöhtes Risiko für einen Herzinfarkt oder sogar den plötzlichen Herztod. Deshalb sollte man nichts überstürzen, sondern sich langsam – über drei bis sechs Monate hinweg – an die Kreislauf- und Trainingsbelastung gewöhnen. Und denken Sie daran, daß Fitness ein relativer Begriff ist: fit wofür?

Einfache Übungen – drei Kilometer in einer halben Stunde oder sechs Kilometer in einer Stunde gehen oder 15 Minuten auf einem Heimtrainer strampeln – sind ungefährlich und dennoch effektiv. Insbesondere Gehen ist sehr gesund, es läßt den Blutdruck nicht steigen, verbessert aber die Durchblutung der Beine und dürfte sich auch günstig auf die Blutgerinnung auswirken. Wer geht, gewinnt das Rennen!

Blutdruck

Das Herz pumpt das Blut unmittelbar in die Schlagadern oder Arterien, die man sich wie ein Rohrnetz vorstellen kann. Je enger die Arterien sind, desto mehr Widerstand setzen sie dem strömenden Blut entgegen, so daß das Herz mit größerer Kraft arbeiten muß. Die Kraft, mit der das Blut vom Herzen durch die Arterien gepumpt wird, nennt man Blutdruck. Es ist der Druck, mit dem das Blut gegen die Arterienwände drückt.

Den höchsten Punkt der Druckkurve, der erreicht wird, wenn sich das Herz zusammenzieht, bezeichnet man als systolischen Blutdruck. Er liegt in der Regel unter 160 Millimeter (mm) Quecksilbersäule (Hg). In den Phasen zwischen den Kontraktionen, wenn das Herz sich entspannt, mißt man den diastolischen Blutdruck, der meist unter 90 mm Hg liegt. Man kann sich den Blutdruck auch noch anders vorstellen: Jede Kontraktion des Herzens preßt das Blut als Druckwelle durch die Arterien, so daß es dort pulsiert. Solche Wellen haben Wellenkämme und Wellentäler; der Kamm entsteht, wenn das Herz sich zusammenzieht (Systole), das Wellental ist die Diastole.

Den Widerstand der Arterien, gegen den das Herz anarbeiten muß, nennt man Gefäßwiderstand. Nimmt er zu, steigt auch der Blutdruck. Eine solche Zunahme des Widerstandes tritt ein, wenn die Arterien sich durch Krankheiten, Alter, Medikamente oder körpereigene Substanzen wie Adrenalin verengen. Die Blutmenge, die das Herz in einer Minute ausstößt, nennt man Herzminutenvolumen; es liegt bei ungefähr fünf Litern. Der Blutdruck entspricht dem Gesamt-Gefäßwiderstand, multipliziert mit dem Herzminutenvolumen.

Blutgerinnsel

Die Ursache eines tödlichen oder auch nicht tödlichen Herzinfarkts ist in 90 % aller Fälle ein Blutgerinnsel in einem Herzkranzgefäß (Koronarthrombose). Oft bildet sich das Gerinnsel an der Oberfläche eines atherosklerotischen Plaques, der bereits zu einer Verengung des Gefäßes geführt hat. Gleichwohl entsteht bei manchen Patienten, die große Ablagerungen in den Arterien aufweisen, dennoch zehn oder 15 Jahre lang kein Gerinnsel.

Es gibt keinen Test, der Aufschluß darüber liefern würde, ob und wann ein solcher Propfen entsteht. Cholesterin, Bluthochdruck und Rauchen wirken sich auf die Blutgerinnung kaum aus. Die Gründe für die Entstehung solcher Blutgerinnsel müssen also woanders liegen. Nach unserer Überzeugung wird die Zahl der Herzinfarkte nicht nennenswert zurückgehen, solange man nichts tun kann, um der Bildung von Blutgerinnseln in den Herzkranzgefäßen vorzubeugen.

Seit einiger Zeit versucht man, derartige Gerinnsel in den Herzkranzgefäßen mit Medikamenten aufzulösen. In vielen Krankenhäusern spritzt man Patienten mit einem Herzinfarkt, die in den ersten drei Stunden nach Einsetzen der Schmerzen eingeliefert wurden, die Wirkstoffe Streptokinase oder Gewebe-

Plasminogenaktivator (TPA), die frische Gerinnsel nachweislich auflösen können. Der vollständig von der Blutversorgung durch ein Gerinnsel abgeschnittene Bereich des Herzmuskels beginnt innerhalb einer halben bis einer Stunde abzusterben. Wenn man also glaubt, einen Herzinfarkt zu erleiden, sollte man sich so schnell wie möglich ins Krankenhaus begeben. Sechs Stunden nach Eintreten eines Infarktes ist die Auflösung eines Gerinnsels nutzlos, da zu diesem Zeitpunkt der betroffene Muskelbereich definitiv geschädigt ist.

Ursachen

Im Blut befinden sich die sogenannten Blutplättchen, kleine, ellipsenförmige Scheibchen, die das erste Mittel darstellen, mit dem der Organismus übermäßige Blutungen zu verhindern sucht. Die Blutplättchen sammeln sich an einer Verletzungsstelle und heften sich aneinander, so daß ein Pfropfen entsteht, der das Austreten von Blut verhindert. Im weiteren Verlauf kommen andere Blutproteine (Gerinnungsfaktoren) hinzu, und schließlich verwandelt sich das Protein Fibrinogen in Fibrin, das als Gewirr von Fäden die roten Blutkörperchen und weitere Blutplättchen festhält, bis sich ein fester Verschluß gebildet hat. Solche Blutgerinnsel können jedoch auch in den Herzkranzgefäßen entstehen, und zwar vermutlich aus folgenden Gründen:

- Wenn die Blutplättchen mit den geschädigten Gefäßwänden in Berührung kommen, treten sie mit der verletzten Gefäßoberfläche in Wechselwirkung, und Substanzen, die an diesen Stellen gebildet werden, lassen sie verklumpen. Solche Substanzen, unter deren Einfluß die Blutplättchen einen Klumpen bilden, sind unter anderem Kollagen aus der geschädigten Gefäßwand, Adrenalin und ein sehr wirksamer Stoff namens Thromboxan A2. Am klebrigsten sind die Blutplättchen unmittelbar nach ihrer Entstehung im Knochenmark, was vor allem vier bis 14 Tage nach einer Operation von großer Bedeutung ist. Thrombosen in den Beinen sind kurz nach chirurgischen Eingriffen besonders häufig, da die Beine nach einer Operation in der Regel wegen der verordneten Bettruhe wenig bewegt werden, und sich somit der Blutstrom in den Venen verlangsamt, was wiederum die Bildung eines Gerinnsels begünstigt.
- Leichtes Frieren, ohne Unterkühlung, kann die Gesamtzahl und die Klebrigkeit der Blutplättchen steigen lassen, was wiederum die Gefahr der Bildung von Gerinnseln erhöht. Im Winter kann sich dies insgesamt auf die Häufigkeit von Koronarthrombosen auswirken.
- Bei Streß werden Adrenalin und andere Substanzen ausgeschüttet, die für eine größere Klebrigkeit der Blutplättchen sorgen, so daß diese sich an den Arterienplaques leichter anheften.
- Bestimmte Lebensmittel, vor allem wenn sie sehr fettreich sind, steigern die Klebrigkeit der Blutplättchen und beeinflussen auch andere Gerinnungsfaktoren, allerdings nur in geringem Ausmaß.
- Atherosklerotische Plaques verursachen Wirbel im Blutstrom und bremsen den Blutfluß in den Herzkranzgefäßen, was zu erhöhtem Blutdruck führt, der wiederum die Plaques reißen lassen kann; an solchen Stellen heften sich die Blutplättchen besonders leicht an, so daß unter Umständen ein Blutgerinnsel entsteht.
- Nikotin und Kohlenmonoxid, beides Inhaltsstoffe

des Zigarettenrauches, steigern die Klebrigkeit der Blutplättchen und dürften wichtige Risikofaktoren sein.

- Bestimmte Lebensmittel mit einem hohen Vitamin-K-Gehalt lassen die Konzentration des in der Leber gebildeten Gerinnungsfaktors Prothrombin ansteigen. Auch Fibrinogen, das Protein, das die harten Gerinnsel bildet, wird in der Leber gebildet. Seine Konzentration im Blut ist bei Patienten mit Herzinfarkten im Durchschnitt nachweislich erhöht. Neben cholesterinreicher Nahrung tragen demnach wahrscheinlich auch andere Lebensmittel zur Entstehung von Blutgerinnseln bei.

Behandlung ohne Medikamente

Folgende Ernährungstips sollten Sie beachten:

- Essen Sie weniger Fett. Insbesondere die Aufnahme gesättigter Fette (fettes Fleisch, Bratfette, Butter etc.) sollte reduziert werden, denn diese bilden das »schlechte« LDL-Cholesterin.
- Nehmen Sie mehr Lebensmittel zu sich, welche die Blutgerinnung hemmen, insbesondere Zwiebeln, Knoblauch und Nahrungsmittel, die Alpha-Linolen- und Eikosapentanolsäure (mehrfach ungesättigte Fettsäuren) enthalten; letztere findet sich vor allem in Fischöl und Lebertran.
  Die mehrfach ungesättigten Fettsäuren in der Ernährung der Japaner und Inuit, die viel Fisch verzehren, verhindern das Verklumpen der Blutplättchen und wirken sich günstig auf das Blutgerinnungssystem aus, indem sie die Fließeigenschaften verbessern. Außerdem steigern diese Lebensmittel den Gehalt an Prostacyclin (einem Prostaglandin) der Gefäßwände, was die Plättchenanlagerung an der Gefäßwand verhindert. Man sollte also mehr Fisch essen, beispielsweise Makrelen und Lachs, die viele ungesättigte Fettsäuren enthalten. Linolensäure ist nachweislich für die Vorbeugung gegen Arteriosklerose von Bedeutung (s. S. 92).
- Alfalfa, Rüben und Brokkoli sollte man nur sparsam oder gar nicht verzehren, denn sie haben einen hohen Gehalt an Vitamin K; das gleiche gilt in geringerem Umfang auch für Kopfsalat, Kohl und Spinat. Vitamin-K-reiche Lebensmittel können die Konzentration des Blutgerinnungsfaktors Prothrombin ansteigen lassen. Wer die blutverdünnenden Medikamente Marcumar® oder Coumadin® einnimmt, sollte solche Lebensmittel nur gelegentlich zu sich nehmen. Ansonsten wird die Behandlung erschwert, der behandelnde Arzt muß dann häufiger Blutuntersuchungen vornehmen.

Medikamente

- Acetylsalicylsäure
- Dipyridamol
- Ticlopidin
- Antikoagulantien

Die ersten drei Wirkstoffe verhindern das Verklumpen (Aggregation) der Blutplättchen. Sie verdünnen das Blut nicht und verursachen deshalb keine starken Blutungen.

Acetylsalicylsäure

Acetylsalicylsäure hemmt in den Blutplättchen das Enzym Cyclooxygenase und verhindert die Bildung von Thromboxan A2, das die Blutplättchen verklumpen läßt. Diesen Effekt hat schon eine Dosis von 30 bis 80 mg am Tag. Eine Tablette mit 300 mg verhindert das Verklumpen drei bis fünf Tage lang. Wie in klinischen Studien nachgewiesen wurde, beugt eine geringe Dosis Acetylsalicylsäure (15 bis 300 mg täglich) nach einem Herzinfarkt weiteren Infarkten vor.
Dosierung: Wir raten Patienten mit koronarer Herzkrankheit oder entsprechenden Risikofaktoren zur Einnahme von 30 bis 100 mg täglich (s. S. 7ff.).

Dipyridamol (Persantin®/-forte®)

Darreichungsform: Tabletten zu 25 und 75 mg.
Dosierung: 50 bis 75 mg dreimal täglich eine Stunde vor den Mahlzeiten.
Allein nützt dieser Wirkstoff nichts, aber in Kombination mit Acetylsalicylsäure vermindert er nach Bypass-Operationen nachweislich die Häufigkeit von Blutgerinnseln. Im Tierversuch verhindert das Medikament auch die Verklumpung der Blutplättchen. Bei Ratten, die man mit Elektroschocks unter Streß setzte, verklumpten die Blutplättchen in den Herzkranzgefäßen, was am Herzmuskel zu Schadstellen führte (Herzinfarkt). Bei mehr als 80 % der Tiere konnte man solche Schäden verhindern, wenn man sie zuvor mit Dipyridamol behandelte.
In den siebziger Jahren untersuchte man in einer Studie mit 2000 Herzinfarktpatienten, ob, und wenn ja, wie nützlich Dipyridamol in Verbindung mit Acetylsalicylsäure ist. An dieser Studie nahmen allerdings auch Patienten teil, deren Infarkte schon lange (sechs Monate bis drei Jahre) zurücklagen. Eine deutliche Verminderung der Sterblichkeit zeigte sich nur dann, wenn die Einnahme vor Ablauf der ersten sechs Monate nach dem Herzinfarkt erfolgte.
In einer weiteren klinischen Studie beschäftigte man sich von 1980 bis 1985 noch einmal mit der Kombination von Dipyridamol und Acetylsalicylsäure. Man behandelte 3000 Patienten innerhalb der ersten 30 Tage nach dem Infarkt mit der besagten Wirkstoffkombination und beobachtete sie dann weitere zwei Jahre lang.
Was den Tod durch Herzinfarkt anging, brachte die Kombination der beiden Medikamente keine Verbesserung, aber die Häufigkeit erneuter Infarkte ging um 37 % zurück. Dipyridamol und Acetylsalicylsäure verhindern, daß sich nach einer Bypass-Operation Blutgerinnsel in den verpflanzten Gefäßen bilden. Manche Chirurgen verschreiben die Kombination mehrere Jahre lang. In neueren Untersuchungen hat sich gezeigt, daß 300 mg Acetylsalicylsäure allein ebenso gut wirken wie eine Kombination der beiden Wirkstoffe. Dipyridamol wirkt dagegen ohne Acetylsalicylsäure nicht.

Ticlopidin (Tiklyd®)

Ticlopidin hemmt die Verklumpung der Blutplättchen und kann bei Patienten mit koronarer Herzkrankheit die Häufigkeit der Angina-pectoris-Anfälle sowie die dabei auftretenden EKG-Veränderungen vermindern. Der Wirkstoff wird angewandt, wenn der Patient keine Acetylsalicylsäure verträgt, aber er kann die weißen Blutkörperchen schädigen.

Antikoagulantien (Marcumar®, Coumadin®)

Antikoagulantien (blutverdünnende Wirkstoffe) haben keine nennenswerte vorbeugende Wirkungen gegen einen ersten oder wiederholten Herzinfarkt. Man benutzte sie zwar seit 1955 zu diesem Zweck, gab diese Behandlungsform aber 1968 wieder auf. Nützlich sind sie dagegen für die Behandlung von Blutgerinnseln in

- Beinvenen
- Lunge (Lungenembolie)
- Herzkammern (Vorhöfe und Hauptkammern), insbesondere wenn das Gerinnsel aus dem Herzen abwandert und an anderer Stelle (zum Beispiel im Gehirn oder in einem Bein) eine Arterie blockiert. Im Gehirn kommt so etwas glücklicherweise nur selten vor. Bei Patienten mit Vorhofflimmern dient Marcumar® häufig zur Vorbeugung gegen den Schlaganfall.

Bluthochdruck (Hypertonie)

In den Industrieländern leiden viele Millionen Menschen an Bluthochdruck, einem Zustand, der häufig schon frühzeitig zum Tod oder zu schweren körperlichen Schäden führt. Zunächst verursacht der Bluthochdruck kaum Krankheitssymptome. In manchen Fällen können Schwindelgefühle und Kopfschmerzen auftreten, aber im allgemeinen stellen sich die ersten Beschwerden erst nach fünf bis 20 Jahren ein.

Als Blutdruck bezeichnet man den Druck, den das Blut auf die Innenseite der Gefäße und insbesondere der Arterien ausübt. Er ändert sich von Minute zu Minute und wird von vielen Faktoren beeinflußt, so von körperlicher Aktivität, Alter, allgemeinem Gesundheitszustand, emotionalen Spannungen u. a. Das Herz stößt mit jeder Kontraktion rund 70 ml Blut aus, die durch Blutgefäße von insgesamt etwa 100 000 Kilometern Länge gedrückt werden. Sind die Blutgefäße (und zwar die Arterien) verengt, steigt der Blutdruck an, und das Herz muß sich erheblich mehr anstrengen. Außerdem werden die Arterien durch zu hohen Blutdruck geschädigt, was die Ablagerung harter Substanzen (atherosklerotische Plaques) in ihrem Inneren begünstigt. Das Herz vergrößert sich, die Arterien werden zunehmend enger, und die Durchblutung von Herz, Gehirn und anderen Organen wird immer stärker beeinträchtigt, bis schließlich ein Herzinfarkt oder Schlaganfall eintritt. An den Folgen des Bluthochdrucks, die sich nahezu alle verhüten lassen, leiden und sterben tatsächlich Millionen von Menschen. Lassen Sie also regelmäßig Ihren Blutdruck überprüfen.

In den letzten zehn Jahren hat sich nach den Erkenntnissen neuer klinischer Studien in der Behandlung des Bluthochdrucks mit und ohne Medikamente ein radikaler Wandel vollzogen. Viele seit langem bekannte Wirkstoffe sind heute veraltet, weil es ungefährlichere, wirksamere Alternativen gibt.

Für den Bluthochdruck stehen heute ungefährliche, wirksame Therapiemethoden zur Verfügung – entweder mit nichtmedikamentösen Maßnahmen oder mit einem geeigneten Medikament. Die Auswahl des geeigneten Präparats ist dabei von entscheidender Bedeutung und soll hier ein wenig eingehender erörtert werden.

Die Messung des Blutdrucks

Das Gerät zur Messung des Blutdrucks wird in der Fachsprache auch Sphyngomanometer genannt. Es mißt eigentlich den Luftdruck, der zum Heben einer Quecksilbersäule (Hg) notwendig ist. Im Handel sind mittlerweile elektronische Meßgeräte zu erhalten, die relativ einfach zu handhaben sind. In seiner ursprünglichen Form besteht das Meßgerät aus einer aufblasbaren Armmanschette, die mit einem kleinen Gummiball zum Aufpumpen und einem Druckmesser verbunden ist. Die Manschette wird in der Regel um den Oberarm gelegt, der Luftdruck in ihrem Inneren wird gegen den Druck in einer Arterie (gewöhnlich in der Armschlagader am Ellenbogen) abgeglichen; diesen Druck mißt man dann mit einem Quecksilber- oder Luftdruckmanometer. Das Quecksilbermanometer zeigt den Druck am genauesten an. Als Ersatz wird häufig ein Luftdruckmanometer verwendet, weil es kompakter ist und sich besser als transportables Instrument eignet, aber es sollte zweimal jährlich geeicht werden.

Sehr wichtig ist die Breite der Armmanschette. Ist sie für den Arm der betreffenden Person zu klein, zeigt das Instrument fälschlicherweise hohe Werte an. Der Blutdruck von Übergewichtigen wird manchmal als zu hoch diagnostiziert, weil man eine normale Manschette verwendet. Sie wird wenige Zentimeter oberhalb des Ellenbogens um den Arm gelegt. Man sollte sich vom Arzt oder einer Krankenschwester zeigen lassen, wie man selbst den Blutdruck messen kann. Manchmal ist der Puls am Handgelenk und am Oberarm, wo man das Stethoskop ansetzt, nur schwer zu spüren, und wer es ohne Anleitung versucht, erlebt vielleicht eine Enttäuschung. Veranlassen Sie Ihren Arzt, den systolischen Blutdruck sowohl mit dem Stethoskop als auch durch Tasten am Handgelenk zu messen. Die Werte sollte er aufschreiben, und Sie sollten diese Aufzeichnung sorfältig verwahren.

1. Entfernen Sie einengende Kleidung von Arm und Schulter (ein enger, hochgerollter Hemdsärmel stört!).
2. Sie sollten bequem sitzen oder liegen. Der Unterarm sollte in Höhe des Herzens auf einer angenehmen Unterlage liegen, beispielsweise auf einem Tisch. Wenn der Arm nicht entspannt liegt, wird der Druck durch die Anspannung der Armmuskeln verfälscht.
3. Legen Sie die Manschette so an, daß die darauf angebrachte Markierung sich auf der Höhe der Armschlagader befindet (s. Abb. S. 54). Die Unterkante der Manschette liegt dabei etwa zwei Zentimeter über der Stelle, wo das Stethoskop angesetzt wird.
4. Tasten Sie am Handgelenk nach dem Puls. Schließen Sie das Ventil an dem Instrument, und halten Sie den Gummiball in der rechten Hand zwischen Handfläche und Fingern. Pumpen Sie durch schnelles, kräftiges Zusammendrücken des Balls

Luft in die Manschette. Irgendwann unterbricht der Luftdruck den Blutfluß in den Arterien an Oberarm und Handgelenk. Durch schnelles Aufpumpen kann man verhindern, daß das Blut sich in den Venen des Unterarms staut. Wenn die Manschette aufgeblasen ist, verschwindet der Puls am Handgelenk. Pumpen Sie solange weiter, bis der Druck auf dem Manometer um weitere 20 bis 30 mm Hg angestiegen ist. Dann öffnen Sie das Ventil ein wenig, so daß der Druck langsam – um etwa 2 mm Hg je Sekunde – absinkt, bis Sie den Puls am Handgelenk gerade wieder spüren können. Der Wert, den das Manometer in diesem Augenblick anzeigt, ist der durch Tasten festgestellte systolische Blutdruck.

Die Blutdruckmessung

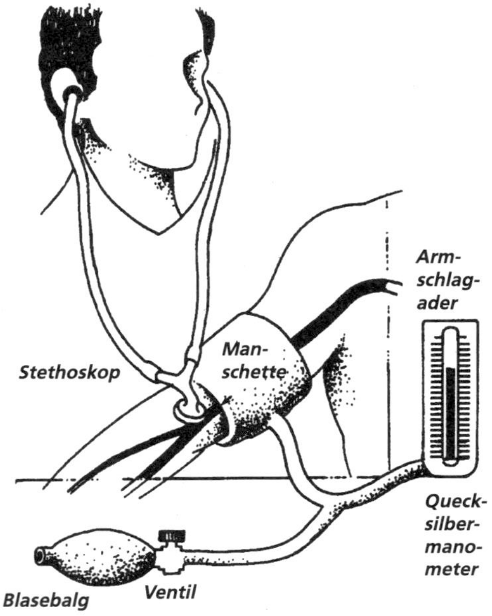

Mit dem Stethoskop mißt man den Blutdruck folgendermaßen: Wenn der systolische Blutdruck in der Regel bei 140 mm Hg liegt, pumpen Sie die Manschette bis auf 170 mm Hg auf; dann legen Sie das Stethoskop an die Armschlagader (s. Abb. u.) und lassen die Luft langsam entweichen. Plötzlich bemerken Sie ein pochendes Geräusch. Es ist kaum zu überhören, wenn es im Raum ruhig ist und die Ohroliven des Stethoskops gut passen. Die Töne stammen von dem Blut, das mit jedem Herzschlag durch die zuvor vom Luftdruck verschlossene Arterie strömt. Der Luftdruck, den das Manometer anzeigt, wenn man das Geräusch zum erstenmal hört, entspricht dem systolischen Blutdruck. Das pochende Geräusch, das durch das strömende Blut und die Schwingungen der Blutgefäße entsteht, nennt man auch Korotkow-Ton, weil es von Dr. Nikolai Korotkow vor über 70 Jahren zum erstenmal beschrieben wurde.

5. Nun lassen Sie den Luftdruck weiter sinken, bis alle Geräusche gerade wieder verschwinden; der jetzt angezeigte Wert ist der diastolische Blutdruck. Die Ablesung könnte beispielsweise lauten: Systolisch 140, diastolisch 80, oder einfach 140/80 (sprich: 140 zu 80).

Wichtig ist, daß sich sowohl die Markierung an der Manschette als auch das Stethoskop unmittelbar über der Armschlagader befinden. Wo diese Arterie liegt, kann der Arzt Ihnen zeigen. In der Ellenbeuge spürt man die Sehne des Bizepsmuskels, und etwa einen Zentimeter weiter innen befindet sich die Schlagader. Legen Sie das Stethoskop innen von der Mitte in die Ellenbeuge. Wenn man den eigenen Blutdruck mißt, ist es oft hilfreich, wenn man das Stethoskop mit einem Stück

Klebeband befestigt. Will man die Messung wiederholen, muß man die Luft völlig aus der Manschette ablassen und eine Minute warten, denn sonst kann sich durch das gestaute Blut in den Venen ein zu hoher diastolischer Wert ergeben.

Manchmal muß der Blutdruck sowohl im Liegen als auch im Stehen gemessen werden, insbesondere wenn der Patient Medikamente nimmt. Manche blutdrucksenkende Präparate lassen den Druck beim Aufstehen sehr plötzlich absinken. Bei Patienten über 65 Jahre ist häufig wegen der verhärteten Blutgefäße ein höherer Druck erforderlich, damit sich die Arterie schließt, was zu falschen (hohen) systolischen Meßwerten führen kann.

Ab wann spricht man von Bluthochdruck?

Nach übereinstimmender Ansicht der Weltgesundheitsorganisation und vieler Fachleute hat ein systolischer Blutdruck von 160 und ein diastolischer von 95 für Personen unter 65 Jahren als anormal zu gelten. Bei Patienten zwischen 65 und 80 Jahren gilt ein systolischer Wert von 165 bei drei oder mehr Messungen in wöchentlichem oder monatlichem Abstand als Bluthochdruck. Die Framingham-Studie und andere Untersuchungen weisen darauf hin, daß schon ein Blutdruck im Grenzbereich mit einem deutlich höheren Risiko für Herz-Kreislauf-Erkrankungen verbunden ist. Von Bluthochdruck spricht man, wenn bei unter 65jährigen mehrere Messungen über 160/95 mm Hg liegen, insbesondere wenn der Druck bei drei aufeinanderfolgenden Messungen erhöht war.

Bei jeder Art von Bluthochdruck, auch wenn er nur im Grenzbereich liegt, steigt das Risiko durch Rauchen und einen zu hohen Cholesterinspiegel stark an. Ein nur schwacher Bluthochdruck ist sehr verbreitet und führt im Laufe von zehn bis 15 Jahren zu einer erhöhten Gefährdung durch Schlaganfall, Herzinfarkt und Herzinsuffizienz.

Der Blutdruck schwankt von Minute zu Minute; am niedrigsten ist er im Schlaf – dann sinkt er um zehn bis 30 mm Hg ab. Morgens steigt er an, am höchsten ist er meist am Nachmittag. Deshalb muß man den Blutdruck mehrmals am Tag messen und dabei jeweils die Uhrzeit festhalten. Der Arzt errechnet häufig den Durchschnitt aus drei Messungen. Der Blutdruck steigt bis ungefähr zum 16. Lebensjahr auf den Wert für Erwachsene an, nach dem 30. Lebensjahr nimmt der systolische Blutdruck vielfach leicht zu. Nach dem 65. Lebensjahr mißt man unter Umständen wegen der Verhärtung der Arterien zu Unrecht einen erhöhten Blutdruck.

Als Grenzwert-Bluthochdruck bezeichnet man diastolische Werte von 91 bis 95 und systolische von 140 bis 160. Mäßiger Bluthochdruck liegt bei diastolischen Werten von 100 bis 110 und systolischen von über 180 vor. Von schwerem Bluthochdruck spricht man bei diastolischen Werten von 115 bis 130, unabhängig vom systolischen Wert. Bei einem diastolischen Wert über 130 liegt ein maligner Bluthochdruck vor.

Bis 1975 hielt man vor allem hohe diastolische Werte für gefährlich. In Wirklichkeit ist die Erhöhung des systolischen Drucks aber von ebenso großer Bedeutung, denn er läßt die Gefahr einer Herzinsuffizienz und eines Schlaganfalls steigen. Das Risiko der Herzinsuffizienz ist noch erheblich größer, wenn der Patient bereits einen Herzinfarkt oder eine Herzinsuffizienz hatte, oder wenn eine Vergrößerung des Herzens vorliegt.

Das Produkt aus Pulsfrequenz und systolischem Blutdruck ist ein Meßwert für die Höhe des Sauerstoffbedarfs des Herzmuskels. Ein erhöhter systolischer Blutdruck ist also ebenso gefährlich wie ein erhöhter diastolischer Wert zwischen 95 und 110 mm HG. Die Erhöhung eines der beiden Werte ist in jedem Fall von Bedeutung, doch sehr häufig sind beide Werte erhöht, was ein noch höheres Risiko bedeutet. Medikamente, die sowohl den Blutdruck als auch die Herzfrequenz senken, reduzieren besonders wirksam den Sauerstoffbedarf des Herzens. Deswegen sind Beta-Blocker für die Behandlung des Bluthochdrucks besonders wichtig.

Jenseits des 65. Lebensjahres gilt ein Blutdruck über 165 als erhöht; bestätigt wird diese Diagnose heute meist durch eine 24-Stunden-Blutdruckmessung.

Primäre oder essentielle Hypertonie

In der Mehrzahl der Fälle geht der Bluthochdruck nicht auf eine erkennbare Erkrankung zurück. Zu der Frage, warum er erhöht ist, gibt es mehrere Theorien. Diese Art des Bluthochdrucks bezeichnet man als primär im Unterschied zur sekundären Hypertonie, bei der man gesicherte Ursachen nennen kann. Die primäre Hypertonie wird auch »essentiell« genannt.

Sekundäre Hypertonie

Nur bei 5–10 % aller Patienten mit Bluthochdruck ist eine eindeutige Ursache auszumachen. Am häufigsten handelt es sich dabei um Nierenkrankheiten, eine Aortenisthmusstenose, hormonelle Erkrankungen oder Empfängnisverhütungsmittel.

Hypothese für die Ursachen des primären (essentiellen) Bluthochdrucks

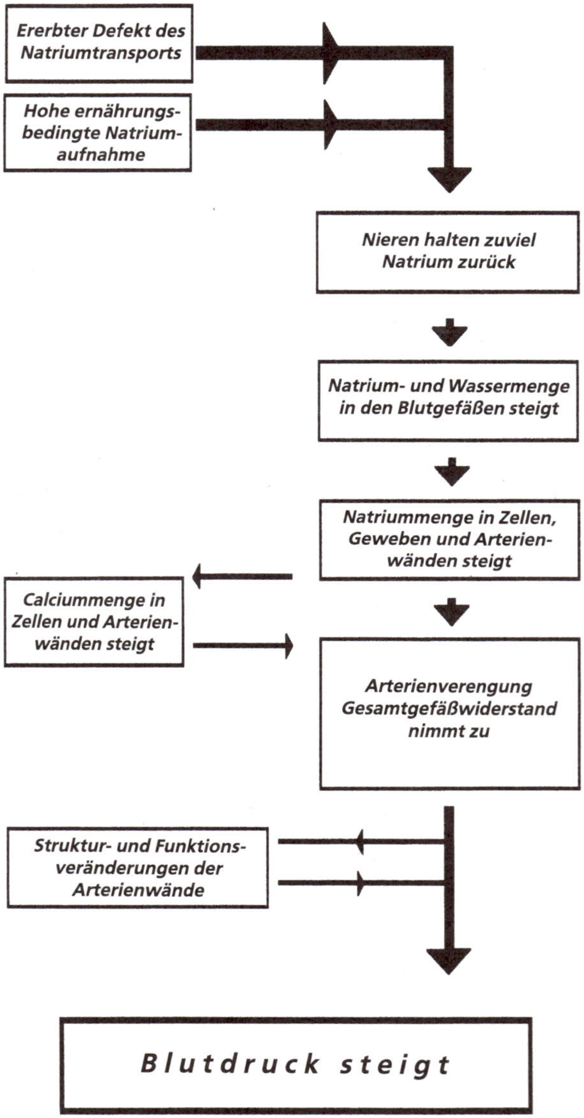

- Zu den Nierenerkrankungen, die den Bluthochdruck hervorrufen können, gehören Nierenbekkenentzündung (Pyelonephritis), Nierenentzündung (Nephritis), angeborene Nierenzysten und ein Verschluß der Arterien, welche die Nieren mit Blut versorgen (Nierenarterienstenose). Diese Erkrankungen kann der Arzt mit einigen Spezialuntersuchungen diagnostizieren; er wird sich nach der Krankenvorgeschichte erkundigen, Nieren und Urin untersuchen und spezielle Röntgenaufnahmen machen, beispielsweise ein Pyelogramm und ein Nieren-Angiogramm. Der von den Nieren ausgehende Bluthochdruck kommt in allen Altersgruppen vor: Auch Kinder können eine Nephritis bekommen; die Nierenarterie kann sich durch Verdickungen ihrer muskulösen Wände verschließen – dies kommt vor allem bei jungen Frauen vor; bei älteren Menschen kann durch atherosklerostische Plaques ein Gefäßverschluß eintreten
- Die Aortenisthmusstenose ist eine starke Verengung der Aorta, der größten Schlagader des Körpers, die am Herzen entspringt (s. Abb. S. 17). Die Störung ist zwar von Geburt an vorhanden, verursacht aber oftmals keine Beschwerden, so daß sie in der Kindheit und auch im Erwachsenenalter häufig unerkannt bleibt. Auch sie läßt sich durch entsprechende Untersuchungen leicht diagnostizieren. Der Blutdruck in den Beinen ist niedrig, der Puls in den Beinen (in der Leistengegend getastet) schwach und im Vergleich zum Puls in den Armen verzögert. Bestätigt wird die Diagnose durch Röntgenaufnahmen des Brustkorbs und ein Arteriogramm. In der Mehrzahl der Fälle läßt sich die Störung mit einem operativen Eingriff beheben. Kehrt sie wieder, ist sie durch eine Ballonangioplastie erfolgreich zu behandeln. Langfristige Beobachtung ist notwendig. Der Blutdruck steigt nach der Behandlung einer Aortenisthmusstenose vorübergehend an und normalisiert sich dann wieder, aber bei manchen Patienten kehrt der Hochdruck einige Jahre später wieder. Als Medikamente bevorzugt man in diesem Fall ACE-Hemmer (s. S. 74ff.), weil sie das Angiotensin-System blockieren.
- Bei den hormonell bedingten Ursachen handelt es sich in der Regel um eine gesteigerte Hormonausschüttung der Nebennieren, die oben auf den Nieren liegen. Folgende Nebennierenerkrankungen kommen vor:
  a) Cushing-Syndrom: Die äußere Schicht (Rinde) der Nebennieren gibt zuviel Cortison und ähnliche Substanzen ab, was zu Bluthochdruck führt. Das Fett verteilt sich anders, so daß ein typisches »Mondgesicht« und ein dicker Rumpf entstehen; Arme und Beine sind dagegen relativ dünn, häufig wird die Oberschenkelmuskulatur schwächer. Diese Krankheit ist mit chirurgischen Methoden behandel- und heilbar.
  b) Hyperaldosteronismus (Conn-Syndrom): Die Ursache dieser Störung ist ein kleiner, gutartiger Tumor, der Aldosteron abgibt. Dieses Hormon sorgt dafür, daß Wasser und Salz im Körper zurückgehalten werden, während Kalium mit dem Urin ausgeschieden wird. Deshalb ist der Kaliumspiegel im Serum niedrig. Diese Krankheit kommt selten vor, und läßt sich chirurgisch behandeln.
  c) Phäochromozytom: Der innere Teil (Mark) der Nebennieren produziert Adrenalin und Noradrenalin. Befindet sich in diesem Bereich

ein bösartiger Tumor, werden beide Hormone in zu großen Mengen ausgeschüttet, was zu starkem Bluthochdruck führt. Glücklicherweise kommt die Krankheit nur selten vor – sie ist für 0,1 % aller Fälle von Bluthochdruck verantwortlich. Sie kann lebensbedrohliche Ausmaße annehmen, läßt sich aber chirurgisch beheben. Die Anzeichen sind oft sehr charakteristisch. In etwa 50 % der Fälle ist der Blutdruck relativ konstant; bei den übrigen schwankt er stark, wobei hohe Spitzenwerte täglich oder auch im Abstand von Wochen oder Monaten auftreten. Zwischen diesen Anfällen geht es den Patienten relativ gut. Der Anfall selbst ist gekennzeichnet durch unerträgliche, pochende Kopfschmerzen, Schweißausbrüche, Herzrasen, Todesangst, epilepsieartige oder psychotische Zuckungen, Gewichtsabnahme und eine plötzliche Abnahme des Blutdrucks bei Veränderungen der Körperhaltung. Oft ist der Blutdruck tage- oder monatelang normal, um dann plötzlich auf Werte von 190 bis 300 (systolisch) und 100 bis 160 (diastolisch) hochzuschnellen. Die Krankheit ist aber durch eine Untersuchung des Urins auf Adrenalin, Noradrenalin und Abbauprodukte wie Vanillinmandelsäure (VMS) und Metanephrine sowie durch ein Computertomogramm (CT) der Nebennieren leicht zu diagnostizieren. Aber die letztgenannte Untersuchung kann man nicht bei den vielen Millionen Hochdruckkranken vornehmen. Patient und Arzt sollten deshalb auf die genannten Symptome achten und gegebenenfalls die entsprechenden Urintests in Angriff nehmen. Ein wichtiger diagnostischer Hinweis ist die Beobachtung, daß die Patienten auf die üblichen blutdrucksenkenden Medikamente nicht ansprechen und daß manche Wirkstoffe einen starken Blutdruckanstieg verursachen. Solche Präparate, die den Blutdruck beim Phäochromozytom steigen lassen, sind beispielsweise abschwellende Nasensprays, die adrenalin-ähnliche Wirkstoffe enthalten, Blutdrucksenker wie Methyldopa und Opiate wie Morphin.

d) Auch eine hohe Schilddrüsenaktivität verursacht manchmal einen geringfügig erhöhten systolischen Blutdruck.

- Östrogenhaltige Verhütungsmittel stellen eine immer häufiger registrierte Ursache mäßigen Bluthochdrucks bei jungen Frauen dar. Bei etwa 5 % der Benutzerinnen wird diese Wirkung beobachtet. In der Regel ist der Blutdruckanstieg nur geringfügig, aber in manchen Fällen entwickelte sich auch eine schwere Hypertonie, die zu Nierenschäden führt. Nach Absetzen des Präparats geht der Blutdruck in der Mehrzahl der Fälle innerhalb eines halben Jahres in den Normalbereich zurück. Mit den neuen Präparaten, die Östrogen nur in sehr geringen Mengen enthalten, dürfte der beschriebene Blutdruckanstieg geringer sein. Das niedrig dosierte Östrogen, das in den Wechseljahren gegen die Hitzewallungen gegeben wird, verursacht nur sehr selten einen leichten Blutdruckanstieg.

Bösartiger (maligner) Bluthochdruck

Dies ist eine sehr schwere Krankheit. Der diastolische Blutdruck liegt dabei über Stunden oder Wochen hinweg höher als 130 mm Hg. Die Verlaufsform kann durch Schäden in Organen wie Nieren oder Gehirn oder in den Augenblutgefäßen gekennzeichnet sein. Der Blutdruck steigt im Laufe mehrerer Tage oder Wochen auf gefährlich hohe Werte: Er kann systolisch 250 bis 300 und diastolisch 130 bis 160 mm Hg betragen. Der Augenhintergrund zeigt häufig Blutungen der Netzhaut und ein Ödem an der Ansatzstelle des Sehnervs. Kleine Arterien – insbesondere in den Nieren – werden schwer geschädigt und setzen rote Blutkörperchen frei, die dann auch in den Urin gelangen (Mikrohämaturie). Die Nierenfunktion läßt schnell nach, und auch Gehirnblutungen können auftreten. Die schweren Schädigungen von Nieren, Gehirn, Augen und Herz sind lebensbedrohlich.

Die Häufigkeit dieser Erkrankung nimmt heute ab, weil man den mäßig schweren Bluthochdruck bereits gut mit Medikamenten behandeln kann. Nur noch sehr selten bekommt ein Patient, der an dem sehr verbreiteten mittelschweren Bluthochdruck leidet, diese schwere Form der bösartigen Hypertonie. In der Regel ist der Blutdruck bei der bösartigen Form nur vorübergehend erhöht (200-250/105-120 mm Hg).

In manchen Fällen wird der bösartige Blutdruck durch eine Nierenerkrankung (zum Beispiel Nephritis) ausgelöst, selten auch durch eine Verengung der Nierenarterie oder Kollagenerkrankungen wie Sclerodermie oder Phäochromozytom. Mit einer Reihe von Medikamenten, die intravenös gespritzt werden, läßt sich der bösartige Bluthochdruck meist unter Kontrolle bringen. Ohne Medikamente ist die Behandlung dieser Krankheit nicht mehr möglich. Obwohl der Blutdruck mit 250/150 mm Hg sehr hoch liegt, treten nicht immer Kopfschmerzen auf. Weitere Ursachen des malignen Bluthochdrucks sind Gehirntumore, Blutungen aus geschädigten Arterien an der Oberfläche des Gehirns, Verletzungen des Rückenmarks und die allgemein bekannte Schwangerschaftshypertonie.

Die Kochsalz-Hypothese

Nach einer Hypothese, die bei der Mehrheit der Fachleute anerkannt ist, binden die Nieren bei manchen Menschen aufgrund eines angeborenen Defekts zuviel Natrium (Kochsalz) im Körper. Dieser Defekt in Verbindung mit einer kochsalz-reichen Ernährung hat zur Folge, daß sich zuviel Natrium und Wasser im Körper sammeln. Normalerweise scheiden die Nieren alle Überschüsse, die mit der Nahrung aufgenommen werden, über den Urin wieder aus. Halten sie aber zuviel Wasser und Natrium zurück, gelangen diese ins Blut und in die Zellen der Arterienwände, deren Innendruck deshalb ansteigt. Das wiederum hat zur Folge, daß die Arterien sich verengen und dem fließenden Blut mehr Widerstand entgegensetzen, so daß das Herz stärker belastet wird und der Blutdruck steigt.

Dieser Zusammenhang zwischen Kochsalz und Blutdruck macht sich die Notfallmedizin zunutze: Bei schweren Blutungen – beispielsweise im Magen oder nach einer größeren Verletzung – sinkt der Blutdruck, manchmal auf sehr niedrige Werte. Es besteht die Gefahr, daß Gehirn, Herz und andere Gewebe nicht mehr ausreichend mit Sauerstoff, Glucose und anderen Nährstoffen versorgt werden. Hauptziel ist folglich die schnelle Anhebung des Blutdrucks durch Infusionen und Medikamente. Unterstützt wird dies durch körpereigene Regulationen. So leiten auch die Nieren sofort Wasser und Kochsalz ins Blut, das heißt, auch der Körper gibt von sich aus sofort eine »Infusion« mit Salzlösung.

Bei entsprechend veranlagten Personen ist eine zu hohe Salzaufnahme wahrscheinlich die wichtigste Ursache des Bluthochdrucks. Die Belege für diese Annahme sind so stichhaltig, daß eine allgemeine Warnung gerechtfertigt ist. Zahlreiche Institutionen, unter anderem die Weltgesundheitsorganisation, raten zu einer Reduzierung der Kochsalzaufnahme (der Kochsalzgehalt einzelner Lebensmittel ist in der Tabelle auf S. 65 aufgeführt).

Daß eine zu hohe Salzaufnahme bei entsprechend veranlagten Personen zum Bluthochdruck führen kann, ist durch eine ganze Reihe wissenschaftlicher Befunde belegt.

Obwohl diese Befunde auf einen Zusammenhang zwischen erhöhter Salzaufnahme und Bluthochdruck hinweisen, behauptet eine Expertenkommission des britischen Medical Research Council, die Belege seien unklar und unbewiesen. Nach Ansicht dieser Fachleute ist es nicht gerechtfertigt, grundsätzlich zu einer verminderten Salzaufnahme zu raten. Und tatsächlich kann man nicht jedem raten, den Salzverzehr zu vermindern. In Nordamerika und Europa herrscht übereinstimmend die Meinung, daß eine mäßige Verminderung der Salzaufnahme auf weniger als zwei Gramm täglich keine negativen gesundheitlichen Auswirkungen hat; wo es möglich ist, kann man also den Salzverbrauch einschränken, dies gilt insbesondere für Patienten mit primärer Hypertonie und ihre Verwandten. Wer an Nierenkrankheiten leidet, sollte die Kochsalzaufnahme nicht vermindern, es sei denn, der Arzt rät dazu. (Für manche Nierenpatienten ist eine solche Einschränkung angezeigt.)

Die Indizien, daß eine erbliche Funktionsstörung der Nieren eine Rolle spielt, lieferte Dr. Lewis Dahl. Er kreuzte zwei Stämme von Ratten: Der eine entwickelte bei kochsalzreicher Ernährung Bluthochdruck, bei dem anderen stellte sich diese Wirkung trotz gleicher Ernährung nicht ein. Wurde eine Niere aus einer Ratte mit Bluthochdruck in ein Tier mit normalem Blutdruck verpflanzt, stieg bei diesem der Blutdruck ebenfalls an. Umgekehrt sorgte eine Niere aus einer Ratte mit normalem Blutdruck bei einem hochdruckkranken Tier für einen Rückgang des Blutdrucks. Demnach entsteht der Bluthochdruck wahrscheinlich durch das Zusammenwirken einer genetischen Veranlagung und umweltbedingter Faktoren wie Salzaufnahme und Streß.

Andere Hypothesen

Erbliche Faktoren und Streß verursachen Entladungen in einem »sympathischen« Zentrum des Gehirns, das die Ausschüttung von Adrenalin und Noradrenalin in Gang setzt (s. Grafik S. 61). Beide Substanzen lassen nicht nur die Herzfrequenz und das Herzschlagvolumen ansteigen, sondern sie führen auch zu einer deutlichen Verengung der Arterien, so daß der Strömungswiderstand und damit auch der Blutdruck ansteigt. Gleichzeitig aktiviert das sympathische Zentrum in Nieren und Nebennieren die Enzymproduktion des sog. Renin-Angiotensin-Aldosteronsystems. Angiotensin II verengt ebenfalls sehr wirksam die Arterien und läßt deshalb den Blutdruck steigen. Aldosteron, ein in den Nebennieren produziertes Hormon, sorgt dafür, daß die Nieren vermehrt Kochsalz und Wasser zurückhalten, was einen weiteren Blutdruckanstieg zur Folge hat. Doch insgesamt scheint das Renin-Angiotensin-Aldosteronsystem nur eine geringe Rolle zu spielen, und inwieweit es an der Entstehung des primären Bluthochdrucks mitwirkt, ist bisher nicht geklärt.

Andere Hypothesen für die Entstehung des primären Bluthochdrucks

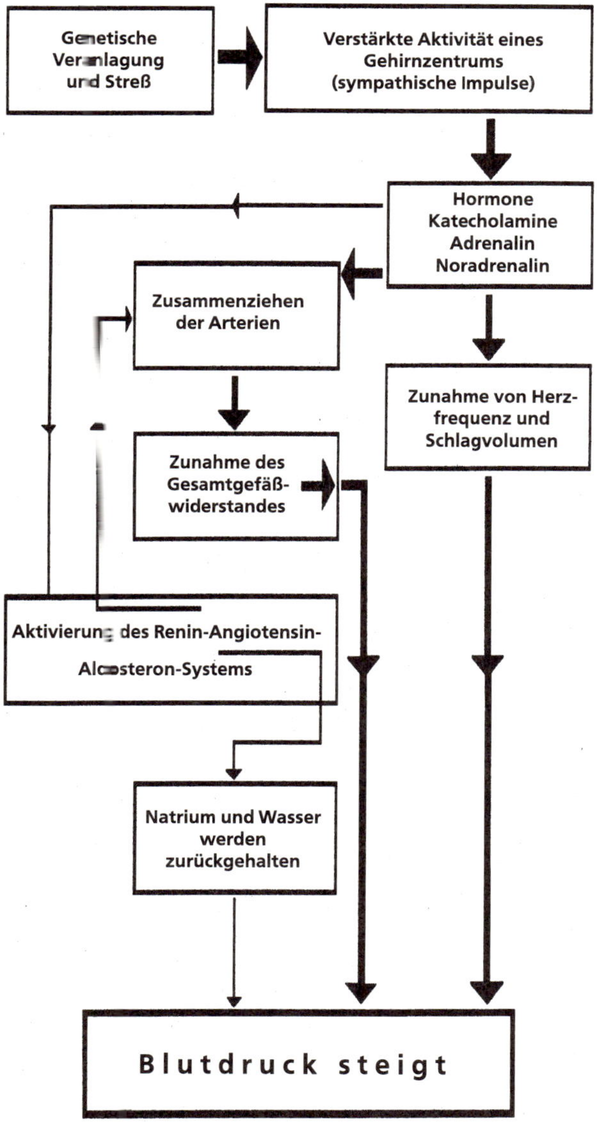

In zwei Studien wurde der Blutdruckanstieg mit einer niedrigen Calciumaufnahme in Verbindung gebracht, aber die Belege reichen nicht aus, um Calciummangel als Ursache des Bluthochdrucks zu bezeichnen. Um zu klären, welche Bedeutung die genannten Theorien für die Entstehung der Hypertonie haben, müssen weitere Studien durchgeführt werden.

Auswirkungen auf Herz und Blutgefäße

Bluthochdruck schädigt die Arterien in vielen Organen, insbesondere in Gehirn, Herz, Nieren und Augen. Die Schäden der Gefäßwände entstehen durch den erhöhten Mitteldruck, aber auch die höhere Kraft der maximalen Pulswellen und die Strömungsgeschwindigkeit des Blutes sind wichtige Faktoren. Die Arterien reagieren auf die Belastung mit einer Verdickung ihrer Wände, was zu einer weiteren Gefäßverengung und damit zu einem noch stärkeren Anstieg des Blutdrucks führt.

Die Arterien versorgen mit ihrem verästelten System die einzelnen Organe und Gewebe. Da manche Gefäße fast im rechten Winkel abzweigen, ist die mechanische Belastung an diesen Stellen besonders groß. Durch die hohe Geschwindigkeit und die pulsierende Kraft des Blutes entstehen Wirbel und mechanische Spannungen, welche die glatten Innenwände der Gefäße schädigen und gelegentlich sogar kleine Risse hervorrufen. Solche mechanischen Verletzungen regen die glatten Muskelzellen in den Gefäßwänden zu einer verstärkten Vermehrung an und sorgen für die Anhäufung von Fettsubstanzen (unter anderem Cholesterin) und Blutplättchen. So entstehen an solchen Stellen atherosklerotische Plaques, die in den Gefäßinnenraum ragen, so daß der

Blutfluß gehemmt wird und darüber hinaus weitere Turbulenzen entstehen.

Verhärtungen bezeichnet man in der medizinischen Fachsprache ganz allgemein als Sklerosen. »Atherosklerose« oder »Arteriosklerose« bedeutet dementsprechend »Verhärtung der Arterien« (s. S. 32f., Atherosklerose). Dieser Vorgang zieht sich über mehrere Jahre hin und verursacht anfangs keine Beschwerden. Doch schließlich kann sich an einer geschädigten Stelle in einem lebenswichtigen Organ (zum Beispiel Gehirn, Herz oder Nieren) ein Blutgerinnsel (Thrombose) bilden. Im Gehirn wird durch einen solchen Gefäßverschluß (oder durch eine Blutung) ein Teilbereich von Gehirnzellen geschädigt. Diesen Vorgang, der häufig zu Lähmungserscheinungen führt, nennt man Schlaganfall.

Der Herzmuskel wird von den Herzkranzgefäßen oder Koronararterien mit Blut versorgt. Ist ein solches Gefäß durch atherosklerotische Plaques oder Blutgerinnsel verschlossen, kommt es zum Herzinfarkt, also zu einer schweren Schädigung des Herzens.

Bluthochdruck verursacht auch eine Vergrößerung und Verdickung des Herzmuskels. Eine derartige Veränderung wird manchmal mit Röntgenaufnahmen oder mit dem Elektrokardiogramm (EKG) festgestellt. Irgendwann ist das Herz dann soweit geschwächt, daß die in die Arterien gepumpte Blutmenge nicht mehr ausreicht, um den Bedarf der Organe und Gewebe zu decken, ein Zustand, den man als Herzschwäche oder Herzinsuffizienz bezeichnet (s. S. 123ff.). Das Blut, das nicht mehr in die Aorta weitergeleitet wird, staut sich in die Lunge zurück, was zur mangelnden Dehnbarkeit des Lungengewebes und zu Wasseransammlungen in den Lungenbläschen führt. Die Folge ist starke Atemnot. Bei Patienten, deren Herz ohnehin geschwächt ist – beispielsweise durch einen früheren Herzinfarkt, der Narbengewebe hinterlassen hat –, kann schon ein mäßiger Bluthochdruck zu einer Herzinsuffizienz führen.

In den Nieren führt die Arterienverhärtung zu einer geringeren Durchblutung und zu einem chronischen Verfall der Nierenfunktion, was den Blutdruck seinerseits weiter steigen läßt. Zum Nierenversagen kommt es glücklicherweise nur bei Patienten mit sehr schwerem Bluthochdruck.

Auch die Blutgefäße im Augenhintergrund werden bei Bluthochdruck häufig geschädigt; solche Schäden werden meist anläßlich einer augenärztlichen Untersuchung entdeckt.

Der Bluthochdruck kann die Wände der Aorta so stark schädigen, daß sie sich ausbeulen, ein Zustand, den man als Aortenaneurysma bezeichnet (s. S. 10f.). Wenn die geschwächte Stelle reißt, kommt es zu massivem Blutverlust in den Bauchraum; dieses glücklicherweise selten vorkommende Ereignis wird von seinen Symptomen her häufig mit einem schweren Herzinfarkt verwechselt.

Die Gefahr, daß die Arterien in den Beinen sich verengen oder blockiert werden, nimmt bei Bluthochdruck ebenfalls zu, insbesondere wenn Rauchen, ein hoher Cholesterinspiegel oder Diabetes hinzukommen.

Symptome

Daß der Bluthochdruck bei Millionen Menschen für einen frühen Tod oder für schwere körperliche Schäden verantwortlich ist, kann heute nicht mehr bezweifelt werden. Oft ist der Blutdruck jahrelang schwach bis mäßig erhöht, ohne daß Symptome auftreten, doch dann kommt es plötzlich zum Schlaganfall, Herzinfarkt oder Herzversagen.

Bei den meisten Patienten, die an mäßigem bis mittelschwerem Bluthochdruck leiden, treten fünf bis 20 Jahre lang keinerlei Symptome auf. Kopfschmerzen, Schwindelgefühle und Nasenbluten sind nicht häufiger zu verzeichnen als bei Personen mit normalem Blutdruck. Manche Betroffenen bekommen Kopfschmerzen, wenn der Blutdruck plötzlich ansteigt. Da selbst bei sehr hohem Blutdruck häufig keine Symptome zu erkennen sind, muß der Blutdruck mindestens einmal im Jahr kontrolliert werden; war er bereits einmal erhöht, sind häufigere Messungen notwendig.

Untersuchungen

Der Arzt wird feststellen, ob es sich um eine primäre Hypertonie ohne klar zu ermittelnde Ursachen handelt oder ob der Bluthochdruck auf eine Erkrankung anderer Organe (insbesondere der Nieren) zurückzuführen ist. Die in diesem Fall durchgeführten Untersuchungen dienen auch als Grundlage für spätere Vergleiche. Im einzelnen werden folgende Tests durchgeführt:

- Im Blutbild wird die Gesamtzahl der weißen und roten Blutkörperchen ermittelt. Die roten Blutkörperchen enthalten das Hämoglobin, eine Substanz, die sich aus Eisen und einem Protein zusammensetzt. Der Hämoglobinspiegel (auch Hb-Wert genannt) zeigt an, ob eine Anämie (Blutarmut) vorliegt. In seltenen Fällen ist ein sehr hoher Hb-Wert die Ursache des Bluthochdrucks.
- Mit einem Elektrolyttest wird die Natrium-, Kalium- und Chloridkonzentration im Blut gemessen. Der Kaliumspiegel ist wichtig, weil er durch harntreibende Mittel (Diuretika, s. S. 72ff.) abfallen kann, und solche Medikamente werden bei Bluthochdruck häufig verschrieben. Unter dem Einfluß von ACE-Hemmern (s. S. 74ff.) kann der Kaliumspiegel dagegen ansteigen.
- Der Harnstoff- und der Kreatininspiegel im Serum werden ebenfalls gemessen. Harnstoff und Kreatinin sind Abfallstoffe, die über die Nieren in den Urin ausgeschieden werden. Bei normaler Nierenfunktion ist die Konzentration dieser Substanzen im Blut recht konstant, aber bei Funktionsstörungen der Nieren steigt sie an. An den Ergebnissen dieser Tests und der Urinuntersuchung kann der Arzt ablesen, ob der Bluthochdruck von den Nieren verursacht wird
- Proteine, Bakterien oder Zellbruchstücke im Urin weisen ebenfalls auf eine Nierenerkrankung hin.
- Notwendig ist auch eine Röntgenaufnahme des Brustkorbs. An ihr kann der Arzt erkennen, ob das Herz den normalen Umfang hat oder bereits durch den Bluthochdruck vergrößert ist.
- Genauere Auskunft über Gesundheitszustand und Belastung des Herzens gibt das Elektrokardiogramm, denn ob beispielsweise die linke Herzkammer durch den Bluthochdruck überlastet ist, kann man im Röntgenbild nicht erkennen. Das EKG liefert darüber hinaus noch andere wichtige Aufschlüsse, so daß man in 95 % aller Fälle auf weitere Herz-Untersuchungen verzichten kann.
- Nur bei wenigen Patienten wird der Arzt eine Pyelographie anordnen. Bei diesem Verfahren wird in eine Armvene ein Kontrastmittel injiziert, das auf Röntgenaufnahmen leicht zu erkennen ist. Dann werden über 20 Minuten hinweg mehrere Röntgenaufnahmen der Nieren gemacht. Bei normaler Nierenfunktion wird das Kontrastmittel in den

Urin ausgeschieden. Man kann über dieses Verfahren erkennen, ob die Nieren organisch gesund sind und ihre Funktion erfüllen oder nicht.

- Anstelle der Pyelographie wird manchmal das ungefährlichere Verfahren des Nierenszintigramms angewandt.
- In seltenen Fällen werden mit einer besonderen Urinuntersuchung die Abbauprodukte des Adrenalins (Vanillinmandelsäure und Metanephrine) untersucht, um ein Phäochromozytom auszuschließen, eine Krebserkrankung des Nebennierenmarks, in dem das Adrenalin gebildet wird.
- Eine Röntgenkontrastaufnahme der Nierenarterien (Arteriogramm) ist notwendig, wenn der Arzt nach dem Nierenszintigramm oder der Pyelographie den Verdacht hat, daß die Nierenarterie verengt ist. Dies ist jedoch sehr selten der Fall.

Nichtmedikamentöse Behandlung

Bei schwachem primärem Bluthochdruck erhalten die Patienten in der Mehrzahl der Fälle den Rat, es ein Jahr lang mit einer nichtmedikamentösen Behandlung zu versuchen. Dabei ist es wichtig, daß die Betroffen sich darüber im klaren sind, welche Gefahr von einem Bluthochdruck ausgeht, damit sie ausreichend motiviert sind, die nichtmedikamentöse Behandlung auch konsequent durchzuführen. Mit einer solchen Therapie besteht eine Chance von 50 %, den Blutdruck in den Normalbereich abzusenken. Die dazu notwendigen Voraussetzungen sollen hier in der Reihenfolge ihrer Wichtigkeit aufgeführt werden; anschließend werden sie einzeln genauer erörtert.

- Die Kochsalzaufnahme sollte auf weniger als zwei Gramm täglich beschränkt werden und keinesfalls drei Gramm überschreiten (s. Tabelle S. 65).
- Eine Gewichtsabnahme ist in vielen Fällen dringend erforderlich. Sie ist stets mit einer Blutdrucksenkung verbunden, so daß häufig keine Medikamente mehr notwendig sind.
- Streßabbau oder ein besserer Umgang mit Streß kann zu einer Senkung des Bluthochdrucks führen; für manche Patienten bieten sich spezielle Entspannungstechniken an.
- Regelmäßige körperliche Betätigung trägt zur Gewichtsabnahme und Entspannung bei.
- Der Alkoholkonsum sollte 60 Milliliter reinen Alkohol täglich nicht überschreiten (5 bis 6 kleine Bier oder 2 Gläser Wein).
- Die Patienten sollten den Kaffeekonsum reduzieren und unbedingt mit dem Rauchen aufhören.

Beschränkung der Kochsalzaufnahme

Speisesalz, das man beim Essen oder Kochen verwendet, macht nur einen kleinen Teil der täglichen Natriumaufnahme aus. Ein Teelöffel mit fünf Gramm Kochsalz enthält ca. zwei Gramm (ca. 40 %) Natrium. Der Körper benötigt jedoch täglich noch nicht einmal 400 Milligramm (0,4 Gramm). Die Durchschnittsernährung in den westlichen Industrieländern enthält vier bis sechs Gramm Natrium, also zwei bis drei Teelöffel Salz am Tag. Beim Kochen oder Essen werden im Durchschnitt nur ein Teelöffel Salz verwendet, die übrigen zwei Teelöffel sind bereits in verschiedenen Lebensmitteln enthalten.

Das Ziel, die Natriumaufnahme auf die Hälfte, also auf zwei Gramm täglich zu reduzieren, ist nur zu erreichen, wenn die vom Bluthochdruck betroffenen Personen wissen, welche Lebensmittel viel Natrium enthalten, um diese meiden zu können. Die Liste ist lang und enthält eine Reihe von Überraschungen. Auch Lebensmittel, die nicht salzig schmecken, enthalten

Natriumgehalt von Nahrungsmitteln

Nahrungsmittel	Menge	Natrium in mg
Rinderhack (mager, gekocht)	100 g	66,5
Bouillon	1 Würfel	900
Knoblauchpulver	5 ml (1 TL)	2
Knoblauchsalz	5 ml (1 TL)	2000
gekochter Schweineschinken (gepökelt)	100 g	1111
(frisch) gekochter Schweineschinken	100 g	111
Ketchup	15 ml (1 EL)	150
Fleischzartmacher, normal	5 ml (1 TL)	2000
Fleischzartmacher, natriumarm	5 ml (1 TL)	2
Vollmilchpudding (Pulver)	250 g	1000
grüne Oliven	1 Stück	100
geröstete Erdnüsse, gesalzen	250 g	1000
geröstete Erdnüsse, ungesalzen	250 g	10
Essiggurken	10 mittelgroße	1900
Brühwürstchen	1 Stück (50 g)	500
Konserven		
Karotten	60 ml	400
rohe Karotten	60 ml	40
Maiskörner	250 ml	400
Mais, tiefgefroren	250 ml	10
grüne Erbsen	250 ml	5
Garnelen	100 g	1000
Krabben	100 g	2222
Lachs, gesalzen	100 g	555,5
Lachs, ungesalzen	100 g	55,5
Suppen	250 ml	1000
fertige Salatsaucen		
Blauschimmelkäse	15 ml	160
French Dressing	15 ml	200
Italienisch	15 ml	110
Essig und Öl	15 ml	1
Fast Food		
fritiertes Hühnerfleisch	1 Portion	2000
Hamburger	doppelt	1000
Pizza	1 mittelgroße	1000

Die täglich notwendige Menge an Natrium beträgt weniger als 400 mg.

Ausführliche Angaben bei der Deutschen Gesellschaft für Ernährung (DGE) e.V., Postfach 930201, 60457 Frankfurt/M., Tel. 069/976803-0, Fax 069/976803-99 viel Natrium: In manchen Puddings ist Natrium in größerer Menge enthalten als in einer Portion Speck. Eine große Salzgurke enthält über ein Gramm Natrium. Besonders hoch ist auch der Natriumgehalt von Fastfood (in einem Hamburger ca. ein Gramm). Aufmerksamkeit ist auch bei Konserven angebracht, die häufig Salz als Konservierungsmittel enthalten.

Weitere, nicht in der Tabelle aufgeführte natriumreiche Lebensmittel sind unter anderem Sojasoße, Zwiebelsalz, Selleriesalz, Kräutersalz, gesalzene Kräcker, Salzstangen und -brezeln, gesalzenes Popcorn, die meisten Gemüsekonserven, Würstchen, Pökelfleisch, Sardinen, Räucherfisch, manche Fertiggerichte, Buttermilch, Waffeln und Pasteten.

Etiketten-Angaben wie Natriumbenzoesäure, Natriumnitrit oder Mononatriumglutamat weisen auf Natrium hin. Wenn eine Natriumverbindung ohne genaue Mengenangabe auf dem Etikett genannt ist, empfiehlt es sich deshalb immer, das betreffende Produkt zu meiden. Wenn Konserven nicht zu vermeiden sind, sollte man das darin enthaltene Gemüse, aber auch Thunfisch und ähnliches wenigstens unter fließendem Wasser abspülen.

Zum Würzen sollte man statt des Salzes lieber Kräuter verwenden. Hilfreich sind auch Salzersatzstoffe, die Kalium anstelle des Natriums enthalten. Man kann sie anstelle von Kochsalz verwenden, es sei denn, der Patient leidet an einer Nierenerkrankung oder nimmt Medikamente, die Kalium im Körper binden. Auch Knoblauchpulver (nicht Knoblauchsalz!), Zwiebelpulver (nicht Zwiebelsalz!) und Chilipulver verbessern den Geschmack und sind natriumarm. Zwiebeln und frische Tomaten kann man beim Kochen großzügig verwenden, gewöhnlicher Tomatensaft und die meisten fertigen Tomatensoßen hingegen enthalten viel Natrium.

Auch manche rezeptfreien Antazida gegen Magenbeschwerden enthalten viel Natrium. Es sind aber auch Präparate im Handel, die einen niedrigen Natriumgehalt haben – lesen Sie den Beipackzettel und fragen Sie Ihren Arzt.

Alle Hochdruckpatienten sollten mindestens einmal im Jahr eine Ernährungsberatung erhalten. Grundsätzlich gilt: Eine Reduzierung der Natriumaufnahme ist leicht zu erzielen, wenn man seine Ernährung auf möglichst frisches Obst und Gemüse und eine fettreduzierte und fleischarme Kost umstellt. Und wer ein bis zwei Monate lang auf den Natriumgehalt in den von ihm verzehrten Lebensmitteln geachtet hat, wird sich schließlich daran gewöhnt haben.

Gewichtsabnahme

Gewichtsabnahme führt grundsätzlich zu einem Rückgang des Blutdrucks und ist deshalb dringend zu empfehlen. Der blutdrucksenkende Effekt bei einer Gewichtsabnahme ist größer als durch körperliche Betätigung, Entspannungsübungen oder eine Reduzierung der Natriumaufnahme. Für eine erfolgreiche Ernährungsumstellung sollte sich die betroffene Person von ihrem Arzt eine professionelle Ernährungsberatung empfehlen lassen.

Ein besonders hohes Risiko für Schlaganfall und Herzinfarkt birgt der Bluthochdruck in Verbindung mit einem erhöhten Cholesterinspiegel. Er sollte bei Patienten unter 55 Jahren nicht höher als 200 mg/dL (5 mmol/l) liegen. Beträchtlich erhöht ist das Risiko bei einem Cholesterinspiegel über 240 mg/dL (6 mmol/l) (s. S. 82ff., »Cholesterin« und S. 166ff. »Übergewicht und Herzkrankheiten«).

Streß

Bei entsprechend veranlagten Personen kann Streß den Blutdruck ansteigen lassen (s. Grafik S. 61). Steigt der durchschnittliche Blutdruck von 135/85 mm Hg unter Streß um 20 bis 40 mm Hg systolisch und 5 bis 10 mm Hg diastolisch und bleibt dieser Druckanstieg jeden Tag mehrere Minuten oder auch Stunden lang bestehen, kann sich dies im Laufe der Jahre schädlich auswirken.

Seit einiger Zeit werden vielfältige Kurse zum Erlernen der unterschiedlichsten Entspannungsübungen angeboten, wenngleich ein dauerhafter blutdrucksenkender Effekt nicht immer nachzuweisen ist. Einige Entspannungstherapien wie autogenes Training haben in manchen Fällen jedoch durchaus blutdrucksenkende Wirkung. Da der Blutdruck aber zwischen den Entspannungsphasen häufig wieder ansteigt, sollte man sich nicht allein auf Entspannungsübungen verlassen. Im Einzelfall müssen die Patienten sogar den Beruf wechseln oder die Arbeitsbelastung drastisch zurückführen. Hilfreich können auch mehr Bewegung und leichte Sportübungen sowie Beschäftigungen wie Angeln, Malen, konzentriertes Musikhören oder andere Formen der Freizeitgestaltung sein.

Bewegung und sportliche Übungen

Isometrische Übungen wie Gewichtheben sorgen durch die starke Muskelspannung für eine Verengung der Blutgefäße und lassen deshalb den Blutdruck steigen. Solche Übungen sind also zu vermeiden. Isotonische oder aerobe Übungen können während der Tätigkeit selbst zwar zu einem unterschiedlich starken Blutdruckanstieg führen, anschließend sinkt der Blutdruck jedoch leicht ab. Gehen, Laufen, Schwimmen und andere Arten leichter sportlicher Betätigung sind für Personen mit schwacher Hypertonie durchaus zu befürworten. Das Zusammenspiel aus körperlicher Betätigung, Gewichtsverlust und Entspannung ist für eine Blutdrucksenkung eine vielversprechende nichtmedikamentöse Therapie.

Bleibt der Blutdruck trotz eines Trainingsprogramms nach einem halben Jahr erhöht, sollte man in körperlicher Bewegung und sportlichen Betätigung nicht das einzige Mittel zur Blutdrucksenkung sehen (s. S. 38ff. »Bewegung«).

Alkohol

Mehr als 90 Milliliter Alkohol am Tag (ca. 2 l Bier oder 1 l Wein) lassen den Blutdruck deutlich ansteigen. Deshalb sollten alle Hypertoniker ihren Alkoholkonsum einschränken. Bisweilen wird behauptet, Alkohol fördere die Entspannung, und 60 bis 100 Milliliter am Tag ließen darüber hinaus den Spiegel des »guten« HDL-Cholesterins ansteigen. Aber die Gefahr des Bluthochdrucks wiegt schwerer als der mögliche Nutzen eines mäßigen, unterschiedlich hohen Anstieges des HDL-Spiegels. Wer an Bluthochdruck leidet und schon einmal unter Herzinsuffizienz litt, sollte überhaupt keinen Alkohol trinken. Ca. 100 Milliliter Alkohol, die innerhalb weniger Stunden getrunken werden, können die Kontraktionen des Herzmuskels vermindern, so daß bei jedem Herzschlag weniger Blut ausgestoßen wird.

Kaffee und Rauchen

Kaffee regt das sympathische Nervensystem an und kann bei entsprechend veranlagten Personen einen leichten Blutdruckanstieg hervorrufen, insbesondere wenn täglich mehr als drei Tassen konsumiert werden. Tee enthält viel weniger Coffein als Kaffee und läßt, soweit man weiß, den Blutdruck nicht steigen.

Rauchen erhöht das Risiko von Herz-Kreislauf-Krankheiten bei Patienten mit Bluthochdruck nachgewiesenermaßen beträchtlich. Darüber hinaus wirken viele blutdrucksenkende Medikamente bei Rauchern weniger gut, weil Rauchen die Umsetzung der Wirkstoffe im Stoffwechsel der Leber beeinträchtigt.

Medikamentöse Behandlung

Der Arzt wird sich darum bemühen, zur Blutdrucksenkung möglichst nur ein einziges Medikament zu verschreiben. Im Idealfall wirkt ein solches Präparat 24 Stunden lang, so daß man es nur einmal täglich nehmen muß, und es sollte möglichst wenig oder gar keine Nebenwirkungen hervorrufen. Je nach Medikament und Höhe des Blutdrucks bieten sich jedoch auch davon abweichende Medikationen und Dosierungen an. Der Arzt wird die Behandlung individuell auf den Patienten und seine Lebensumstände abstimmen.

Es gibt sehr viele blutdrucksenkende Wirkstoffe. Unerwünschte Nebenwirkungen sind selten und in der Regel nur schwach, können aber nicht ausgeschlossen werden. Bei der Standardbehandlung des Bluthochdrucks wird in der Regel zunächst ein Beta-Blocker oder ein Diuretikum gegeben. In den letzten Jahren haben die Beta-Blocker in vielen Fällen die Diuretika als Mittel der ersten Wahl verdrängt, aber beide Wirkstoffgruppen werden allgemein für die Erstbehandlung empfohlen, wenn nicht besondere Umstände etwas anderes erfordern.

Eine weitere wichtige Medikamentengruppe, die sich für die Behandlung des mittelschweren und schweren Bluthochdrucks als nützlich erwiesen hat, bezeichnet man als ACE-Hemmer, weil sie die Wirkung eines Enzyms blockieren. Angiotensin II sorgt für eine Verengung der Arterien und läßt so den Blutdruck steigen. Die ACE-Hemmer schränken die Wirkung des Angiotensins II ein, so daß sich die Gefäße erweitern und der Blutdruck sinkt. Außerdem regen sie im Gegensatz zu manchen anderen Medikamenten das Herz nicht dazu an, schneller zu schlagen, und sie führen im Gegensatz zu Diuretika nicht zu einem Kaliumverlust. Zu den ACE-Inhibitoren gehören zum Beispiel die Wirkstoffe Captopril und Enalapril. Eine weitere allgemein empfohlene Wirkstoffgruppe sind die Calciumantagonisten (s. S. 75f.).

Für eine sinnvolle und individuelle medikamentöse Behandlung des Bluthochdrucks muß der Arzt wissen, welche früheren Erkrankungen der Patient hatte und ob Medikamente bei ihm schon einmal unvorhergesehene Nebenwirkungen hatten.

- Ein Beta-Blocker (zum Beispiel Metroprolol, Propranolol oder Atenolol) ist der Wirkstoff der Wahl, wenn der Patient an Angina pectoris oder Herzrhythmusstörungen leidet oder schon einmal einen Herzinfarkt hatte. Auf Beta-Blocker sprechen Patienten zwischen 25 und 75 Jahren in der Regel gut an. Kontraindikationen muß der Arzt natürlich berücksichtigen; insbesondere bei Bronchialasthma und Emphysemen dürfen nicht alle Beta-Blocker angewandt werden.
- Patienten, die schon einmal einen Schlaganfall hatten oder bei denen der Blutdruck beim Aufstehen stark absinkt, sollten Methyldopa, Prazosin und Hydrazalin meiden. Das gleiche gilt auch für andere Wirkstoffe, die im Stehen eine beträchtliche Erweiterung der Arterien bewirken. Nach Einnahme solcher Medikamente fließt im Stehen mehr Blut in die Beine; dieses Blut fehlt dann im Gehirn, so daß Schwindelgefühle auftreten. Beta-

Blocker lassen den Blutdruck beim Aufstehen nicht sinken und sind deshalb auch für diese Personengruppe geeignet.

Es gibt vier Hauptwirkstoffgruppen:

- Beta-Blocker
- Diuretika
- Vasodilatatoren (mit ACE-Hemmern und Calciumantagonisten)
- Stoffe, die zentral auf das Gehirn wirken.

Bevor im folgenden kurz die wichtigsten blutdrucksenkenden Medikamente mit Dosierung und Nebenwirkungen aufgeführt werden, sollten Sie noch einige Überlegungen zu den Auswahlkriterien berücksichtigen:

- Die Arterien werden nicht nur durch den Bluthochdruck als solchen geschädigt, sondern auch (a) durch die zusätzliche pulsierende Kraft des Blutes,
  (b) durch das Produkt aus Herzfrequenz und systolischem Blutdruck, das die Arbeitsleistung des Herzens darstellt und über seinen Sauerstoffbedarf bestimmt (ein vergrößerter, stark belasteter Herzmuskel braucht mehr Sauerstoff), und
  (c) durch das Produkt aus der Spitzengeschwindigkeit des Blutes und der Herzfrequenz, die für das Entstehen von Turbulenzen mit verantwortlich sind (solche Turbulenzen schädigen die Gefäßinnenwände).
  Alle drei Parameter lassen sich mit Beta-Blockern positiv beeinflussen; durch Diuretika und Vasodilatatoren wie Prazosin dagegen verschlimmern sie sich, und mit Medikamenten, die zentral im Gehirn wirken, ändern sie sich überhaupt nicht.
- Beta-Blocker senken bei Patienten, die einen Herzinfarkt erlitten haben und danach zwei Jahre mit diesen Wirkstoffen behandelt werden, deutlich das Risiko, an einem Herzinfarkt zu sterben. Vier Beta-Blocker wurden in großen klinischen Studien genauer untersucht:
  Acebutolol (400 mg täglich), Metoprolol (120–200 mg), Propanolol (160–240 mg) und Timolol (10–20 mg) konnten den Herzinfarkt sehr wirksam verhüten. Bei der Auswahl des Medikaments sollte das Interesse also nicht allein der Blutdrucksenkung gelten, sondern auch die Verhinderung von Bluthochdruck-Folgen wie Herzinfarkt und Schlaganfall berücksichtigen.
- Allen verfügbaren Hinweisen zufolge bieten Beta-Blocker gegenüber den Diuretika und anderen Wirkstoffen als Mittel der ersten Wahl einen eindeutigen Vorteil.
  Wenn Diuretika überhaupt angewandt werden, sollte man sie in der geringstmöglichen Dosierung geben, mit der sich der Blutdruck des Patienten noch kontrollieren läßt (z.B. täglich 25 mg Hydrochlorothiazid). Das starke Absinken des Kaliumspiegels ist in jedem Fall zu vermeiden. Diuretika, die das Kalium im Körper halten, wie Moduretic oder Hydrochlorthiazid/Triamteren, sind, solange die Nierenfunktion normal ist, ein Mittel der Wahl.

Beta-Blocker

Beta-Blocker sind hervorragende Mittel zur Blutdrucksenkung, und zwar aus folgenden Gründen:

- Im Gegensatz zu den meisten anderen blutdrucksenkenden Mitteln verursachen sie keinen starken Blutdruckabfall beim Aufstehen.

- Die Medikamente haben keine nennenswerten Nebenwirkungen auf Herz, Leber, Nieren, Blut oder Knochenmark.
- Sie können allein als Mittel der ersten Wahl eingesetzt werden und wirken in dieser Form bei über 60 % der Patienten zwischen 25 und 75 Jahren; bei den meisten anderen sind sie in Kombination mit niedrig dosierten Diuretika oder Vasodilatatoren nützlich. Sie vermindern manche Nebenwirkungen der Vasodilatatoren.
- Sie verhindern die Vergrößerung (Hypertrophie) des Herzmuskels und senken die Häufigkeit von Schlaganfällen und Herzinfarkten mit möglicherweise tödlichem Ausgang. Andere blutdrucksenkende Mittel beugen nur dem Schlaganfall und der Herzinsuffizienz vor.

Am häufigsten werden die folgenden Beta-Blocker verwendet:

Propranolol (Dociton®, Efektolol® u. a.)

Dieser Beta-Blocker ist seit 1964 in Gebrauch und den meisten Ärzten gut bekannt. Der Wirkstoff wird in der Leber umgesetzt. Er ist gut fettlöslich und liegt deshalb im Gehirn in hoher Konzentration vor. Das dürfte der Grund sein, warum manchmal Schwächegefühle und Müdigkeit, in sehr seltenen Fällen auch Depressionen und lebhafte Träume auftreten.

Propranolol war das Vorbild für alle neueren Beta-Blocker. Rauchen senkt jedoch die Wirksamkeit dieses Medikaments.

Dosierung: Zu Beginn zweimal täglich 40 mg, kann bis auf zweimal täglich 80 mg gesteigert werden. Auch Retardkapseln zu 80 und 160 mg, die einmal täglich genommen werden, sind auf dem Markt.

Acebutolol (Prent® u.a.)

Dieser Beta-Blocker senkt weder den HDL-Cholesterinspiegel, noch verlangsamt er die Pulsfrequenz. Die Wirkung wird durch Rauchen nicht beeinträchtigt.

Dosierung: 200 bis 400 mg ein- bis zweimal täglich ist empfehlenswert.

Atenolol (Tenormin® u.a.)

Atenolol wird über die Nieren vollständig ausgeschieden und braucht wegen seiner langen Halbwertszeit nur einmal täglich eingenommen zu werden. Im Unterschied zu Propranolol und Nadolol ist es »kardioselektiv«, das heißt, es wirkt vorwiegend auf das Herz, aber kaum auf die Lunge. Deshalb ist Atenolol auch für Patienten mit Bronchitis theoretisch verwendbar, vorausgesetzt, die Dosis wird recht niedrig gehalten.

Doch bei Bronchitis sollte man Beta-Blocker besser grundsätzlich meiden. Atenolol sowie die Langzeitpräparate mit Propranolol und Nadolol senken den Blutdruck nachgewiesenermaßen noch 28 Stunden nach der letzten

Einnahme. Die Wirkung von Atenolol und Acebutolol wird durch Rauchen nicht beeinträchtigt.
Dosierung: 25 bis 100 mg täglich.

Metoprolol (Lopresor®, Metohexal® u.a.)

Metoprolol wirkt, ähnlich wie Atenolol, in niedriger Dosierung kardioselektiv. Es ist ein sehr beliebter Beta-Blocker, der auf der ganzen Welt verwendet wird. Das Medikament wird zweimal täglich eingenommen. Es ähnelt in seinen sonstigen Eigenschaften dem Propranolol, hat aber weniger Nebenwirkungen.
Dosierung: 50 bis 400 mg täglich.

Nadolol (Solgol® u.a.)

Nadolol ähnelt dem Propranolol, nur wird es nicht in der Leber abgebaut, sondern über die Nieren ausgeschieden. Wegen seiner langen Halbwertszeit wird es nur einmal täglich genommen. Schlaflosigkeit und lebhafte Träume kommen mit Nadolol und Atenolol seltener vor als mit Propranolol und Metoprolol. Wenn mit Propranolol Alpträume auftreten, sollte man zu Atenolol oder Acebutulol wechseln. Die Wirkung des Medikaments wird durch Rauchen nicht beeinträchtigt.
Dosierung: Zu Beginn einmal 30 mg. Standard einmal 60, in Einzelfällen bis 120 mg pro Tag.

Pindolol (Visken® u.a.)

Pindolol hat im Gegensatz zu manchen anderen Beta-Blockern keine negativen Auswirkungen auf die Blutfette. Während des Schlafes senkt dieser Wirkstoff aber den Blutdruck nicht immer. Außerdem verursacht er Schlaflosigkeit sowie bei manchen Patienten Nervosität, Muskelkrämpfe und Gelenkschmerzen.
Dosierung: 3 × 5 mg täglich.

Beta-Blocker: Ratschläge und Nebenwirkungen
Bei chronischer Herzinsuffizienz, Bronchialasthma und schwerem Heuschnupfen sollten Beta-Blocker nicht angewandt werden. Die Medikamente vermindern die Durchblutung der Haut, so daß entsprechend veranlagte Personen unter Umständen kalte Hände bekommen, was aber kein Grund ist, diese sehr nützlichen Präparate abzusetzen. Wenn Ihnen aber Symptome, die von einem Medikament herrühren könnten, tatsächlich sehr lästig sind, sollten Sie mit Ihrem Arzt darüber sprechen, damit dieser ein anderes Präparat auswählen kann. Beta-Blocker verlangsamen den Herzschlag, aber das ist ein erwünschter Effekt; eine Verminderung bis auf 50 Schläge in der Minute ist ungefährlich. Nur selten sinkt der Puls unter 45 Schläge in der Minute ab; kommen dann aber noch Schwindelgefühle und sehr niedriger Blutdruck hinzu, muß das Medikament abgesetzt werden. Glücklicherweise kommt das aber nur sehr selten vor. Acetobutulol verlangsamt den Puls nicht so stark. In seltenen Fällen tritt Müdigkeit auf, sehr selten auch leichte Depressionen. Libidoverlust und Impotenz treten ebenfalls eher selten auf.

Das plötzliche Absetzen der Medikamente ist in jedem Fall zu vermeiden, da ansonsten mit einer Verstärkung der zuvor bestehenden Symptome zu rechnen ist.

Beta-Blocker reduzieren über die Senkung des Blutdrucks und die Verlangsamung des Herzschlags die Belastung des Herzens und beugen so bei praktisch allen Hochdruckkranken der Herzinsuffizienz vor, es sei denn, der Herzmuskel war bereits vorher schon sehr geschwächt. Eine solche Herzmuskelschwäche kommt beispielsweise bei Patienten vor, die schon mehrere Herzinfarkte hinter sich haben oder an schweren Herzklappenfehlern leiden. In solchen Fällen ist der Blutdruck wegen der Herzkrankheit meist niedrig. Aufgrund der Krankheitsvorgeschichte, mit Hilfe von Röntgenaufnahmen und einem EKG kann ein Arzt leicht diagnostizieren, ob eine Herzmuskelschwäche vorliegt.

In jüngster Zeit hat sich sogar herausgestellt, daß Beta-Blocker sich auf eine schwache oder mäßige Herzinsuffizienz nützlich auswirken. Diese Wirkstoffgruppe ist also relativ ungefährlich und für die Behandlung von Bluthochdruck, Angina pectoris und Herzinfarkt von eminenter Bedeutung.

Diuretika

Daß Diuretika bei schwachem bis mäßigem Bluthochdruck wirksam sind, steht außer Frage, und in Verbindung mit anderen blutdrucksenkenden Mitteln kann man sie bei allen Arten und Schweregraden des Bluthochdrucks anwenden. Sie sorgen dafür, daß Salze und Wasser über die Nieren ausgeschieden werden, und werden deshalb volkstümlich auch als »harntreibende Mittel« bezeichnet.

Hydrochlorothiazid (Esidrix ® u.a.)

Hydrochlorothiazid gehört zu einer großen Gruppe mäßig stark wirkender Diuretika, die allgemein als »Thiazide« bezeichnet werden.
Darreichungsform: Tabletten zu 25 mg.
Dosierung: Anfangs und als Dauerdosis 25 mg am Morgen; Höchstdosis 50 mg täglich.

Die blutdrucksenkende Wirkung wird erzielt durch:

- eine Verringerung des Blutvolumens. Dies nützt insbesondere Patienten, deren Blutvolumen durch zurückgehaltenes Wasser und Natrium erhöht ist.
- eine verstärkte Ausscheidung von Natrium und Wasser über die Nieren.
- eine geringfügige Erweiterung der Arterien, die zu einer Abnahme des Gesamt-Gefäßwiderstandes führt.

Kontraindikationen:

- Überempfindlichkeit gegen Thiazide oder Sulfonamide
- schweres Nierenversagen
- Schwangerschaft und Stillzeit
- Einnahme von Lithiumpräparaten

Bei einem erheblichen Anteil der Patienten, die Thiazide einnehmen, sinkt der Kaliumspiegel im Blut, was unter Umständen gefährlich sein kann. Außerdem können Diuretika Gichtanfälle auslösen. Die Wirkstoffe lassen den Harnsäurespiegel im Blut ansteigen, so daß sich Kristalle dieser Substanz in den Gelen-

ken ablagern; dies kann zu plötzlichen starken Schmerzen führen, vor allem in den Gelenken von Füßen und großem Zeh. Das Gelenk ist dann heiß, gerötet und geschwollen. Manche Patienten reagieren schon auf kleine Diuretikadosen sehr empfindlich und bekommen in kurzen Abständen Anfälle einer gichtartigen Arthritis. Der Arzt verschreibt in solchen Fällen Colchicin oder Indometacin, woraufhin sich die Beschwerden in der Regel innerhalb von zwei bis drei Tagen bessern. Anschließend wird man zu einem anderen blutdrucksenkenden Medikament wechseln.
Manche Ärzte geben zusätzlich zu den Diuretika mehrere Jahre lang den Wirkstoff Allopurinol, der die Harnsäurekonzentration im Blut senkt. Das ist sinnvoller, als die Diuretika abzusetzen. Diese Wirkstoffkombination ist aber andererseits auch ein Musterbeispiel für eine häufig kostenintensive Verschreibungsangewohnheit, bei der die Patienten immer mehr Tabletten schlucken müssen. Darüber hinaus ist eine von Patienten und Ärzten vielfach übersehene Ursache von Nebenwirkungen die Wechselwirkung zwischen mehreren Medikamenten.

Furosemid (Lasix® u.a.)

Furosemid ist ein hochwirksames Diuretikum; seine Verwendung bei Bluthochdruck ist im allgemeinen nicht zu empfehlen, es sei denn es liegt gleichzeitig ein Nierenversagen vor; in diesem Fall hilft es sehr viel besser als die Thiazide.

Hydrochlorothiazid/Triamteren (Dytide H®, Nephral® u.a.)

Diese beiden Wirkstoffe werden im Verhältnis 1:2 kombiniert (25 mg Hydrochlorothiazid, 50 mg Triamteren). Letzteres sorgt dafür, daß Kalium im Körper zurückgehalten wird, so daß man keine kaliumreiche Lebensmittel zu sich nehmen muß.
Dosierung: Eine Tablette oder Kapsel täglich. Höhere Dosen sind zu vermeiden. Näheres über Dosierung und Nebenwirkungen s. u. unter »Moduretik®«.

Amylorid, Hydrochlorothiazid (Moduretik® u.a.)

Darreichungsform: Tabletten zu 2,5 und 25 mg bzw. 5 und 50 mg. Moduretik® hält Kalium im Körper zurück.
Dosierung: Täglich oder jeden zweiten Tag eine halbe bis eine Tablette; der Hersteller empfiehlt allerdings eine bis vier Tabletten täglich. Mehr als eine Tablette am Tag sollte man aber nicht nehmen.
Dytide H® und Moduretik® sind bei normaler Nierenfunktion relativ ungefährlich; ist die Nierenfunktion aber so gestört, daß der Serumkreatininspiegel über 1,3 mg/dL (115 μmol/L liegt, halten beide Wirkstoffe zuviel Kalium im Körper fest.
Beide Wirkstoffe werden zur Behandlung von

Bluthochdruck und Herzinsuffizienz sehr häufig angewandt und verhindern, daß die Patienten unangenehm schmeckende Kaliumchloridlösungen schlucken müssen. Triamterenhaltige Diuretika sollten jedoch vermieden werden, wenn der Patient wegen Arthritis mit Indomethacin behandelt wird, und auch Patienten mit Nierensteinen sollten sie nicht einnehmen. Diabetiker, Personen über 65 Jahre und Patienten, die ACE-Hemmer nehmen, sollten Moduretik® und Dytide H® meiden.

Vasodilatatoren

Vasodilatatoren sind Wirkstoffe, welche die Arterien erweitern.

ACE-Hemmer

ACE-Hemmer sind zur Blutdrucksenkung sehr nützlich; es muß jedoch sorgfältig geprüft werden, ob die Therapie für den betreffenden Patienten in Frage kommt. Sie verhindern die Vergrößerung (Hypertrophie) der linken Herzkammer sowie Herzinsuffizienz und verursachen keine Müdigkeit. Nur selten kommt Impotenz als Nebenwirkung vor.

Captopril (Lopirin® u.a.)

Darreichungsform: Tabletten zu 12,5, 25 und 50 mg.
Dosierung: Zweimal täglich 12,5 mg vor dem Essen. Sinkt der Blutdruck nicht ausreichend ab, wird die Dosis auf zweimal täglich 25 mg und maximal zweimal täglich 50 mg gesteigert. Eine Tagesdosis von insgesamt 100 mg ist offenbar ebenso wirksam wie höhere Dosen. Es ist ratsam, die Dosis von zweimal täglich 50 mg nicht zu überschreiten. Bei leichter Nierenfehlfunktion wird das Medikament in reduzierter Dosierung genommen, denn es wird über die Nieren ausgeschieden und kann unter Umständen in zu großer Menge im Körper verbleiben. Weil es Kalium im Körper hält, dürfen diese Präparate bei schwerem Nierenversagen nicht angewandt werden.
Captopril verhindert die Wirkung des Angiotensin-Converting-Enzyme (ACE), das normalerweise Angiotensin I zu Angiotensin II umwandelt. Angiotensin II wirkt stark arterienverengend und läßt deshalb den Blutdruck steigen; wird das Enzym ACE blockiert, sinkt der Blutdruck.

Ratschläge und Nebenwirkungen
Bei ACE-Hemmern besteht die Gefahr eines lebensbedrohlichen Angioödems, das mit Schwellungen der Zunge und Atembeschwerden einhergeht. Diese Komplikation kommt zwar nur sehr selten vor (0,2 % der Patienten), aber der Arzt muß die betreffenden Personen darauf hinweisen, daß sie sich bei Schwellungen von Lippen, Augenlidern oder Zunge sofort in ärztliche Behandlung oder eine Notfallambulanz begeben müssen. Die Reaktion kann einige Tage nach Beginn der Medikamenteneinnahme, aber auch noch bis zu zwei Jahre später eintreten. Todesfälle gab es, aber sie

sind sehr selten. Andererseits ist schwacher Bluthochdruck keine schwerwiegende Krankheit, deshalb sollte man Medikamente, die gefährlich sein können, nur dann einsetzen, wenn andere Präparate nicht wirken oder wenn die Patienten sie nicht vertragen.

Captopril und andere ACE-Hemmer dürfen nicht zusammen mit Kaliumpräparaten oder Kalium haltenden Medikamenten wie Moduretik® oder Dytide H® genommen werden, weil diese ebenfalls dafür sorgen, daß die Nieren weniger Kalium ausscheiden. Eine häufige Nebenwirkung aller ACE-Hemmer ist Husten. In seltenen Fällen verursachen die Wirkstoffe einen Rückgang der Zahl weißer Blutkörperchen, einen Verlust der Geschmacksempfindung und Juckreiz.

Enalapril (Pres®, Xanef® u.a.)

Darreichungsform: Tabletten zu 2,5, 5, 10 und 20 mg

Dosierung: Einmal täglich 5 bis maximal 40 mg.

Die Wirkung ähnelt der von Captopril.

Calciumantagonisten

Diese Wirkstoffe senken die Calciummenge, die in die Muskelzellen der Gefäßwände fließt. Geht dort die Calciumkonzentration zurück, entspannt sich die Muskulatur, so daß die Arterien sich erweitern können und der Blutdruck sinkt. Der Calciumspiegel im Blut ändert sich dabei nicht, denn die Wirkung des Calciums wird an den Arterienwänden nur blokkiert. Da diese Wirkstoffe die molekularen Kanäle in den Zellwänden blockieren, die normalerweise das Calcium weiterleiten, nennt man sie auch Calciumkanal-Blocker.

Im Gegensatz zu anderen blutdrucksenkenden Medikamenten wirken Calciumantagonisten bei Personen aller Altersstufen; bei Patienten über 65 Jahre sind sie sogar besonders wirksam. Außerdem verursachen sie nicht das lebensgefährliche Angioödem, das mit ACE-Hemmmern in seltenen Fällen auftreten kann.

Der Calciumantagonist Nifedipin (Adalat® u.a.) ist seit 1982 allgemein in Gebrauch. Andere Wirkstoffe dieser Gruppe sind Diltiazem (Dilzem® u.a.) und Verapamil (Isoptin® u.a.). Verapamil verlangsamt den Puls und sollte nur in Ausnahmefällen mit Beta-Blockern kombiniert werden.

Nifedipin (Adalat® u.a.)

Darreichungsform: Zerbeißkapseln zu 5 und 10 mg. Tabletten zu 10 und 20 mg. Retardkapseln zu 20 mg.

Dosierung: Zweimal täglich 10 bis 20 mg.

Die neuen Retardpräparate sind den älteren Produkten überlegen; diese werden nur noch in Notfällen angewandt, um sehr hohen Blutdruck schnell zu senken.

Besonders nützlich ist dieser Wirkstoff in Kombination mit einem Beta-Blocker. Häufig wirken beide zusammen in jeweils geringer Dosierung sehr gut und mit weniger Nebenwirkungen. Oft steigern die Ärzte bei einem

Medikament die Dosis bis auf die vom Hersteller empfohlene Menge, dann treten jedoch vielfach Nebenwirkungen auf. Zwei Wirkstoffe in niedriger Dosierung sind häufig besser als einer in größeren Mengen.

Ratschläge und Nebenwirkungen
Als Nebenwirkungen treten bei 5 bis 10 % der Patienten Kopfschmerzen, Rötung der Gesichtshaut, Herzrasen, Schwindelgefühle und Schwellungen der Füße auf.

Diltiazem (Dilzem® u.a.)

Darreichungsform: Tabletten zu 60, 90, 120, 180 und 240 mg.
Dosierung: Ein- bis dreimal täglich eine Tablette (je nach Dosierung).

Ratschläge und Nebenwirkungen
Als Nebenwirkungen beobachtet man eine schwache Rötung der Gesichtshaut sowie in seltenen Fällen Schwellungen der Füße, Verstopfung, Verlangsamung der Pulsfrequenz, Erhöhung der Leberenzyme (Transaminasen), Orientierungsstörungen.

Verapamil (Isoptin® u.a.)

Darreichungsform: Tabletten zu 40, 80, 120, 180, 240 mg.
Dosierung: Einmal täglich 120 bis 240 mg.

Ratschläge und Nebenwirkungen
Bei etwa 15 % der Patienten tritt Verstopfung auf, insbesondere bei älteren Personen. Auch Pulsverlangsamung kommt vor. Verapamil wirkt mäßig gefäßerweiternd und schwächt die Kontraktionen des Herzens ab. Durch diese Effekte kann es zu einer Herzinsuffizienz kommen.
Bei Frauen kommt es in seltenen Fälle zur Milchausscheidung in den Brüsten (Galaktorrhöe) und zu geringfügigen Störungen der Leberfunktion.
Verapamil ist kontraindiziert bei Patienten mit sehr langsamem Puls, Herzblock, Sinusknotensyndrom, Herzinsuffizienz, Herzerweiterung und Funktionsstörungen des Herzmuskels.

Ein weiterer Vasodilatator

Prazosin (Minipres® u.a.)

Darreichungsform: Tabletten zu 1, 2 und 5 mg.
Dosierung: Bei schwachem Bluthochdruck zunächst probehalber 0,5 mg vor dem Zubettgehen. Stellen sich in den folgenden zwölf Stunden keine Extrasystolen oder andere unangenehme Wirkungen ein, kann man gefahrlos eine Woche lang zweimal täglich 0,5 bis 1 mg nehmen und danach auf dreimal täglich steigern.

Für die Dauerbehandlung empfiehlt sich in der Regel folgende Dosierung:

- bei schwachem Bluthochdruck: dreimal täglich 2 mg;
- bei mäßigem Bluthochdruck: dreimal täglich 5 mg.

Dosen über 6 mg täglich können zu einer Beschleunigung der Pulsfrequenz führen; man kombiniert den Wirkstoff dann häufig mit einem Beta-Blocker, der den Puls senkt und den Blutdruck noch besser unter Kontrolle hält.

Prazosin ist ein Alpha-Rezeptorenblocker, der eine Gefäßerweiterung hervorruft.

Ratschläge und Nebenwirkungen

Häufig beschleunigt sich der Herzschlag. Da die Vasodilatatoren die Blutgefäße erweitern, verursachen sie den Blutdruckabfall auf ähnliche Weise wie eine Blutung. Dies führt zu einer reflexartigen Beschleunigung der Herzfrequenz. Mit Hydralazin, einem weiteren Vasodilatator, kommt es bei 25 % der Patienten zu Herzrasen, mit Prazosin beträgt dieser Anteil 5 %. Beide Wirkstoffe verursachen aber bei 20 % der Patienten zumindest einen Anstieg der Pulsgeschwindigkeit.

Medikamente, die zentral im Gehirn wirken

Clonidin (Catapresan® u.a.)

Darreichungsform: Tabletten zu 75, 150 und 300 µg.

Dosierung: 0,075 mg vor dem Zubettgehen, dann Steigerung auf zweimal täglich; Dauerbehandlung mit 0,15 bis 0,6 mg täglich.

Vom Gehirn gehen Nervenimpulse (sympathische Reize) aus, die an den Arterien eine Verengung auslösen, so daß der Blutdruck steigt. Clonidin verhindert, daß solche Impulse das Gehirn verlasen.

Ratschläge und Nebenwirkungen

Bei Patienten mit Depressionen ist der Wirkstoff kontraindiziert. Die ausgelöste Benommenheit wird von Alkohol und Beruhigungsmitteln verstärkt. Mundtrockenheit kommt häufig vor; trockene Augen sind seltener, aber Patienten, die diesen Wirkstoff einnehmen, müssen sich regelmäßig die Augen untersuchen lassen. Wird das Medikament plötzlich abgesetzt, kann es zu einem starken Blutdruckanstieg kommen.

Methyldopa (Presonil® u.a.)

Darreichungsform: Tabletten zu 125, 250 und 500 mg.

Dosierung: Ein- bis dreimal täglich 125 mg, in einigen Tagen oder Wochen auf dreimal täglich 250 mg ansteigend; zwei- oder dreimal täglich 500 mg.
Methyldopa wirkt zentral im Gehirn, indem es die Abgabe sympathischer Impulse hemmt.

Ratschläge und Nebenwirkungen
Dieser Wirkstoff sollte so gut wie nie ohne Diuretika gegeben werden, denn er sorgt dafür, daß erhebliche Wasser- und Natriummengen im Körper gehalten werden. In Kombination mit einem Diuretikum ist Methyldopa ein wirksamer Blutdrucksenker. Wegen der Nebenwirkungen verwendet man es heute aber nur bei mittelschwerem bis schwerem Bluthochdruck und in Kombination mit anderen Medikamenten, wenn der Hochdruck sich mit Beta-Blockern, Diuretika und anderen Wirkstoffen nicht unter Kontrolle bringen läßt. Methyldopa wird schon seit über 25 Jahren erfolgreich eingesetzt.
Bei Leberschäden und Depressionen sollte man den Wirkstoff nicht einnehmen; da man außerdem weiß, daß er eine leichte hämolytische Anämie hervorruft, muß von Zeit zu Zeit ein Blutbild angefertigt werden. Bei plötzlichem Absetzen des Medikaments steigt der Blutdruck häufig im Laufe der folgenden zwölf Stunden auf sehr hohe Werte an; die Behandlung muß deshalb schleichend beendet werden. Wird die Dosis zu rasch erhöht, kann es durch den plötzlichen Blutdruckabfall zu Schwindel- oder Ohnmachtsanfällen kommen.
Weitere Nebenwirkungen sind Schwindel, Teilnahmslosigkeit und sexuelle Störungen.

Zusammenfassung

Schwachen bis mittelschweren Bluthochdruck sollte man mit einem der folgenden Verfahren behandeln:

- Beta-Blocker, vor allem bei Patienten unter 75 Jahren sowie grundsätzlich bei Herzrasen, bei Anzeichen einer koronaren Herzkrankheit oder einem hohen Risiko für Herz-Kreislauf-Erkrankungen.
- Niedrig dosierte Thiazid-Diuretika mit besonderem Augenmerk auf der Vermeidung eines zu niedrigen Kaliumspiegels. Von 1960 bis 1984 lag die übliche Dosis für Diuretika wie Hydrochlorothiazid bei 50 bis 100 mg. Heute gilt eine solche Dosis als zu hoch, weil sie häufig zu einem niedrigen Kaliumspiegel führt. Die empfohlene Dosis beträgt heute 12,5 bis 25 mg, maximal 50 mg. Als Mittel der ersten Wahl empfehlen sich Diuretika vor allem dann, wenn Beta-Blocker kontraindiziert sind. Eine Kombination im Verhältnis eins zu zwei wird nur dann angewandt, wenn ein Wirkstoff bereits ausreichend ausprobiert wurde; dabei gilt es an das Nebenwirkungsrisiko zu denken, das mit der höheren Dosierung eines einzigen Wirkstoffs verbunden ist.
- Zu anderen Medikamenten sollte man nur greifen, wenn Beta-Blocker und/oder Diuretika kontraindiziert sind oder Nebenwirkungen hervorrufen.

Bluthochdruck im Alter

Bei älteren Menschen (über 65 Jahre) spricht man von Bluthochdruck, wenn drei aufeinanderfolgende Messungen Werte von über 165/95 mm Hg ergeben. Der erhöhte systolische Blutdruck ist oft auf die Verhärtung und die geringere Elastizität der Arterien zurückzuführen; sie hat zur Folge, daß in der Manschette mehr Druck notwendig ist, um die Armschlagader zu verschließen.

In einer großen amerikanischen Studie hat sich gezeigt, daß man bei Personen zwischen 65 und 80 Jahren mit einem systolischen Blutdruck über 180 das Schlaganfall- und Herzinfarktrisiko mit einer medikamentösen Behandlung erheblich vermindern kann, und zwar unabhängig vom diastolischen Druck. Als besonders wirksam erwies sich dabei ein Diuretikum, das einmal täglich eingenommen wird.

Bluthochdruck und Schwangerschaft

Nur relativ wenige Präparate können bei Schwangeren, die an Bluthochdruck leiden, relativ gefahrlos eingesetzt werden. Thiazid-Diuretika sind kontraindiziert, denn sie vermindern die Durchblutung der Plazenta und können beim Fetus auch zu einem Rückgang der Blutplättchenanzahl führen. Wenn die ersten 16 Schwangerschaftswochen vorüber sind, haben die Gynäkologen in der Regel nichts gegen die Einnahme von Methyldopa, aber auch über Beta-Blocker und insbesondere über Atenolol gibt es positive Berichte. Steigt der Blutdruck gegen Ende der Schwangerschaft stark an, wird die Patientin meist ins Krankenhaus eingewiesen.

Bypass-Operation

Die erste Bypass-Operation nahm der Argentinier Dr. Rene Favorolo 1967 an der Cleveland Clinic vor. Mit einer Vene aus dem Bein des Patienten umging er den Verschluß in einem Herzkranzgefäß. Seit damals wurden weltweit mehrere Millionen derartige Eingriffe vorgenommen. Das Verfahren ist einfach: Man entnimmt eine Vene aus dem Bein des Patienten und fügt sie in die Aorta kurz über der Stelle ein, wo diese das Herz verläßt; das andere Ende der Vene verbindet man hinter der blockierten Stelle mit der Koronararterie. Auf diese Weise kann das Blut durch das verpflanzte Gefäß an der blockierten Stelle vorbei in die Herzkranzgefäße und den Herzmuskel fließen (s. Abb. S. 80). Muß eine Blockade in der wichtigen linken Koronararterie umgangen werden, verwenden die Chirurgen statt einer transplantierten Vene lieber die innere Brustkorbarterie (Arteria thoracica interna).

Indikationen

Die Bypass-Operation wird in der Regel empfohlen, wenn eine Angina pectoris sich mit der Kombination aus Beta-Blocker, Nitrat und Calciumantagonist nicht ausreichend lindern läßt und wenn die erforderlichen Veränderungen der Lebensweise für den Patienten unzumutbar erscheinen.

Am erfreulichsten ist es natürlich, wenn die Schmerzen völlig verschwinden, was bei 90 % der operierten Patienten erreicht wird. Medikamente dagegen erzielen diesen Erfolg nur in 50 % der Fälle. Bei 60 % der übrigen Patienten vermindert sich aber wenigstens die Häufigkeit der Angina-pectoris-Anfälle mit Medikamenten um etwa 60 %. Solche

Patienten sind in der Regel recht zufrieden, so daß auf eine Operation verzichtet werden kann, wenn dies medizinisch vertretbar ist.

Der Bypass

Das Blut fließt an der blockierten Stelle vorbei aus der Aorta in die Herzkranzgefäße

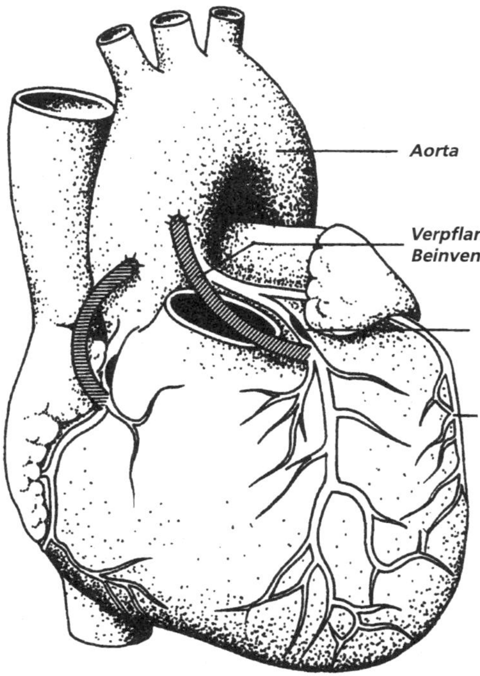

Bei zehn von 100 Patienten mit stabiler Angina pectoris ist eine Arteriographie mit dem Ziel einer Bypass-Operation anzuraten. Manche Kliniken fassen die Indikation auch weiter und führen die Operation bei mehr Patienten durch. Für Patienten mit instabiler Angina pectoris ist der Eingriff in der Mehrzahl der Fälle angezeigt, solange keine Kontraindikation vorliegt. Der Eingriff wird Patienten im Alter bis zu 80 Jahren angeboten, in manchen Ländern auch noch darüber hinaus. Das Risiko, während der Operation oder in den ersten Tagen danach zu sterben, beträgt 1 bis 2 %. Etwa 10 % der Patienten erleiden während des Eingriffs einen Herzinfarkt, der sich aber in der Regel nicht schädlich auswirkt, so daß es zur vollständigen Erholung kommt. Etwa 90 % der Patienten haben in den folgenden ein bis zwei Jahren keinerlei Beschwerden. Nach zwei Jahren ist das verpflanzte Gefäß in 15 bis 18 % der Fälle wieder verschlossen, und bei manchen dieser Patienten kehrt auch die Angina pectoris wieder. Bei zusätzlicher Einnahme von Medikamenten wie Acetylsalicylsäure treten neue Gefäßverschlüsse seltener auf. Nach fünf Jahren sind noch 70 % der Patienten schmerzfrei und führen ein aktives, erfülltes Leben – ein Zustand, der sich bei Patienten mit häufigen Angina-pectoris-Anfällen allein durch medikamentöse Behandlung in der Regel nicht verwirklichen läßt.

Die Durchführung der bisweilen lebensverlängernden Bypass-Operation ist einfach, Komplikationen sind kaum zu erwarten, und sie verschafft den Betroffenen große Linderung ihrer Beschwerden. In der näheren Zukunft werden zunehmend auch Operationen mit Angioplastie und Lasertherapie durchgeführt werden, aber solange sich die Atherosklerose nicht verhüten läßt, wird die Bypass-Operation weiterhin eine herausragende Rolle spielen.

Nach der Operation kann sich aber durchaus an anderen Stellen und in anderen Arterien Atherosklerose entwickeln, denn die Krankheit wird durch den Eingriff ja nicht geheilt. Außerdem kann sich bei jedem Menschen jederzeit ein Blutgerinnsel bilden (Koronarthrombose). Deshalb vermag die Bypass-

Operation einen zweiten oder dritten Herzinfarkt nicht grundsätzlich zu verhindern.

In etwa 50% der Fälle verschließt sich das transplantierte Gefäß in den folgenden zehn Jahren, insbesondere wenn die Patienten rauchen oder an Bluthochdruck oder Diabetes leiden oder einen LDL-Spiegel über 120 mg (3 mmol/l) aufweisen.

Bei Patienten mit stabiler oder instabiler Angina pectoris und schwerwiegender Arterienverengung kann die Bypass-Operation in folgenden Fällen lebensrettend sein:

1. Bei einer starken Verengung vor der Gabelung der linken Koronararterie. Bei einer solchen Schädigung die glücklicherweise nur selten vorkommt, ist der Eingriff allgemein angezeigt.
2. Bei starker Verengung der rechten Koronararterie, des Ramus interventricularis und des Ramus circumflexus, insbesondere wenn gleichzeitig die Leistung der linken Herzhälfte beeinträchtigt ist. Ein wichtiger Parameter für die Leistung der linken Herzhälfte ist das Herzschlagvolumen, das heißt die bei einem Herzschlag in die Aorta ausgeworfene Blutmenge. Dieser Wert wird in Prozent vom gesamten Herzvolumen angegeben, normal ist ein Herzschlagvolumen von über 50%. Werte unter 40% sind schlecht, unter 25 % sehr schlecht. Sinnvoll ist die Operation bei Patienten mit einem Herzschlagvolumen von 25 bis 40%.
3. Bei einem Verschluß des Ramus interventricularis vor der ersten Gabelung bei gleichzeitiger Verengung zweier weiterer Gefäße um mehr als 80% und wenn eine Angioplastie nicht möglich ist.

Kontraindikationen

Die wichtigste Kontraindikation ist eine schwere Schädigung des Herzmuskels mit Herzinsuffizienz, die auch auf energische Therapieversuche nicht anspricht, und ein Herzschlagvolumen von weniger als 25% . Solche Patienten sind sehr kurzatmig und haben oft Wasser in der Lunge. Die Atemnot läßt sich durch die Operation nicht beseitigen, und der Herzmuskel wird auch nicht kräftiger.

Nach mehreren Herzinfarkten weist das Herz große vernarbte Bereiche auf. Das Narbengewebe ist sehr schwach und wird nicht mit Blut versorgt. Solche Abschnitte werden auch durch das verpflanzte Gefäß nicht durchblutet.

Eine Herzinsuffizienz in Verbindung mit einem akuten Herzinfarkt, der sich innerhalb einer Woche zurückbildet, ist keine Kontraindikation für die Bypass-Operation, denn in solchen Fällen gewinnt der Herzmuskel mehr als 75% seiner Funktionen wieder zurück; ein Effekt, der ohne weiteres 25 Jahre lang anhalten kann.

Als Dauermedikament wird nach einer Bypass-Operation Acetylsalicylsäure (100 Milligramm täglich) oder Marcumar gegeben.

Andere Medikamente, beispielsweise Nitrate und Calciumantagonisten, sind in der Regel nicht erforderlich, außer in den wenigen Fällen, in denen die Angina pectoris wiederkehrt. Viele Patienten nehmen diese teuren Medikamente jahrelang weiterhin ein, obwohl der Nutzen nicht erwiesen ist. Beta-Blocker werden möglicherweise gegeben, denn sie verlängern tatsächlich das Leben.

Den Patienten ist dringend anzuraten, nicht wieder mit dem Rauchen anzufangen. Sie sollten statt dessen an einem unter medizinischer Aufsicht durchgeführten speziellen Fitness-Programm teilnehmen und sich fett- und cholesterinarm ernähren. Der Blutdruck sollte regelmäßig überprüft werden, denn bei Bluthochdruck kommt es schneller zur erneuten Blockade des transplantierten Gefäßes.

Die Atherosklerose wird durch die Operation nicht geheilt. Koronarthrombosen können nach wie vor auftreten. Unter Umständen entwickelt sich in der transplantierten Vene im Laufe von zehn bis 15 Jahren wieder ein Verschluß, denn Venen sind ja normalerweise nicht dem Blutdruck ausgesetzt, der in den Arterien herrscht. Der durchschnittliche Druck in den Venen liegt nur bei 5 bis 7 mm Hg, im Vergleich zu 110 bis 150 mm Hg in den Arterien. In einer Studie stellte sich heraus, daß über die Hälfte der verpflanzten Gefäße zehn Jahre nach der Operation verengt oder blockiert war, insbesondere bei Personen, die weiterhin rauchten, an Bluthochdruck litten oder einen erhöhten Cholesterinspiegel hatten. In klinischen Untersuchungen wurde 1994 und 1995 nachgewiesen, daß Statine, mit denen man den LDL-Spiegel unter 100 mg (2,5 mmol/l) hält, das Fortschreiten der Atherome verhindern und damit eine Angioplastie oder eine zweite Bypass-Operation überflüssig machen.

Chelat-Therapie

Versuche, Verengungen der Oberschenkelarterien durch die Chelat-Therapie mit dem Wirkstoff EDTA (Äthylendiamintetraessigsäure) zu beseitigen, sind nicht gelungen. Diese Art der Therapie wurde in den letzten 20 Jahren an kleinen Patientengruppen in nichtrandomisierten Studien immer wieder versucht. In einer Untersuchung von van Rij et al., die im September 1994 in der Fachzeitschrift Circulation erschien, heißt es: »Die Chelat-Therapie hat über den Placeboeffekt hinaus keine nennenswerten nützlichen Wirkungen.«

Placebo-kontrollierte Studien zur Chelat-Therapie bei Patienten mit koronarer Herzkrankheit gibt es nicht. Deshalb eine Warnung an alle Patienten: Wenn Sie Ihre bewährten Herzmedikamente absetzen, um die Chelat-Therapie auszuprobieren, setzen Sie Ihr Leben aufs Spiel.

Wirkstoffe wie EDTA können Eisen aus dem Organismus beseitigen, aber die atherosklerotischen Plaques, welche die Herzkranzgefäße blockieren, lösen sie nicht auf.

Cholesterin

Cholesterin ist ein Lipid, das heißt eine fettähnliche Substanz, und kommt vor allem in tierischen Geweben vor. Die Frage, inwieweit ein erhöhter Cholesterinspiegel zur Arterienverengung durch Atherosklerose und dem nachfolgenden Herzinfarkt beiträgt, ist seit über 40 Jahren umstritten. Was lange Zeit fehlte, war der entscheidende wissenschaftliche Beleg dafür, daß eine Senkung des Cholesterinspiegels im Blut beim Menschen dem Herzinfarkt vorbeugt.

Im Jahr 1984 berichtete das Lipid Research Clinics Program in den USA über die Ergebnisse einer erfolgreichen Studie, die man dort über zehn Jahre hinweg und mit einem Kostenaufwand von 150 Millionen Dollar durchgeführt hatte. Sie zeigte, daß eine Senkung des Cholesterinspiegels zu einer geringen, aber deutlich erkennbaren Verminderung der Herzinfarkte führte.

Es handelte sich um eine Doppelblindstudie (das heißt die Patientengruppen wurden nach dem Zufallsprinzip aufgeteilt), die in den Vereinigten Staaten und in zwei Kliniken in Kanada durchgeführt wurde. Durch Reihenuntersuchungen an 480 000 Männern zwischen 35 und 59 Jahren wollte man Versuchspersonen finden, deren Cholesterinspiegel über 265 mg (6,9 mmol/l) lag, die aber ansonsten gesund waren und insbesondere keine Anzeichen für eine Herzerkrankung oder Bluthochdruck zeigten. Man fand 3806 geeignete Männer und bat sie, eine cholesterinsenkende Diät einzuhalten. Die nach dem Zufallsprinzip zusammengestellte erste Hälfte der Männer erhielt zusätzlich Cholestyramin (24 mg täglich), ein Medikament, das den Cholesterinspiegel ebenfalls zurückgehen ließ; die anderen bekamen ein genauso aussehendes Präparat, das aber keinen medizinischen Wirkstoff enthielt (Placebo). Das Medikament sorgte für eine Senkung des Cholesterinspiegels um 8 %. Im weiteren Verlauf zählte man nach durchschnittlich 7,4 Jahren in der Kontrollgruppe 187 Herzinfarkte, in der mit dem Medikament behandelten Gruppe waren es dagegen nur 155. Leider ist Cholestyramin ein Pulver, das man mit Fruchtsaft mischen muß, weil es unangenehm schmeckt. Die Patienten hielten sich deshalb nicht an die Regel, es zwei- oder dreimal täglich zu nehmen, weshalb es nicht verwunderlich ist, daß man statt der erwarteten Cholesterinsenkung von 25 % nur einen Rückgang um 8 % verzeichnete. Dennoch zeigt die Studie, daß eine medikamentöse Senkung des Cholesterinspiegels die Häufigkeit von Herzinfarkten senkt. Eine ähnliche Wirkung dürfte auch eine cholesterinarme und -senkende Ernährung haben.

Wer sich mit wenig gesättigten Fettsäuren ernährt, kann seinen Cholesterinspiegel durchaus um 10 % senken. Während mit einer strengen Diät eine Cholesterinsenkung um 5 bis 10 % zu erreichen ist, vermindern neuere Medikamente (Statine, Hemmstoffe für die HMG-CoA-Reduktasen) das Gesamtcholesterin in klinischen Studien nachgewiesenermaßen sogar um bis zu 30 % und das »schlechte« LDL-Cholesterin um 15 bis 30 %.

Von 1994 bis 1995 wurde in klinischen Untersuchungen an einer ausreichenden Zahl von Patienten nachgewiesen, daß Statine für die Senkung des LDL-Cholesterinspiegels nützlich sind. Diese Studien bestätigen, daß eine Senkung des LDL-Cholesterins auf unter 120 mg (3 mmol/l) der Blockade von Herzkranzgefäßen und dem möglicherweise tödlichen Herzinfarkt vorbeugt.

Zu den Statinen gehören:

- Atorvastatin
- Fluvastatin
- Lovastatin
- Pravastatin
- Simvastatin

Welcher Cholesterinspiegel ist normal, und ab welchem Wert besteht die Gefahr der koronaren Herzkrankheit?

Nicht alle, die einen Herzinfarkt bekommen, haben einen hohen Cholesterinspiegel (über 265 mg oder 6,9 mmol/l). Im Gegenteil: Bei den meisten Patienten liegt der Wert zwischen 220 und 250 mg (5,7 bis 6,5 mmol/l). In der zuvor beschriebenen Studie fand man unter 480 000 Männern nur 3806 mit einem Cholesterinspiegel über 265 mg. Bei den übrigen lag er darunter, wahrscheinlich meist zwischen 200 und 250 mg.

Zwischen 1970 und 1989 bezeichneten amerikanische Forschungslabors alle möglichen Werte zwischen 150 mg (3,9 mmol/l) und 250 mg (6,5 mmol/l) als normal. Heute gilt jedoch als gesichert, daß Personen mit einem Cholesterinspiegel zwischen 220 und 250 mg einem erhöhten Risiko unterliegen; bei solchen Werten kommen Herzinfarkte recht häufig vor. Werte zwischen 220 und 250 mg (5,7 bis 6,5 mmol/l) gelten heute allgemein als zu hoch und nicht als normal.

Von einem »Optimalwert«, der als ungefährlich gelten kann, spricht man bei einem Gesamtcholesterinspiegel unter 200 mg (5,2 mmol/l) bzw. bei einem LDL-Spiegel unter 120 mg (3 mmol/l). Bei Personen mit einem Cholesterinspiegel unter 180 mg (4,7 mmol/l) kommen Herzinfarkte nur selten vor.

Wenn man nur Patienten mit Cholesterinwerten über 250 mg (6,5 mmol/l) mit Medikamenten behandelt, schließt man 80 % der Risikogruppe aus. Um es noch einmal zu wiederholen: Die meisten Herzinfarkte ereignen sich bei Werten zwischen 220 und 260 mg. Liegt er unter 180 mg (4,7 mmol/l), muß die Ernährung nicht umgestellt werden, und der Cholesterinspiegel braucht nur alle zwei Jahre überprüft zu werden.

Studien und Untersuchungsergebnisse, die beweisen, daß eine Senkung des Cholesterinspiegels das Herzinfarktrisiko senkt:

- An einer Sieben-Länder-Studie nahmen über 12 000 Männer aus Finnland, Griechenland, Italien, den Niederlanden, Japan, den Vereinigten Staaten und Jugoslawien teil. Die Finnen nahmen am meisten gesättigte Fettsäuren zu sich, hatten den höchsten Cholesterinspiegel (über 280 mg) und die höchste Anzahl an tödlichen und nicht tödlichen Herzinfarkten (900 je 100 000 Einwohner). In Japan dagegen, mit einem durchschnittlichen Cholesterinspiegel von 140 mg, war der Anteil der Todesfälle durch Herzinfarkte mit 102 je 100 000 Einwohner am niedrigsten. In den Vereinigten Staaten – Cholesterinwert durchschnittlich 220 mg – lag der Anteil der Infarkttoten bei 670 je 100 000. In Griechenland und Italien war die Sterblichkeit ebenfalls gering. Bei Japanern, die nach Amerika ausgewandert waren und die dortigen Ernährungsgewohnheiten angenommen hatten, trat die koronare Herzkrankheit zehnmal häufiger auf als bei ihren Landsleuten in Japan.
- Die Framingham-Studie lieferte hinlänglich Indizien, die darauf schließen lassen, daß ein hoher Cholesterinspiegel das Risiko der koronaren Herzkrankheit erhöht.
- Personen mit einem erblichen Defekt, der den Abbau des Cholesterins im Organismus verhindert, haben von frühester Kindheit an einen Cholesterinspiegel von bis zu 1000 mg. Diese Patienten bekommen cholesterinhaltige Verdickungen, insbesondere an Knien, Ellenbogen, Handgelenk und Achillessehne. Solche Menschen erleiden häufig schon mit unter 35 Jahren einen Herzinfarkt. Glücklicherweise kommt diese Krankheit nur sehr selten vor.
- Auch mehrere neue Studien bestätigen, daß eine Senkung des Gesamtcholesterins unter 200 mg (5 mmol/l) oder des LDL-Cholesterins unter 120 mg (3 mmol/l) das Risiko eines möglicherweise tödlichen Herzinfarkts senkt und die Ablagerungen in den Arterien schrumpfen läßt. Im einzelnen handelt es sich um folgende Studien:
- Die Simvastatin-Studie aus Skandinavien, über die im November 1994 in der Fachzeitschrift Lancet

berichtet wurde, offenbarte verbesserte Überlebensaussichten für Patienten mit koronarer Herzkrankheit, die langfristig mit Simvastatin behandelt wurden. In dieser Studie wurden 4444 Patienten mit Angina pectoris oder früheren Herzinfarkten und einem Cholesterinspiegel zwischen 5,5 und 8 mmol/l (215 bis 312 mg) zufällig ausgewählt. Sie erhielten entweder eine cholesterinsenkende Ernährung oder täglich 10 bis 40 mg Simvastatin. Die Gruppe wurde fünfeinhalb Jahre lang beobachtet. In der Kontrollgruppe, die sich cholesterinarm ernährte, gab es 189 Herzinfarkte, unter den mit Simvastatin behandelten Patienten waren es 111. Die geringeren Überlebensaussichten galten für Männer und Frauen gleichermaßen. Auch das Risiko, während oder kurz nach einer Bypass-Operation oder Angioplastie zu sterben, war für die behandelten Patienten um 37 % geringer.

- An der Multicenter Anti-Atheroma Study nahmen 381 Patienten mit koronarer Herzkrankheit teil, die vier Jahre lang mit Simvastatin behandelt wurden; bei ihnen nahm die Zahl neuer Verengungen in den Herzkranzgefäßen ab und ein geringerer Anteil der Patienten benötigte eine Angioplastie oder eine Operation.
- Im März 1994 wurde über die Erprobung von Pravastatin im Rahmen einer Studie (PLAC1) über Erkrankungen der Herzkranzgefäße berichtet. In dieser Studie wurden 408 Patienten, bei denen das Angiogramm eine Verengung von über 50 % zeigte, nach dem Zufallsprinzip in zwei Gruppen eingeteilt, die entweder Pravastatin oder ein Placebo erhielten. Nach drei Jahren zeigte eine weitere Angiographie bei der Kontrollgruppe 33 neue Verengungen, bei den behandelten Patienten dagegen nur 15. Bei den Patienten, die das Placebo erhalten hatten, lag der Cholesterinspiegel bei etwa 6 mmol/l (240 mg) und der LDL-Wert bei 4,2 mmol/l (165 mg); durch die Behandlung mit Pravastatin gingen diese Werte deutlich zurück.
- An einer Internationalen Pravastatin-Studie für Herzrisikopatienten nahmen über 1000 Patienten teil. Nach sechs Monaten hatten sich in der Kontrollgruppe 13 Herzinfarkte ereignet, in der behandelten Gruppe dagegen nur einer.
- Eine Studie des amerikanischen Heart, Lung and Blood Institute zeigte, daß die Behandlung mit dem cholesterinsenkenden Wirkstoff Cholestyramin die Vergrößerung der atherosklerotischen Plaques verhindern kann. Wirksamer als Cholestyramin sind aber die Statine.
- Über die Ergebnisse der Scotland Coronary Prevention Study berichtete das New England Journal of Medicine im November 1995. Bei Männern zwischen 45 und 64 Jahren mit mäßig erhöhtem Cholesterinspiegel (Durchschnitt 272 mg oder 7 mmol/l) senkte Pravastatin die Häufigkeit von Herzinfarkten und von herzbedingten Todesfällen. An der randomisierten Studie waren 6595 Männer beteiligt, die über 4,9 Jahre hinweg beobachtet wurden. In der Gruppe, die Placebos erhalten hatte, ereigneten sich 248 Herzinfarkte, in der behandelten nur 174.

Cholesterintypen

Cholesterin ist ein unentbehrlicher Bestandteil der fetthaltigen Nervenscheide, die als Isolierung der Nerven dient, und der Außenmembran aller Zellen; außerdem ist es in verschiedenen anderen körpereigenen Substanzen enthalten, so in den Steroidhormonen, darunter Cortison und die Geschlechtshormone (Androgene und Östrogene).

Das Cholesterin im Blut stammt zum Teil aus der Nahrung, aber der größte Teil, nämlich über 70 %, wird in der Leber vorwiegend aus gesättigten Fetten hergestellt. Wenn unsere Ernährung also kein Cholesterin enthielte, würde die Leber zum Ausgleich entsprechend größere Mengen produzieren. Überschüssiges Cholesterin wird zum Teil mit dem Gallensaft ausgeschieden; Cholesterin findet sich nur in tierischen Lebensmitteln, z. B. in Eiern, Milch, Butter, Käse und Fleisch; in sehr hoher Konzentration ist es in Innereien wie Leber, Hirn, Nieren, Herz und Kalbsbries enthalten. Pflanzliche Lebensmittel (Gemüse, Obst, Getreideprodukte und Bohnen) enthalten kein Cholesterin.

Um zu verstehen, welche Ernährungsumstellungen möglicherweise notwendig sind, ist es wichtig, die Unterschiede zwischen den einzelnen Cholesterintypen zu kennen: Gesamt-Cholesterin, Lipoprotein geringer Dichte (engl. Low Density Lipoprotein = LDL-Cholesterin) und Lipoprotein hoher Dichte (engl. High Density Lipoprotein = HDL-Cholesterin). Auch mit den verschiedenen Fetten in Lebensmitteln sollte man sich vertraut machen: Triglyceride sowie gesättigte, einfach ungesättigte und mehrfach ungesättigte Fette.

Gesamt-Cholesterin

Cholesterin ist eine Fettsubstanz (Lipid), das heißt, es löst sich nicht in Wasser. Wenn es aus dem Darm aufgenommen oder aus der Leber ins Blut ausgeschüttet wird, liegt es dort also nicht in gelöster Form vor, sondern es ist an ein Trägerprotein gebunden; das so entstehende Molekül nennt man Lipoprotein. Es gibt verschiedene Lipoproteine, die sich in Molekülgröße und Dichte unterscheiden: Je kleiner sie sind, desto größer ist ihre Dichte. Cholesterin kann in Lipoproteinen mit geringer Dichte oder in Lipoproteinen hoher Dichte transportiert werden.

Wenn der Arzt einen Cholesterinspiegel von 250 mg (6,5 mmol/l) mißt, meint er damit die Gesamtmenge des Cholesterins im Blut (LDL und HDL). Der Gesamtwert wird nur dann aufgeschlüsselt, wenn der Arzt dies ausdrücklich verlangt. Die Milligramm-Werte (mg) beziehen sich jeweils auf 100 Milliliter Blut.

Lipoprotein niedriger Dichte: das »schlechte« Cholesterin

LDL-Moleküle sind groß und enthalten den größten Teil des Cholesterins, das zu den Zellen transportiert wird. Je höher der LDL-Spiegel, desto größer ist das Risiko für die koronare Herzkrankheit – daher die Bezeichnung »schlechtes« Cholesterin. Etwa 75 % des Cholesterins im Blut liegen in der Form von LDL vor.

Lipoprotein hoher Dichte: das »gute« Cholesterin

Das HDL-Cholesterin stand vielfach im Mittelpunkt des Interesses; es heißt so, weil seine Moleküle klein sind und eine hohe Dichte haben. HDL transportiert das Cholesterin von den Zellen weg, so auch von der Arterienwand; deshalb trägt es zur Reinigung der Arterien bei und wird deshalb auch »gutes« Cholesterin genannt. HDL macht etwa 25 % der gesamten Cholesterinmenge im Blut aus; Personen mit besonders hohem HDL-Spiegel (über 60 mg/1,6 mmol/l) leben offenbar länger und leiden seltener an der koronaren Herzkrankheit. Man sollte sich aber keine Sorgen machen, wenn der HDL-Wert unter

30 mg (0,8 mmol/l) liegt – nicht jeder, der einen niedrigen HDL-Spiegel hat, bekommt einen Herzinfarkt. Warum der Wert bei manchen Menschen höher und bei anderen niedriger liegt, ist nicht geklärt.

Bei Mädchen und Jungen vor der Pubertät ist der Cholesterinspiegel ungefähr gleich hoch. Bei Jungen fällt der HDL-Spiegel aber während der Pubertät um etwa 20% ab, und der LDL-Spiegel steigt an. Der Rückgang des HDL-Wertes könnte durch die vermehrte Bildung von Androgenen verursacht werden. Bis ungefähr zum 50. Lebensjahr bleibt der HDL-Spiegel bei Männern ziemlich konstant, um dann im Alter von 50 bis 65 Jahren erneut anzusteigen. Die Ursache dieses Anstiegs dürfte der Rückgang der Androgene während der »Wechseljahre des Mannes« sein; bei Frauen dagegen steigt der HDL-Spiegel vom 25. Lebensjahr an, was nach den Wechseljahren einen gewissen Schutz darstellen dürfte. Warum Frauen auch vor den Wechseljahren seltener an koronarer Herzkrankheit leiden, während sie vor Schlaganfällen nicht geschützt sind, läßt sich bisher nicht ohne weiteres erklären, insbesondere da beide Erkrankungen ihren Ursprung in der Atherosklerose haben.

Es bestehen auch Zusammenhänge zwischen dem HDL-Spiegel und Bevölkerungsgruppen, Ernährung, körperlicher Betätigung und Medikamenten:

1. Bevölkerungsgruppen: Japaner, männliche Inuit und die farbige Bevölkerung in England, Jamaika, Südafrika und den Vereinigten Staaten haben offenbar einen durchschnittlich höheren HDL-Spiegel als Weiße. Die Gründe sind im einzelnen nicht geklärt; möglicherweise spielen sowohl genetische Faktoren als auch Umweltfaktoren und Ernährungsgewohnheiten eine Rolle.
2. Ernährung: Eine Ernährung mit wenig ungesättigten Fetten und wenig Cholesterin verändert den HDL-Spiegel nicht. Enthält sie allerdings sehr wenig gesättigte Fette, geht der HDL-Wert zurück. Auch eine kohlenhydratreiche Ernährung läßt den HDL-Spiegel geringfügig absinken. Daß auch vegetarische Ernährung diesen Effekt hat, dürfte an der höheren Kohlenhydrataufnahme liegen. Bei Übergewicht ist der HDL-Spiegel niedrig, und auch Patienten mit hohem Triglyceridspiegel sowie Diabetiker haben oft einen niedrigen HDL-Spiegel.
3. Körperliche Betätigung: Tägliches anstrengendes Training, zum Beispiel Langstreckenlauf, kann den HDL-Spiegel um 5 bis 10% steigen lassen. Mäßige sportliche Betätigung fünfmal in der Woche, die auf Herz und Kreislauf einen Trainingseffekt ausübt, sorgt dagegen leider nicht für einen nennenswert höheren HDL-Spiegel. Daß ein Anstieg des HDL-Wertes von 40 auf 45 mg das Risiko für Herz-Kreislauf-Erkrankungen vermindert, konnte bisher nicht bewiesen werden. Einen deutlichen Risikounterschied gibt es jedoch offenbar zwischen 30 und 50 mg.
4. Medikamente: Manche Medikamente verändern den HDL-Spiegel geringfügig; sie befinden sich derzeit noch im Versuchsstadium. Die Pharmaindustrie ist sicher eifrig bemüht, Wirkstoffe zur Steigerung des HDL-Spiegels zu entwickeln, aber dies erfordert eine jahrelange Erprobung, insbesondere im Hinblick auf die Ungefährlichkeit der Wirkstoffe. Für Frauen, bei denen ein besonderes Risiko besteht, sind niedrig dosierte Östrogene die sicherste und beste Möglichkeit.

Ein vernünftiger Parameter zur Einteilung in verschiedene Risikogruppen ist die Menge des HDL-Cholesterins im Verhältnis zum Gesamt-Cholesterinspiegel. Liegt der Gesamtwert beispielsweise bei 240 mg und das HDL-Cholesterin bei 60 mg, dann hat das HDL einen Anteil von (60 : 240) x 100 = 25 %. Damit liegt das Risiko für die koronare Herzkrankheit unter dem Durchschnitt (das heißt, die Gefahr ist gering). Man unterscheidet folgende Risikokategorien:

Risiko für koronare Herzkrankheit	**HDL-Anteil (%)**
sehr geringes Risiko	über 28
unterdurchschnittliches Risiko	22–28
durchschnittliches Risiko	15–22
hohes Risiko	7–15
sehr hohes Risiko	unter 7

Lipoprotein sehr geringer Dichte (VLDL)

Die Moleküle des VLDL (engl. Very Low Density Lipoprotein = VLDL) sind sehr groß und haben eine sehr geringe Dichte. VLDL transportiert Triglyceride, Substanzen, die vorwiegend als Energielieferanten dienen, beispielsweise in arbeitenden Muskeln. Die Indizien, wonach ein erhöhter Triglyceridspiegel mit koronarer Herzkrankheit im Zusammenhang steht, sind sehr schwach. Ein erhöhter Triglyceridspiegel allein ist also nicht von Bedeutung. Gewichtsabnahme und/oder das Meiden von Alkohol führen immer zu einem Rückgang des Triglyceridspiegels, der LDL-Spiegel ändert sich dadurch aber nicht.

Genetische Defekte und Cholesterin

Häufig wird ein deutlich erhöhter Cholesterinspiegel (600 bis 1200 mg) durch einen genetischen Defekt verursacht. Für die Entfernung des LDL aus dem Blut ist der LDL-Rezeptor verantwortlich, ein Molekül auf der Oberfläche der Zellen. Diese Rezeptoren funktionieren bei ungefähr einem von 1000 Menschen nicht richtig, so daß der LDL-Spiegel stark ansteigt. Es entstehen Cholesterinablagerungen (Xanthome), weiche, gelbliche Streifen unter der Haut der Augenlider, an der Achillessehne, auf dem Handrücken und über vorstehenden Knochen an Knien und Ellenbogen. Die Betroffenen bekommen häufig schon als Kinder oder junge Erwachsene die koronare Herzkrankheit.

Bei etwa 20 % der Bevölkerung treffen alle glücklichen genetischen Faktoren zusammen. Diese Menschen können viel Cholesterin und gesättigte Fette zu sich nehmen und alle Ernährungsregeln mißachten – die koronare Herzkrankheit ist für diese Menschen kein Problem, und sie werden in der Regel älter als 80 Jahre.

Blutuntersuchungen

Um den Gesamt-Cholesterinwert, der sich aus den HDL- und LDL-Werten zusammensetzt, zu ermitteln, muß die betreffende Person zur Blutabnahme nüchtern erscheinen. Zwischen Triglyceridspiegel und Herzerkrankungen wird ein Zusammenhang nur vermutet. Wenn der Arzt die Messung des Triglyceridwertes für notwendig hält, muß der Patient 14 Stunden vor der Blutabnahme nüchtern bleiben.

Auch für die Bestimmung des LDL-Cholesterinwertes muß der Patient nüchtern sein, denn die

Bestimmung erfolgt mit einer Formel, die sich des Triglyceridspiegels bedient, und dieser kann nur nach 14 Stunden ohne Nahrungsaufnahme ermittelt werden. Liegt das Gesamt-Cholesterin unter 190 mg (4,9 mmol/l) und der HDL-Wert über 39 mg (1 mmol/l), besteht keine Veranlassung, sich wegen des LDL-Spiegels Sorgen zu machen. Bei einem Gesamt-Cholesterinwert über 240 mg (6,2 mmol/l) und einem HDL-Wert unter 39 mg (1 mmol/l) sollte der LDL-Wert jedoch bestimmt werden.

Wenn man an koronarer Herzkrankheit leidet, ist der LDL-Spiegel von entscheidender Bedeutung; man sollte ihn in diesem Fall unter 100 mg (2,6 mmol/l) halten.

Gesättigte Fette

Tierische Fette sind grundsätzlich gesättigt und bei Zimmertemperatur fest. Die Festigkeit entsteht durch die Zahl der Wasserstoffatome, mit denen das Kohlenstoff-Molekülgerüst der Fette »abgesättigt« ist. Gesättigte Fette werden im Körper abgebaut und lassen den Cholesterinspiegel steigen. Die wirksamste Maßnahme, um den Cholesterinspiegel mit Hilfe der Ernährung zu senken, ist also eine verminderte Aufnahme gesättigter (tierischer) Fette.

Pflanzliche Fette dagegen sind ungesättigt und bei Zimmertemperatur flüssig. Drei pflanzliche Öle sollte man jedoch meiden: Kokosöl, Palmöl und Erdnußöl. Kokosöl, das einen hohen Anteil an gesättigten Fetten enthält, wird in vielen Ländern zum Kochen verwandt. Auch in pflanzlichen Kaffeeweißern ist es enthalten. Solche Kaffeeweißer sollte man deshalb nicht verwenden. Palmöl enthält ebenfalls eine beträchtliche Menge gesättigter Fette. Erdnußöl ist zwar vorwiegend ungesättigt, enthält aber bestimmte Fettsäuren, die bei Tieren atheromatöse Plaques entstehen lassen. Das einzige Gemüse, das einen kleinen Anteil gesättigter Fette enthält, ist die Avocado; häufig wird empfohlen, sie bei einer fettarmen Ernährung zu meiden. Wie man aber in der Tabelle auf Seite 91 sehen kann, enthält eine Avocado zwar insgesamt eine beträchtliche Fettmenge, aber nur ein kleiner Teil davon ist gesättigt. Cholesterin enthält sie nicht. Eine Avocado in der Woche ist deshalb für die Ernährung ausgezeichnet, insbesondere wenn eine hohe Kaliumaufnahme geboten ist.

Mehrfach ungesättigte Fette und Linolensäure

Wenn man einen Teil der gesättigten Fette in der Ernährung durch einfach oder mehrfach ungesättigte Fette ersetzt, geht der Anteil des »schlechten« LDL-Cholesterins im Blut zurück. Der Gehalt an gesättigten und mehrfach ungesättigten Fettsäuren in gebräuchlichen Lebensmitteln ist auf den Tabellen S. 90 und 91 abzulesen.

Besonders empfehlenswert für die Zubereitung von Mahlzeiten sind Raps-, Oliven- und Sojaöl, denn sie enthalten Alpha-Linolensäure, aber nur sehr wenig Cholesterin und gesättigte Fette.

Canolaöl (eine Form des Rapsöls) enthält 6 % gesättigte Fette und läßt im Körper in geringer Menge Cholesterin entstehen. Viele Pflanzenöle werden als cholesterinfrei bezeichnet, sie enthalten aber immer auch gesättigte Fette. Aus solchen Ölen hergestellte Margarine kann man verzehren, aber da Margarine auch eine gewisse Menge gesättigter Fette enthält und da die Härtung weiterhin umstritten ist, sollte man sie nur in kleinen Mengen verzehren.

Gehalt von gesättigten Fettsäuren und Cholesterin in Nahrungsmitteln

Nahrungsmittel (je 100 g)	Cholesterin in mg	Fettgehalt gesamt in g	gesättigte Fettsäuren in g	nicht empfehlenswert	empfehlenswert*	spärlicher Gebrauch
Fleisch						
Rinderleber	439	11	3,5	×		
Nieren	805	12	4,5	×		
Kalbsbries	466,5	23	–	×		
Hackfleisch, mager	91	5,5	2		**	
Roastbeef						
– Rippe	94,5	36,5	15,5	×		
– Hüfte	94,5	23,5	10	×		
– geschmort	91	30	12	×		
– mager	91	10	4,5		**	
– durchwachsen	94,5	20	9	×		
Steak						
– Lende	94,5	28	11	×		
– mager	94,5	5,5	2		**	
Kalbfleisch	100	13	5,5		**	
Lamm						
– mager	100	8	4,5			+
– Kotelett, fett	122	36,5	20	×		
Schweineschinken						
– fett, geröstet	89	31	7,5	×		
– geschnitten, gekocht	89	20	5,5			+
– Kotelett	89	33	13	×		
Huhn						
– Brust mit Haut	80	6,5	1		**	
– Schenkel	89	10	2		**	
– fritiert	89	5,5	2		**	
Pute	89	5,5	2		**	
Fisch						
Seezunge	50	1	Spuren		**	
Forelle	55,5	14,5	3,5		**	
Thunfisch	66,5	7,5	2		**	
Lachs						
– frisch	46,5	7,5	1		**	
– in Dosen	35,5	12	2		**	
Makrele	94,5	11	2		**	
Heilbutt	60	6,5	Spuren		**	
Schalentiere						
Garnelen	101	1	Spuren			+
Krabben	144,5	1	Spuren			+
Hummer (450 g)	80	1	Spuren			+
Eier (50 g)	275	6	2		**	
Milchprodukte						
Vollmilch (250 ml)	35	9	5			+
fettarme Milch (2% Fett)	20	5	3		**	
Magermilch (0,1% Fett)	Spuren	Spuren	Spuren		**	

Nahrungs-mittel (je 100 g)	Cholesterin in mg	Fettgehalt gesamt in g	gesättigte Fettsäuren in g	nicht emp-fehlenswert	empfehlens-wert*	spärlicher Gebrauch
Buttermilch (fettarm)	11	2	1		**	
Joghurt (250 ml, fettarm)	16	3	2		**	
Eiscreme (je 125 ml)						
– Vanille, normal	32	8	5			+
– Vanille, sahnig	46	12	8	×		

Gehalt von gesättigten und mehrfach ungesättigten Fettsäuren sowie Cholesterin in Nahrungsmitteln

Nahrungs-mittel (je 100 g)	Cholesterin in mg	Fettgehalt gesamt in g	gesättigte Fettsäuren in g	mehrfach ungesättigte Fettsäuren in g	nicht emp-fehlenswert	empfehlens-wert*	spärlicher Gebrauch
Butter	33,5	12	7,5	Spuren			+
Schmalz	13,5	14,5	5,5	1	×		
Avocado (je 1/3)	0	6,5–11	1–2			**	
Pflanzenöle (1 EL = 12 g)							
Maisöl	0	14	1	7		**	
Rapsöl	0	14	1	3	×		
Distelöl	0	13	1	10		**	
Sonnen-blumenöl	0	14	1	9		**	
Sojaöl	0	14	2	7		**	
Kokosnußöl	0	14	12	0,2	×		
Palmöl	0	12	7	0,2	×		
Olivenöl	0	14	2	1		**	
Erdnußöl	1	14	2	4	×		
Käse (je 30 g)							
Hartkäse	27	8	6	Spuren			+
Blauschimmel-käse (50% Fett)	24	9	5	Spuren		**	
Cheddarkäse	30	10	6	Spuren			+
Hüttenkäse (fettarm)	2	0,6	0,5	Spuren		**	
Nüsse (je 30 g)							
Mandeln	0	16	1	3		**	
Paranuß	0	22	5	8	×		
Cashewkerne	0	13	3	2	×		
Kokosnuß	0	13	11	Spuren	×		
Erdnüsse	0	17	3	4	×		
Erdnußbutter	0	7,5	1,5	2	×		
Pecannüsse	0	21	2	5			+
Walnüsse	0	19	2	11		**	

* Empfehlenswerte Nahrungsmittel enthalten weniger als 5 g gesättigte Fettsäuren pro 90 g.
Ausführliche Angaben bei der Deutschen Gesellschaft für Ernährung (DGE) e.V.,
Postfach 930201, 60457 Frankfurt/M., Tel. 069/976803-0, Fax 069/976803-99

Produkte, denen Palm- oder Kokosöl zur Härtung zugesetzt wurde, sind weniger empfehlenswert.

Olivenöl eignet sich sehr gut für Salate, aber olivenölhaltige Margarinesorten können ebenfalls Palmöl zur Härtung enthalten. Manche Margarinemarken werden als cholesterinfrei und ungehärtet bezeichnet, sind aber nicht immer frei von Palmöl.

In vielen Diäten zur Gewichtsabnahme werden Kohlenhydrate aus dem Speiseplan gestrichen. An deren Stelle treten vielfach Lebensmittel, welche die Blutgerinnung fördern und den Cholesterinspiegel steigern. Solche Schlankheitsdiäten sollte man deshalb mit Vorsicht genießen (s. S. 121ff. »Herzinfarkt, Vorbeugung durch Ernährung«).

Cholesterin und Ernährung

Empfehlenswert sind

- Lebensmittel mit einem geringen Gehalt an gesättigten Fetten und Cholesterin
- Lebensmittel mit einfach und mehrfach ungesättigten Fetten und Linolensäure.
- Lebensmittel, die sich vorteilhaft auf die Blutgerinnung auswirken (s. S. 48ff. »Blutgerinnsel«).

Eine Verminderung der Cholesterinaufnahme allein reicht nicht aus, da der Organismus auch die gesättigten Fette in Cholesterin umwandelt. Es gilt die folgende Ernährungsempfehlung:

Der Anteil der Fette an der Gesamt-Kalorienaufnahme sollte auf 30 % gesenkt werden. Mehrfach ungesättigte Fette sollten bis zu 10 % der Kalorien liefern. Das Verhältnis von mehrfach ungesättigten zu gesättigten Fetten sollte etwa 1 : 1 betragen. Die Kohlenhydrataufnahme sollte man auf 50 % steigern, um das durchschnittliche Körpergewicht zu halten. Der Proteinanteil sollte bei 20 % liegen.

Man kann davon ausgehen, daß die Reduzierung der Fettaufnahme und die Tatsache, daß immer mehr Menschen das Rauchen aufgegeben haben, zu einem Rückgang der Sterblichkeit durch koronare Herzkrankheit geführt haben.

Cholesterinsenkende Medikamente

HMG-CoA-Reduktase-Hemmstoffe (Statine)

Statine (Atorvastatin, Fluvastatin, Lovastatin, Pravastatin und Simvastatin) sind neue cholesterinsenkende Wirkstoffe, die gut wirken und erträgliche Nebenwirkungen haben. Sie sorgen für einen Rückgang des »schlechten« LDL-Cholesterins um 15 bis 30 %. Der Spiegel des »guten« HDL-Colesterins kann um 1 bis 8 % steigen. In klinischen Untersuchungen hat sich gezeigt, daß diese Präparate den LDL-Wert senken und das Risiko eines möglicherweise tödlichen Herzinfarkts senken.

Statine verursachen weder Magenentzündungen noch Magengeschwüre oder Gastritis. Bei der Blutuntersuchung werden unter Umständen erhöhte Leberwerte festgestellt, die aber nach Absetzen des Medikaments wieder zurückgehen.

Achtung: Nicht zusammen mit Fibraten (Gemfibrozil, Fenofibrat) einnehmen; in der Schwangerschaft kontraindiziert.

Fluvastatin (Cranoc®, Locol® u.a.)

Darreichungsform: Kapseln zu 20 und 40 mg.
Dosierung: Einmal abends 20 bis 40 mg.

Lovastatin (Mevinacor® u.a.)

Darreichungsform: Tabletten zu 10, 20 und 40 mg.
Dosierung: Einmal abends 10 bis 40 mg.

Pravastatin (Liprevil®, Mevalotin®, Pravasin® u.a.)

Darreichungsform: Tabletten zu 5, 10 und 20 mg.
Dosierung: Einmal abends 5 bis 40 mg.

Simvastatin (Denan®, Zocor® u.a.)

Darreichungsform: Tabletten zu 5, 10, 20 und 40 mg.
Dosierung: Einmal abends 5 bis 40 mg.

Gemfibrozil (Gevilon®/-uno®)

Darreichungsform: Tabletten zu 450 mg.
Dosierung: Abends einmal 2 Tabletten bzw. einmal 1 Tablette.
Gemfibrozil senkt den Cholesterinspiegel um 5 bis 10 % und den Triglyceridspiegel um 30 bis 40 %, während der Wert des »guten« HDL-Cholesterins deutlich ansteigt. Nebenwirkungen wie Magenschmerzen und Blähungen treten bei weniger als 5 % der Patienten auf.

Vorbeugung

Wer zwischen 35 und 70 Jahre alt ist, sollte seinen Gesamtcholesterinspiegel kennen. Bei auffälligem Gesamtcholesterinwert sollte eine Bestimmung des LDL- und des HDL-Wertes durchgeführt werden.

Eine Senkung des Cholesterinspiegels ist grundsätzlich zu befürworten. Die Befunde sind eindeutig: Wer das Gesamt-Cholesterin auf unter 190 mg (4,8 mmol/l) und das LDL-Cholesterin unter 120 mg (3 mmol/l) senkt, vermindert das Herzinfarktrisiko deutlich. In Nordamerika liegt der Cholesterinspiegel bei über 33 % der Einwohner zwischen 40 und 60 Jahren im Grenzbereich von 210 bis 240 mg – in dieser Bevölkerungsgruppe ereignen sich die meisten Herzinfarkte. Derartige Cholesterinwerte gehen mit einem hohen Risiko für die koronare Herzkrankheit einher.

Patienten, die an Angina pectoris leiden oder bereits einen Herzinfarkt hatten, sollten den LDL-Wert unter 100 mg (2,6 mmol/l) halten.

Depressionen

Patienten, die an Depressionen leiden, werden häufig mit trizyklischen Antidepressiva wie Amitriptylin oder Imipraminderivaten behandelt. Diese Medikamente können zu einer Beschleunigung der Herztätigkeit führen. Die Patienten spüren dann, daß das Herz stärker und schneller schlägt. Gelegentlich treten schwere Herzrhythmusstörungen auf. Diese Medikamente dürfen nicht zusammen mit Amiodaron oder Sotalol genommen werden.

Fluoxetin (Fluctin® u.a.) und ähnliche Wirkstoffe

dürfen bei Patienten mit koronarer Herzkrankheit nur unter Vorbehalt angewandt werden, denn sie können Angina-pectoris-Anfälle auslösen. Bei Patienten mit koronarer Herzkrankheit und Herzrhythmusstörungen, die Fluoxetin nahmen, wurde in Einzelfällen sogar über plötzliche Todesfälle berichtet; ein eindeutiger Zusammenhang wurde jedoch nicht nachgewiesen. Bei wenigen Patienten wurde über einen niedrigen Natriumspiegel im Blut berichtet, insbesondere bei gleichzeitiger Einnahme harntreibender Mittel (Diuretika).

Diabetes

Der Diabetes (Zuckerkrankheit) ist ein Risikofaktor für die Entstehung der koronaren Herzkrankheit mit möglicherweise folgendem Herzinfarkt und Herzinsuffizienz. In der Regel führt Diabetes zu einem Anstieg des LDL-Spiegels, des Gesamt-Cholesterinspiegels und der Triglyceride. Manche Diabetiker, die einen Herzinfarkt erleiden, klagen nicht über Schmerzen in der Brust, sondern über Atemnot, Schwächegefühle und Übelkeit.

Daß Diabetes die Arterien schädigen kann, steht außer Frage; insbesondere gilt das für Herzkranzgefäße, Nierenarterien und Gefäße in den Beinen. In Nordamerika sind 2 bis 3 % der Bevölkerung zuckerkrank, in Deutschland ca. 6 % (ca. 5 Mio.). In dieser Statistik sind diejenigen Personen, die einen leicht erhöhten Blutzuckerspiegel haben oder geringfügig zu Diabetes oder Glucoseunverträglichkeit neigen, nicht berücksichtigt.

Bei vielen Diabetikern kommt häufig Atherosklerose vor; die Ursache besteht im Zusammenwirken des hohen Cholesterinspiegels und der Gefäßschäden durch den diabetischen Prozeß.

Durch eine geeignete Diät und andere Methoden zur Beeinflussung des Blutzuckerspiegels kann man die Komplikationen an Herz und Blutgefäßen vermindern. Für Diabetiker mit Angina pectoris ist eine Bypass-Operation der Ballonangioplastie möglicherweise vorzuziehen, weil Diabetes eine chronische Erkrankung ist.

Digoxin

Digoxin stärkt den Herzmuskel. Der Wirkstoff dient seit über 200 Jahren zur Behandlung der Herzinsuffizienz. Wenn der Herzmuskel durch eine Krankheit geschwächt ist und das Blut nicht mehr in ausreichender Menge pumpen kann, leidet der Betroffene an Atemnot und geschwollenen Beinen; die Ursache dieses Zustandes ist die Herzinsuffizienz. Digoxin wird oft in Verbindung mit dem Diuretikum Furosemid angewandt

Diuretika

Diuretika oder »harntreibende Mittel« sorgen dafür, daß Wasser und Salze aus dem Blut über die Nieren ausgeschieden werden. Diese Wirkstoffe werden häufig zur Behandlung des Bluthochdrucks verschrieben, denn durch einen erhöhten Natriumgehalt in Blut und Arterien steigt der Blutdruck (s. S. 59 »Bluthochdruck, Kochsalz-Hypothese«).

Besonders wichtig sind Diuretika bei der Behandlung der Herzinsuffizienz. Sie lindern die Atemnot wirksamer als Digoxin oder ACE-Hemmer, die beiden anderen Wirkstoffklassen, die kombiniert bei Herzinsuffizienz eingesetzt werden (s. S 127ff., »Herzinsuffizienz, Medikamentöse Behandlung«). Diuretika allein können aber das erneute Auftreten der Herzinsuffizienz nicht sicher verhindern, so daß eine Kombinationstherapie mit zwei oder drei Medikamenten angezeigt ist.

Endokarditis

Als Endokarditis bezeichnet man eine Infektion der Herzinnenhaut, besonders der Herzklappen. Diese haben im gesunden Zustand eine glatte, spiegelnde Oberfläche. Bei Erkrankungen wie rheumatischem Fieber oder Mitralklappenprolaps dagegen sind sie geschwollen, rauh und uneben. An solchen erkrankten Herzklappen können sich Bakterien ansiedeln, die ins Blut gelangt sind, insbesondere bei Zahnbehandlungen oder chirurgischen Eingriffen (s. S. 137f., »Herzklappenerkrankungen, Bakterielle Endokarditis«).

Fisch/Fischöl

Bei den Inuit in Grönland ist die Sterblichkeit durch koronare Herzkrankheit auffallend gering. Man führt dies darauf zurück, daß sie im Durchschnitt täglich über 350 g Wal- und Robbenfleisch zu sich nehmen. In Japan ist die koronare Herzkrankheit in Gegenden, wo viel Fisch gegessen wird, ebenfalls seltener, da in diesen Lebensmitteln viele ungesättigte Fettsäuren enthalten sind.

Fette Fischsorten enthalten Omega-3-Fettsäuren, insbesondere Eicosapentaen- und Docosahexaensäure. Diese Verbindungen verhindern das Verklumpen der Blutplättchen und damit auch die Bildung von Blutgerinnseln. Darüber hinaus wirken sie auch auf andere Weise nützlich auf die Arterienwände ein.

Die Studienergebnisse sind insgesamt ein wenig widersprüchlich. In einer großen Studie in Norwegen und mit japanischen Männern (Honolulu Heart Program) konnte keine nützliche Wirkung des Fischverzehrs auf die koronare Herzkrankheit nachgewiesen werden. Anders dagegen eine Studie mit 872 Männern, die von 1960 bis 1980 beobachtet wurden: Hier war das Risiko der koronaren Herzkrankheit bei einem wöchentlichen Verzehr von 70 Gramm Fisch im Vergleich zu denen, die keinen Fisch aßen, um 40 % kleiner. Eine Studie der Firma Western Electric an 1931 Männern, die über 25 Jahre beobachtet wurden, ergab die gleiche Senkung des Risikos bei einem wöchentlichen Verbrauch von 60 Gramm Fisch. In einer randomisierten Ernährungsstudie an 2033 Männern, die bereits einen Herzinfarkt hatten, stellte sich heraus, daß zwei Portionen von je 200 bis 400 Gramm fettem Fisch in der Woche zu einem deutlichen Rückgang der Sterblichkeit und der nicht tödlichen Herzinfarkte führten. Da diese klinischen Untersuchungen und noch weitere Studien in ihrer Mehrheit eher auf eine Schutzwirkung hinweisen, kann man allen über Fünfundzwanzigjährigen nur empfehlen, zweimal in der Woche jeweils 175 Gramm Fisch zu verzehren. Insbesondere Personen, in deren Familie bereits Herzinfarkte vorgekommen sind oder die selbst bereits einen Herzinfarkt hatten, sollten diese einfache, nichtmedikamentöse Vorbeugungsmaßnahme ergreifen.

Fette Fische sind unter anderem Lachs, Thunfisch, Makrele, Kabeljau und Hering. Einer großen Studie zufolge, über die das New England Journal of Medicine im April 1995 berichtete, ergibt sich eine schützende Wirkung mit einer oder zwei Fischportionen in der Woche. Durch größere Mengen verstärkt sich die Wirkung nicht.

Frauen und Herzkrankheiten

Frauen sehen zu Unrecht im Brust- und Gebärmutterkrebs eine größere Gefahr als im Herzinfarkt oder Schlaganfall, weshalb sie häufig nicht ausreichend motiviert sind, auf die Risikofaktoren für Herzkrankheiten zu achten. In Wirklichkeit leidet jede dritte Frau über 65 Jahren an irgendeiner Form von Herzkrankheit und Hunderttausende sterben jedes Jahr daran. In den USA sterben mehr Frauen an Herz-Kreislauf-Krankheiten als an Krebs, Lungenentzündung und AIDS zusammen.

Bis zum 48. Lebensjahr sind die meisten Frauen aus hormonellen Gründen vor dem Herzinfarkt geschützt. Frauen unter 45 Jahren, die noch ihre Menstruation bekommen, erleiden nur sehr selten einen Herzinfarkt, es sei denn, der Cholesterinspiegel liegt über dem sehr hohen Wert von 360 mg (9 mmol/l). Das Verhältnis von männlichen und weiblichen Infarktpatienten ändert sich mit dem Lebensalter:

Alter	35	40	50	65	70	75
Männer : Frauen	100 : 1	20 : 1	10 : 1	5 : 2	5 : 4	1 : 1

Da Männer in der Altersgruppe von 35 bis 65 Jahren die große Mehrzahl der Patienten mit Herzinfarkt und Angina pectoris stellen, wurden auch die meisten klinischen Studien über Medikamente, Bypass-Operationen und Angioplastie mit männlichen Patienten durchgeführt. Manche Frauen fühlen sich hinsichtlich der Erforschung der Herzkrankheiten von der Medizin vernachlässigt. Aber es ist ganz einfach so: Frauen werden von den Studien nicht ausgeschlossen, sondern es gibt für Studien glücklicherweise zu wenige geeignete weibliche Probanden. Da es einfach nicht genug Frauen zwischen 35 und 65 Jahren für klinische Studien gibt, fehlen Befunde über Herzkrankheiten beim weiblichen Geschlecht, und dieser Zustand wird sich auch in den kommenden 20 Jahren nicht ändern. Personen zwischen 71 und 80 Jahren werden in langfristige Studien gewöhnlich nicht mit einbezogen.

Die Symptome eines Herzinfarktes sind bei Männern und Frauen im wesentlichen die gleichen. Bei manchen Frauen äußert er sich nicht durch Schmerzen, sondern durch Atemnot und Übelkeit, aber das kommt auch bei Männern vor. Auch die Diagnose läuft ähnlich ab. Das EKG liefert bei beiden Geschlechtern die gleichen Befunde.

Auch die medizinische Behandlung des Herzinfarktes und die Reaktionen der Betroffenen unterscheiden sich bei Männern und Frauen nicht. In der Altersgruppe zwischen 75 und 85 Jahren gibt es in Relation naturgemäß mehr weibliche Patienten mit Herzinfarkt, weil Frauen in diesem Alter den größeren Bevölkerungsanteil darstellen.

Bypass-Operation und Ballonangioplastie sind bei älteren Menschen mit einem größeren Risiko verbunden. Die Angioplastie scheint bei Frauen zu weniger befriedigenden Ergebnissen zu führen. Bypass-Operationen gelingen bei Männern und Frauen gleichermaßen gut, auch wenn Komplikationen bei Frauen angeblich ein wenig häufiger sein sollen. Studien, in denen der Erfolg von Angioplastie und Bypass-Operation bei 71- bis 81jährigen Männern und Frauen verglichen wurde, gibt es nicht. Bei Männern wird die Bypass-Operation meist in jüngeren Jahren vorgenommen, denn sie dient dazu, die Angina pectoris zu lindern, wenn diese die Lebensweise und insbesondere die Arbeitsfähigkeit beeinträchtigt. Frauen leiden in diesem Alter in den seltensten Fällen bereits an einer Angina pectoris, die eine starke Behinderung darstellt.

Frauen können ihr Herzinfarktrisiko durch Einnahme von Östrogenen senken. Frauen ohne Symptome, die über 55 Jahre alt sind, und solche unter 55 Jahren mit familiärer Vorbelastung, leichtem Bluthochdruck, einem LDL-Spiegel über 190 mg (5 mmol/l) und einem HDL-Wert unter 1,2 mmol/l sollten den Schutz durch Östrogen und Acetylsalicylsäure nutzen, falls keine Kontraindikationen bestehen. Dabei ist allerdings Vorsicht geboten: Einer Studie zufolge, über die das New England Journal of Medicine im Juni 1995 berichtete, besteht für Frauen, die Östrogene genommen haben, ein deutlich erhöhtes Brustkrebsrisiko. Das Risiko für Herz-Kreislauf-Erkrankungen und Krebs ist deshalb für jede Frau nach den Wechseljahren individuell abzuwägen, bevor mit der langfristigen Einnahme von Östrogen begonnen werden kann. Wegen der schweren Nebenwirkungen, die Östrogene haben, ist jedoch mit größter Vorsicht vorzugehen.

Vorbeugungsstrategien

Frauen über 50 können den Herz-Kreislauf-Erkrankungen mit folgenden Maßnahmen vorbeugen:

- 30 bis 100 mg Acetylsalicylsäure täglich.
- Das Rauchen aufgeben.
- Falls eine Totaloperation vorgenommen wurde: 0,15 bis 0,3 mg Östrogen (Estraderm TTS®) täglich.
- Der systolische Blutdruck sollte unter 140 mm Hg liegen.
- Der Cholesterinspiegel sollte unter 200 liegen; der LDL-Spiegel sollte unter 120 liegen, wenn keine Herzkrankheit vorhanden ist, und unter 100, wenn bereits eine Herzkrankheit vorliegt.

Herz-Lungen-Wiederbelebung

Angenommen, Sie sehen, wie jemand zu Boden stürzt und nicht mehr atmet. Sie sind allein. Können Sie helfen?

Wer die Herz-Lungen-Wiederbelebung nicht gelernt hat, wird in einer solchen Situation nicht richtig reagieren können. Deshalb sollte jeder einen Erste-Hilfe-Kurs absolvieren. Auch wenn Sie die hier beschriebenen Maßnahmen lesen, ersetzt dies die Teilnahme an einem solchen Kurs nicht.

Das Hauptziel der Herz-Lungen-Wiederbelebung besteht darin, die Sauerstoffversorgung des Gehirns zu sichern, damit die betroffene Person am Leben bleibt, bis fachkundige Hilfe eintrifft. Wenn Sie einen entsprechenden Kurs absolviert haben und die folgenden Anweisungen beherzigen, können Sie möglicherweise wertvolle Hilfe leisten können.

Wenn jemand bewußtlos wird und stürzt, kann das mehrere Ursachen haben:

- Eine einfache Ohnmacht. Der Puls ist zu spüren, die Atmung funktioniert, und die Gliedmaßen zittern nicht. Wenn man die betroffene Person flach hinlegt und die Beine erhöht lagert, kann das Blut wieder zum Gehirn fließen. Innerhalb von 30 bis 60 Sekunden tritt eine vollständige Erholung ein.
- Ein Anfall (Epilepsie). Die Gliedmaßen zeigen typische, zuckende Bewegungen oder werden völlig steif – beide Phänomene können auch gemeinsam auftreten. Die betroffene Person atmet, aber aus dem Mund treten Speichel und Schaum aus. Manche Patienten scheiden Urin oder Stuhl aus.
- Ein Schlaganfall. Bei diesem Ereignis wird ein Teil des Gehirns von der Blutversorgung abgeschnitten, weil sich in einer Hirnarterie ein Blutgerinnsel gebildet hat. Schlaganfälle kommen meist bei Personen über 60 Jahre vor. Nur in seltenen Fällen stürzt der Patient dabei ohne Vorwarnung zu Boden. Puls und Atmung sind vorhanden. Anders als bei einer normalen Ohnmacht hat aber das Hochlegen der Gliedmaßen in den folgenden ein bis zwei Minuten keine Wirkung. Die Herz-Lungen-Wiederbelebung ist nicht notwendig, denn Herztätigkeit, Kreislauf und Atmung sind noch intakt.
- Herzstillstand. Bei 25 % der Betroffenen kommt das Herz in diesem Fall völlig zum Stillstand (Asystolie). Bei den übrigen 75 % ist ein Kammerflimmern die Ursache, das heißt, der Herzmuskel zieht sich nicht mehr zusammen, sondern zittert nur noch. Während des Kammerflimmerns wird das Blut nicht mehr wirksam zum Gehirn und in die anderen Körperteile gepumpt. Ein elektrischer Schock (Defibrillation) kann den normalen Herzschlag wieder in Gang setzen. Bei einer Asystolie sind am Herzen keine elektrischen Reize mehr vorhanden, so daß ein elektrischer Schock nichts bewirkt. In seltenen Fällen beginnt das Herz von selbst wieder zu schlagen – dann spricht man von einem Adams-Stokes-Anfall (nach den beiden Ärzten, die ihn zum erstenmal beschrieben). Ereignet sich der Anfall im Krankenhaus, kann man den Patienten manchmal mit einem Herzschrittmacher retten.

Bei Herzpatienten sollte mindestens ein Angehöriger die Herz-Lungen-Wiederbelebung beherrschen, was auch der kranken Person ein Gefühl der Sicherheit gibt, daß im Notfall jemand helfen kann.

Die Herz-Lungen-Wiederbelebung ist nur ein Notbehelf, die dazu dienen soll, Blut und damit Sauerstoff zum Gehirn zu leiten. In seltenen Fällen beginnt nach der künstlichen Beatmung das Herz von selbst wieder zu schlagen. Beim Kammerflimmern tritt der Tod ein, wenn keine Defibrillation vorgenommen wird. Rettungswagen und Notärzte führen deshalb in der Regel einen Defibrillator mit.

Die grundlegenden Handgriffe bei der Herz-Lungen-Wiederbelebung sind einfach. Auskünfte über Erste-Hilfe-Kurse erteilen Ihr Arzt, das Rote Kreuz und andere Hilfsorganisationen.

Wie man den Herzstillstand erkennt

Folgendes ist zu beachten:

- Die betroffene Person ist bewußtlos und reagiert nicht, wenn man sie schüttelt oder anspricht.
- Die betroffene Person atmet nicht. Dies sollte man genau überprüfen.
- Es ist kein Puls zu spüren. Um dies zu überprüfen,

sollte man am Hals nach der dort verlaufenden Schlagader tasten.

Die rechte Halsschlagader verläuft etwa zweieinhalb Zentimeter unterhalb des rechten Kieferwinkels. Man legt den Zeigefinger parallel zur Luftröhre, so daß das gesamte erste Fingerglied Kontakt mit der Haut hat. Die Fingerspitze sollte sich ungefähr auf der Höhe des Adamsapfels befinden. Man kann auch zunächst mit Daumen- und Zeigefinger nach der Spitze des Adamsapfels tasten und dann die Finger nach außen bewegen, bis man die Vertiefung zwischen dem harten Knorpel der Luftröhre und der Halsmuskulatur spürt. Dort liegt die Schlagader wenige Millimeter unter der Haut, so daß man den Puls leicht spüren kann. Auf diese Weise den Puls zu fühlen, sollte man unbedingt üben, denn im Ernstfall sollte man innerhalb von 30 Sekunden erkennen, ob der Herzstillstand eingetreten ist. Eine schnelle Diagnose ist also lebenswichtig. Bereits bei einem Herzstillstand von drei bis vier Minuten treten durch den Sauerstoffmangel irreparable Gehirnschäden ein.

Die drei Maßnahmen der Herz-Lungen-Wiederbelebung

Man legt die betroffene Person auf den Rücken auf eine harte Unterlage (am besten auf den Boden).

1. **Luftwege:** Man überstreckt den Kopf, um die Luftwege freizumachen, und stellt fest, ob die bewußtlose Person atmet. Dazu geht man folgendermaßen vor: Man legt eine Hand auf die Stirn und drückt den Kopf nach hinten (s. Abb. r). Die andere Hand legt man unter den Nacken, so daß man Kinn und Kiefer anheben und den Kopf noch weiter nach hinten biegen kann.
   Die Zähne sollten noch fast geschlossen sein, ein künstliches Gebiß sollte sich an seinem Platz befinden. Jetzt legt man ein Ohr auf Mund und Nase des Opfers. Hört man keine Luftgeräusche und bewegt sich auch der Brustkorb nicht, sollte man überprüfen, ob die Atemwege durch die Zunge oder Erbrochenes blockiert sind. Ist dies nicht der Fall, muß mit der Atemspende begonnen werden.

Die drei Maßnahmen der kardiopulmonaren Wiederbelebung

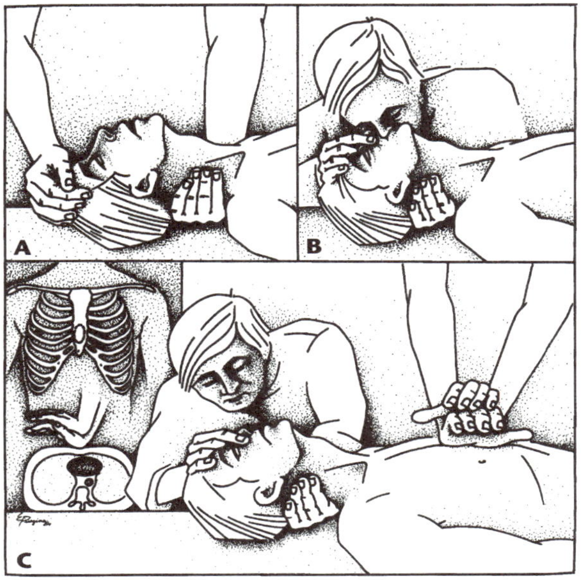

A Der Atemweg ist geöffnet.
B Atmen: Die Nase des Betroffenen wird zugedrückt und der Hilfeleistende bläst Luft in dessen Lunge.
C Kreislauf: Ist kein Puls zu spüren, drückt man den Brustkorb zusammen.

2. **Atmung:** Mit Daumen und Zeigefinger der Hand, die auf der Stirn liegt, drückt man die Nase zu. Dann atmet man tief ein, legt den Mund dicht auf den des Opfers und bläst die Luft hinein. Dies tut man zweimal kurz hintereinander, wobei die Lunge der betroffenen Person sich mit Luft füllen sollte.
3. **Kreislauf:** Ist kein Puls zu spüren, drückt man den Brustkorb zusammen. Man legt einen Handballen auf den unteren Teil des Brustbeins, aber mindestens zwei Fingerbreit von seinem unteren Ende entfernt. Den Ballen der anderen Hand legt man auf die erstere. Die Finger dürfen den Brustkorb nicht berühren. Liegen die Hände zu hoch, kann man den Brustkorb nicht ausreichend zusammenpressen, und es kommt unter Umständen zu Rippenbrüchen. Mit durchgestreckten Ellenbogen übt man möglichst senkrecht von oben Druck aus. Die Schultern des Helfers sollten sich über dem Brustbein des Opfers befinden. Auf diese Weise kann man den Brustkorb ausreichend zusammenpressen, ohne daß diese Tätigkeit den Helfer allzu schnell ermüdet. Man drückt das Brustbein abwechselnd zwei bis vier Zentimeter nach unten und läßt wieder locker.
   Außerdem sollte man weiterhin die Mund-zu-Mund-Beatmung anwenden, und zwar folgendermaßen: Steht nur ein Helfer zur Verfügung, drückt man 15mal auf den Brustkorb und gibt dann zwei Züge Atemspende. Sind zwei Helfer vorhanden, folgt auf jeweils fünf Brustkorbkompressionen eine Atemspende. Den Brustkorb sollte man möglichst 60–80mal in der Minute zusammendrücken.
   Man darf die Herz-Lungen-Wiederbelebung nicht länger als fünf Sekunden unterbrechen. Sie ist solange fortzusetzen, bis fachkundige Hilfe eintrifft.
   Wichtig ist, daß der Mund des Opfers fast geschlossen bleibt. Er wird nur durch Herabdrücken der Unterlippe ein wenig geöffnet. Sitzt ein Gebiß nicht mehr richtig, sollte man es herausnehmen.
   Achten Sie darauf, daß der Brustkorb der bewußtlosen Person sich hebt und senkt.

Herzgeräusche

Herzgeräusche sind meist systolisch, das heißt sie treten während der Kontraktion der Herzkammer auf. Viele systolische Herzgeräusche haben nichts zu bedeuten: Sie beeinträchtigen die Funktion des Herzens nicht. Diastolische Herzgeräusche jedoch, die während der Entspannungsphase des Herzens auftreten, sind immer von Bedeutung. Häufig entstehen sie durch Erkrankungen der Herzklappen (s. S. 133ff., »Herzklappenerkrankungen«).

Die Ursachen der Herzgeräusche führen im Verlauf von fünf bis 50 Jahren dazu, daß das Herz immer stärker arbeiten muß und sich deshalb vergrößert. Schließlich wird der Muskel schwach, und es kommt zur Herzinsuffizienz (s. S. 123ff.).

Ein Fallbeispiel

Eine dreißigjährige Frau wurde wegen systolischer Geräusche an der Herzspitze von ihrem Hausarzt zum Kardiologen überwiesen. Sie hat folgende Fragen:

Fragen:

1. Wie sieht meine Prognose aus?
2. Gibt es Kontraindikationen gegen Verhütungsmittel?

3. Was bedeutet das Herzgeräusch für zukünftige Schwangerschaften und für die Zahl der Kinder, die ich haben kann?
4. Wann ist eine Operation notwendig?
5. Kann ich etwas tun, damit es nicht schlimmer wird?

Antworten

1. Ein schwaches systolisches Geräusch an der Herzspitze hat in der Regel nichts zu bedeuten, das heißt, daß es sich weder auf die Lebenserwartung noch auf die Lebensweise der betroffenen Person auswirkt. Wichtig ist aber, daß rauhe oder verformte Stellen an den Herzklappen erkannt werden, denn dort kann sich später eine Endokarditis entwickeln, eine Infektionskrankheit. Wenn weder rheumatisches Fieber noch andere Geräusche oder Atemnot vorliegen, ist die Ursache wahrscheinlich ein verstärkter Blutfluß durch die Herzklappen, ein Phänomen, das bei jungen Erwachsenen und auch während der Schwangerschaft häufig vorkommt. Mit dem Stethoskop, mit Röntgenaufnahmen und einem Elektrokardiogramm kann der Kardiologe meist alle ernsthaften Erkrankungen ausschließen. Bleiben noch Zweifel, können mit der Echokardiographie Stenosen und Blutrückfluß nachgewiesen werden. Diastolische Geräusche sind immer von Bedeutung, systolische dagegen meist nicht.
2. Es besteht keine Kontraindikation gegen die Pille.
3. Das Herzgeräusch ist ohne Bedeutung für die Schwangerschaft und das ungeborene Kind. Es schränkt die Zahl der Kinder, die man haben kann, nicht ein. Anders sieht die Sache aus, wenn es sich um ein lautes Geräusch handelt, das der Arzt an vielen Stellen des Brustkorbs hören kann; in diesem Fall ist eine weitere Abklärung mit Hilfe der Echokardiographie notwendig, damit ein Mitralreflux (Blutrückfluß durch die Mitralklappe) ausgeschlossen werden kann.
4. Bei schwachen Herzgeräuschen und schwachem Mitralreflux ist keine Operation erforderlich. Bei Mitralreflux ist nur dann ein chirurgischer Eingriff angezeigt, wenn Symptome wie Atemnot und Herzvergrößerung auftreten oder wenn das Echokardiogramm auf einen sehr starken Reflux hindeutet.
5. Wenn keine Symptome vorhanden sind und wenn es sich um ein schwaches Geräusch handelt, das höchstens in einem fünf Finger breiten Bereich zu hören ist, wird aller Voraussicht nach keine Verschlimmerung eintreten. Lediglich eine Infektion der Herzklappen kann gefährlich werden. Die Gefahr ist glücklicherweise aber sehr gering: Selbst wenn Erreger ins Blut gelangen, vermehren sie sich meist nicht gerade an den Herzklappen, die Wahrscheinlichkeit beträgt 1:1000. Wenn das Geräusch durch eine Herzklappenstörung entsteht, werden zudem meist vorsorglich Antibiotika gegeben. Bei den vielen anderen bedeutungslosen Herzgeräuschen sind dagegen keine Antibiotika erforderlich (s. S. 173, »Zahnbehandlungen und Herzkrankheiten«).

Diagnose von Herzgeräuschen

Die Diagnose läßt sich in der Regel über die Geräusche, die der Arzt mit dem Stethoskop hört, stellen. Bestätigt wird der Befund mit Röntgenaufnahmen, EKG und Echokardiogramm. Nur in wenigen Fällen sind die Geräusche sehr stark und mit Symptomen wie Atemnot oder Herzinsuffizienz verbunden;

dann muß eine Katheteruntersuchung (s. S. 172f.) vorgenommen werden, insbesondere wenn ein chirurgischer Eingriff geplant ist.

Herzinfarkt

Ursachen

Die Ursache des Herzinfarkts ist in der Mehrzahl der Fälle ein Blutgerinnsel, das ein Herzkranzgefäß verschließt. Solche Gerinnsel bilden sich in der Regel auf atherosklerotischen Plaques, die das Gefäß bereits teilweise blockieren (s. Abb. S. 16). Die Oberfläche des Plaques reißt auf, und dabei werden Substanzen frei, die das Blut gerinnen lassen. So bildet sich an der Rißstelle und auch im Inneren des Plaques ein Blutklumpen.

In jüngster Zeit hat man einen Zusammenhang zwischen dem Herzinfarkt und Infektionen mit dem Bakterium Chlamydia pneumoniae entdeckt. Eine solche Infektion setzt einen chronischen Entzündungsprozeß in Gang, durch den die atherosklerotischen Plaques in den Herzkranzgefäßen größer werden können; in manchen Fällen scheinen solche Vorgänge für die Entstehung des Herzinfarktes eine Rolle zu spielen. Durch die chronische Chlamydieninfektion steigt die Menge des C-reaktiven Proteins (CRP) im Blut. Sollte sich diese Hypothese bestätigen, wäre eine Antibiotikatherapie zu erwägen.

Bei der Mehrzahl der Patienten, die einen Herzinfarkt erleiden, ist kein besonderer Auslöser zu erkennen. Warum also ausgerechnet am Tag X? Was hat die betreffende Person falsch gemacht? Nur in wenigen Fällen gibt es Ereignisse, die man mit dem Infarkt in Verbindung bringen kann, beispielsweise eine heftige, ungewohnte Anstrengung oder übermäßigen Streß. Doch eine umfangreiche, fette Mahlzeit, mehrmonatige Bettruhe oder intensive, aber nicht allzu unangenehme Arbeit sind dagegen offenbar keine infarktauslösenden Faktoren. Wann ein atherosklerotischer Plaque reißt und ein Blutgerinnsel entsteht, läßt sich nicht vorhersagen. Natürlich ist das Risiko größer, wenn das Blut dickflüssiger ist und stärker zum Gerinnen neigt, als es normalerweise der Fall ist.

Wenn der Herzinfarkt einsetzt, spürt die betroffene Person in der Regel plötzlich starke, bisweilen unerträgliche Schmerzen in der Brust. Ein starker Druck geht mit Atemnot, Schweißausbrüchen und einem seltsamen Angstgefühl einher. Die Ursache des Herzinfarkts besteht in der Mehrzahl der Fälle aus einer Blockade eines Herzkranzgefäßes, das den Herzmuskel mit Blut und damit auch mit Sauerstoff, Glucose, Natrium, Kalium, Calcium und anderen Nährstoffen versorgt. Bei mehr als 90 % der Infarktpatienten handelt es sich bei dem Verschluß um ein Blutgerinnsel. Oft befindet sich der Pfropfen an der Oberfläche eines atherosklerotischen Plaques, der gerissen ist oder ein Geschwür gebildet hat. Die blockierte Arterie schneidet einen Teil des Herzmuskels von der Blutversorgung ab, so daß die Zellen in diesem Bereich wegen des Nährstoffmangels absterben. Dieses Absterben von Herzmuskelzellen bezeichnet man auch als Myokardinfarkt (s. Abb. S. 14).

Bei einem kleineren Infarkt bildet sich nach einigen Monaten in dem betroffenen Abschnitt eine gut verheilte Narbe. Wie groß der Infarkt ist, hängt davon ab, welches Gefäß (Hauptarterie oder Nebenast) betroffen ist und welchen Teil des Herzmuskels es versorgt. Ein Infarkt im vorderen Teil des Herzens ist gefährlicher als ein sogenannter Hinterwandinfarkt.

Das Blutgerinnsel, das den Infarkt auslöst, kann man mit Medikamenten auflösen (s. S. 48f.). Am wirksamsten ist eine solche Behandlung in den ersten vier Stunden nach dem Einsetzen der ersten Symptome, insbesondere der Schmerzen. Nach sechs Stunden bestehen für diese Therapie kaum noch Erfolgsaussichten, denn ca. sechs Stunden, nachdem die Herzmuskelzellen von der Blutversorgung abgeschnitten sind, sind sie irreparabel geschädigt, wenig später sterben sie ab. Dennoch gibt man diese Medikamente vielfach auch noch sechs bis zwölf Stunden nach den ersten Symptomen. Lebensrettend wirkt eine solche thrombolytische Therapie bei 65 von 1000 Patienten, wenn sie weniger als eine Stunde nach den ersten Symptomen gegeben wird; für einen Zeitraum von drei, sechs und zwölf Stunden nach den ersten Symptomen liegt die Zahl bei 27, 25 und acht von 1000 Patienten. Deshalb ist es entscheidend, daß gefährdete Personen wissen, wie wichtig der Faktor Zeit ist. Derzeit begeben sich die meisten Infarktpatienten immer noch viel zu spät in ärztliche Behandlung.

Machen Sie sich mit den hier beschriebenen Symptomen des Herzinfarktes vertraut. Wenn Sie glauben, selbst einen Infarkt zu haben oder entsprechende Symptome bei einem anderen Menschen beobachten, lassen Sie sich auf dem schnellsten Weg ins nächste Krankenhaus bringen. Alle Kliniken haben die Möglichkeit, innerhalb weniger Minuten nach dem Eintreffen Medikamente zur Auflösung der Gerinnsel in den Herzkranzgefäßen zu verabreichen.

Symptome

Die Symptome eines Herzinfarkts sind charakteristisch und in der Regel leicht zu erkennen. Doch Herzinfarkte können unterschiedlich schwer sein, und die Schmerzen und andere Symptome werden von Mensch zu Mensch sehr unterschiedlich empfunden. Oft können Patienten, die einen Herzinfarkt erleben, nur unter Schwierigkeiten die Art der Schmerzen oder sonstiger Beschwerden beschreiben. Im folgenden sind deshalb einige Formulierungen aufgeführt, die von Betroffenen oft verwendet werden und die Ihnen helfen sollen, die eigenen Symptome im Notfall besser identifizieren zu können:

- Drückende oder quetschende Schmerzen oder eine Schwere über der Brust. Oft ist von »pressenden Schmerzen in der Brust« die Rede, oder der Patient gibt an, er habe das Gefühl, daß ein schweres Gewicht auf der Brust lastet, insbesondere in der Mitte über dem Brustbein. Charakteristisch ist auch die Aussage: »Es fühlt sich an, als ob jemand auf meiner Brust spazierengeht.«
- Eine Enge und ein Zusammenziehen im Brustkorb wie in einem Schraubstock. Es fühlt sich an, als stecke der Brustkorb in einem Schraubstock oder als würde ein Metallband um die Brust zusammengezogen. Der Patient demonstriert das Engegefühl häufig durch Ballen einer Faust.
- Unangenehmes Würgen, Erstickungsgefühle in der Mitte der Brust oder quer über dem Brustkorb. Das Erstickungsgefühl ist ein sehr wichtiges Symptom, denn es ähnelt den Beschwerden bei Angina pectoris, die vor allem durch mangelnde Durchblutung des Herzmuskels entsteht. Wenn das Erstickungsgefühl länger als 30 Minuten

anhält, und vor allem wenn es von anderen Symptomen des Herzinfarkts begleitet wird, sollte man sich sofort in ärztliche Behandlung begeben. Solche Erstickungsgefühle können aber auch bei besonders ängstlichen Patienten auftreten und müssen nicht unbedingt ein Anzeichen für einen Herzinfarkt sein.

- Brennen in der Brust. Ein brennendes Gefühl in der Brust sollte man immer ernst nehmen, insbesondere wenn es von anderen hier aufgeführten Symptomen begleitet wird. Auch vom Magen gehen manchmal brennende Schmerzen aus, aber sie haben eine andere Qualität. Herzschmerzen werden zum Beispiel oft von Schweißausbrüchen begleitet, was bei Magenschmerzen fast nie der Fall ist.
- Reißende Schmerzen, als würde der Brustkorb am Brustbein auseinandergerissen.
- Ein Völlegefühl in der Brust, als wollte sie platzen, kann ebenfalls ein Symptom des Herzinfarkts sein. Solche Schmerzen können aber auch vom Magen oder von der Speiseröhre ausgehen, beispielsweise bei Blähungen oder Refluxösophagitis (Sodbrennen).
- Einfach ein unangenehmes Gefühl. Manchmal hat der Patient keine Schmerzen, sondern nur ein »ungutes Gefühl«. Dieses Unwohlsein kommt häufig vor; man sollte es nicht auf die leichte Schulter nehmen, insbesondere wenn noch andere Infarktsymptome vorhanden sind.
- Prickeln, Taubheit oder Schwere im linken oder rechten Arm können im Zusammenhang mit den Schmerzen in der Brust auftreten, sind jedoch selten die einzigen Symptome eines Herzinfarkts. Solche Empfindungen in den Armen können viele Ursachen haben; sie entstehen häufig durch Schmerzen in den Nerven, welche die Arme versorgen, durch Muskelschmerzen oder auch durch einen kleinen Schlaganfall, der häufig mit einer Schwäche von Hand oder Arm einhergeht. Ein Herzinfarkt verursacht niemals Lähmungen in Hand oder Arm.
- Stechende, scharfe, bohrende Schmerzen sind nur selten ein Anzeichen für einen Herzinfarkt. Solche Schmerzen in der Brust haben häufig andere Ursachen in der Brustkorbwand oder in der Lunge, beispielsweise bei Pleuritis (Rippenfellentzündung).
- Schwindelgefühle und/oder allgemeines Schwächegefühl kommen beim Herzinfarkt häufig zusammen mit den beschriebenen Schmerzen vor, sind aber selten das einzige Symptom.
- Übelkeit ohne Erbrechen oder Durchfall kann im Zusammenhang mit Schmerzen in der Brust, Atemnot oder Atembeschwerden, Schwäche und Schwindelgefühl ein Symptom des Herzinfarkts sein, aber ohne die beschriebenen Schmerzen tritt sie nur selten auf. In solchen Fällen weist vor allem Atemnot darauf hin, daß die Ursache nicht am Magen, sondern am Herzen zu suchen ist.
- Auch Schmerzen unter dem Brustbein oder unter dem Arm werden von manchen Patienten beschrieben.

Der Ort der Schmerzen

In der Mehrzahl der Fälle ist der Schmerz in der Mitte der Brust unter dem Brustbein lokalisiert, und zwar meist auf der Höhe des unteren Drittels des Brustbeins. Man sollte daran denken, daß das Herz zur linken Seite des Brustbeins weist; Schmerzen unterhalb der Höhe der Brustwarzen oder seitlich von ihnen stammen selten von einem Herzinfarkt.

Häufig werden die Schmerzen auch in der oberen Hälfte des Brustbeins und in der Magengrube lokalisiert. Treten die Herzschmerzen vor allem in der Mitte der Brust auf, spricht man von »zentralen restrosternalen Schmerzen« als typisches Zeichen des Herzinfarkts. Und schließlich können die Schmerzen aus allen drei Bereichen nach oben oder unten in den gesamten Brustkorb sowie in Hals, Rachen und Unterkiefer ausstrahlen (aber nicht höher als bis zum Oberkiefer). Häufig reichen sie bis in die Arme, Unterarme und Hände. Unter Umständen spürt man in beiden Armen Schmerzen sowie ein schweres, taubes oder prickelndes Gefühl. Im linken Arm kommen die Beschwerden häufiger vor als im rechten, und meist ist die Innenseite des Arms betroffen.

Manchmal treten Beschwerden oder Schmerzen auch nur in einem kleinen Teil von Arm oder Hand auf, ohne daß die Brust betroffen ist. In der Regel sind die Arm-, Kiefer- oder Rachenschmerzen aber von Schmerzen in der Brust begleitet. Schmerzt nur ein Arm, gewinnen die anderen Symptome des Herzinfarktes zusätzlich an Bedeutung für die Diagnose. Treten zum Beispiel Atemnot, Übelkeit oder ein plötzliches Schwächegefühl auf, können die Schmerzen im Arm eine Ausdrucksform des Herzinfarktes sein.

Schmerzen unterhalb des Bauchnabels stammen nicht von einem Herzinfarkt. Auch in den Rücken strahlen die Schmerzen beim Herzinfarkt nur in sehr seltenen Fällen aus, und wenn, ist gewöhnlich der Bereich zwischen linkem Schulterblatt und Wirbelsäule betroffen. Liegen die Schmerzen nur in den äußeren Bereichen links und rechts der Brustwarzen, ist die Ursache höchstwahrscheinlich ebenfalls kein Herzinfarkt. Allerdings können die Schmerzen aus der Mitte der Brust in den gesamten Brustkorb ausstrahlen, das heißt, auch bis in die äußeren Bereiche links und rechts der Brustwarzen sowie nach oben bis in Hals und Kiefer. Der betroffene Bereich kann in manchen Fällen also nur so groß sein wie zwei oder drei geballte Fäuste oder wie die Hand mit ausgestreckten Fingern, er kann in anderen Fällen aber auch die ganze Brust umfassen.

Schwere und Dauer der Schmerzen

Die Schmerzen können beim Herzinfarkt sehr unterschiedlich stark sein. Etwa 50 % der Patienten bezeichnen sie als sehr stark, weitere 10 % sogar als unerträglich. In 20 % der Fälle sind die Schmerzen nur mäßig, oder sie äußern sich sogar nur als leichtes Unwohlsein, das nicht die Schmerzgrenze erreicht. Bei solchen Patienten sind die übrigen Symptome von großer Bedeutung, insbesondere die Gefühle von Furcht oder Todesangst, die beim Herzinfarkt häufig auftreten. In etwa 10 % der Fälle kommt es zu ausgeprägten Schwächegefühlen, Schweißausbrüchen, Schwindel, Übelkeit oder Herzrasen. Bei den restlichen 10 %, unter ihnen insbesondere Diabetiker und ältere Menschen, treten überhaupt keine Symptome auf, und der Herzinfarkt wird erst bei einer Routineuntersuchung oder bei der späteren Obduktion bemerkt.

Die Schmerzen halten beim Herzinfarkt in der Regel länger als 30 Minuten an, häufig sogar eine bis vier Stunden. Schmerzen, die nur einige Minuten andauern, sind gewöhnlich nicht auf einen Herzinfarkt zurückzuführen, insbesondere wenn keine anderen Symptome zu beobachten sind. Schmerzen, die weniger als zehn Sekunden andauern, stammen nie von einem Herzinfarkt, auch dann nicht, wenn sie mehrmals wiederkehren.

Bei der Angina pectoris dauern die Schmerzen meist eine bis fünf und höchstens 15 Minuten. Verspürt man allerdings Schmerzen, die der gewohnten Angina pectoris ähneln, aber länger als 20 Minuten anhalten, sollte man sich umgehend in einem Krankenhaus untersuchen lassen, vor allem wenn die Schmerzen ohne körperliche Belastung aufgetreten sind.

Diabetiker und Personen über 75 Jahre verspüren bei einem Herzinfarkt häufig überhaupt keine Schmerzen; hier sind Schwächegefühle und Atemnot die wichtigsten Symptome. Manchmal verstärken die Schmerzen sich allmählich im Laufe einer halben bis einer Stunde, um dann einige Stunden lang konstant bestehen zu bleiben.

Beim Herzinfarkt verschwindet der Schmerz häufig nach einer bis vier Stunden sehr plötzlich. Die betroffenen Personen fühlen sich wieder recht wohl – und begehen häufig den folgenreichen Fehler, sich nicht ins Krankenhaus zu begeben oder dieses sogar wieder zu verlassen. Der Schmerz hört auf, wenn die von der Blut- und Sauerstoffzufuhr abgeschnittenen Herzmuskelzellen sterben, und tote Muskelzellen erzeugen keine Schmerzen.

In seltenen Fällen tritt der Schmerz in drei bis vier Schüben auf, die jeweils einige Stunden dauern und insgesamt sechs bis zwölf Stunden lang bestehen. Zwischen den Anfällen tritt das beschriebene Gefühl der Enge oder Schwere in der Brust auf.

Vorwarnungen

Etwa 20 bis 30 % der Infarktpatienten haben in den zwei Wochen vor dem Ereignis ein »warnendes« Erlebnis. Wer bereits an Angina pectoris leidet, wird wahrscheinlich eine Veränderung in Dauer und Häufigkeit der Anfälle feststellen. Die Schmerzen dauern dann nicht mehr fünf, sondern 20 Minuten an, oder sie treten auch bei geringer körperlicher Belastung oder sogar in Ruhe auf. Das ist in der Regel ein deutlicher Hinweis darauf, daß die Angina pectoris fortschreitet oder instabil wird. Wenn die Schmerzen länger als 30 Minuten andauern und sich mit zwei Nitroglyzerintabletten nicht lindern lassen, ist ein Herzinfarkt eingetreten. Beträgt die Schmerzdauer 15 bis 30 Minuten, handelt es sich wahrscheinlich um eine instabile Angina pectoris, die in den folgenden Monaten zum Herzinfarkt führen kann. In diesem Fall kann man mit entsprechender medizinischer Überwachung und Behandlung den Infarkt verhindern.

Ist keine Angina pectoris bekannt, können die Schmerzen erstmalig bei einer ungewohnten Anstrengung plötzlich auftreten, beispielsweise beim Schneeschaufeln, beim Anschieben eines Autos oder beim Laufen. Die Schmerzen oder Beschwerden in der Brust dauern unter Umständen nur zwei bis zehn Minuten. Begibt man sich nicht in Behandlung, kommen sie innerhalb weniger Tage mit voller Kraft wieder. Schmerzen, die nur wenige Minuten andauern und ein bis zwei Minuten nach Beendigung der anstrengenden Tätigkeit wieder nachlassen, sollte man besondere Aufmerksamkeit widmen, denn etwa 25 % solcher Patienten erleben innerhalb des folgenden Monats einen Herzinfarkt, der sich mit entsprechender Medikation verhüten läßt.

Das Ruhe-Elektrokardiogramm ist in solchen Fällen meist normal, dennoch wird der Patient zur weiteren Abklärung stationär aufgenommen.

Begleitsymptome

Wie bereits erwähnt, gehen die Schmerzen und die übrigen Beschwerden beim Herzinfarkt fast immer mit anderen Symptomen einher. Diese Begleitsymptome sind für den Arzt sehr hilfreich für das Stellen einer eindeutigen Diagnose.

- Schweißausbrüche dauern häufig wenigstens einige Minuten an. Insbesondere die Stirn ist in der Regel von kaltem Schweiß bedeckt. Die Symptome von Verdauungsstörungen oder Magenschmerzen, die manchmal mit denen eines Herzinfarkts verwechselt werden, sind dagegen meist nicht von derart starken Schweißausbrüchen begleitet. Wer über 38° C Fieber hat, beginnt in der Regel zu schwitzen. Ein Herzinfarkt läßt die Körpertemperatur dagegen frühestens am zweiten Tag ansteigen. Wenn man also bereits Fieber hat und plötzlich Schmerzen bekommt, ist die Ursache wahrscheinlich kein Herzinfarkt.
- Atemnot ist ein sehr häufig vorkommendes Begleitsymptom und kann einige Minuten andauern. Bleibt sie länger als zehn Minuten bestehen, haben sich wahrscheinlich wegen einer Herzinsuffizienz Blut und Wasser in der Lunge gesammelt; in diesem Fall sind sofortige Gegenmaßnahmen einzuleiten.

  Die Atemnot ist jedoch von der Seufzeratmung zu unterscheiden, bei der auf einen oder zwei seufzende Atemzüge eine vollständige Ausatmung folgt. Die Seufzeratmung kommt häufig bei Personen vor, die unter starkem Streß stehen, und ist auf Müdigkeit, Erschöpfung oder Ängste zurückzuführen.

  Bei Atembeschwerden fällt es schwer, tief einzuatmen, weil der Brustkorb schmerzt – unter anderem nach einem Rippenbruch oder wenn die Außenhaut der Lunge entzündet ist (Pleuritis). Dann verursachen die Bewegungen des Brustkorbs Schmerzen in der Lunge, so daß die betroffene Person nur sehr flach atmen kann.

  Bei der Atemnot hingegen hat man das Gefühl, außer Atem zu sein, man ringt nach Luft und atmet sehr schnell und flach, ein Gefühl, als ob man fünf Treppen hochgerannt ist. Bei der Herzinsuffizienz befindet sich zuviel Wasser in der Lunge, so daß diese unbeweglich wird und tiefes Einatmen nicht mehr möglich ist. Die Folge ist eine flachere Atmung. Sind Herzbeschwerden die Ursache der Atemnot, wird sie durch Hinlegen nur schlimmer. Ein wenig Erleichterung kann man sich verschaffen, wenn man sich hinsetzt und die Beine nach unten hängen läßt. Nervöse, ängstliche Menschen neigen zur Hyperventilation, die man ebenfalls von der echten Atemnot unterscheiden muß.

  Bei einem Herzinfarkt verschlimmern sich die Schmerzen durch tiefes Einatmen, Husten oder Niesen nicht.
- Todesangst erleben die meisten Patienten bei einem Herzinfarkt. Diese Ängste können zur Ausschüttung von Adrenalin und Noradrenalin führen, die den Schaden am Herzen verschlimmern und den Herzrhythmus stören. Der erhöhte Adrenalinspiegel verursacht Reizungen an dem absterbenden Herzmuskel und löst zusätzliche Kontraktionen aus, die gelegentlich zum Kammerflimmern führen können, das heißt, der Herz-

muskel zieht sich nicht mehr zusammen, sondern zittert nur noch. Schmerzen und Ängste müssen unbedingt sofort gelindert werden, und zwar sowohl mit Medikamenten wie Morphin als auch mit Sauerstoff sowie durch beruhigende Worte des Arztes.

- Ausgeprägte, plötzliche Schwächegefühle stellen sich bei etwa einem Drittel der Patienten zusammen mit den Beschwerden im Brustkorb ein. Der Herzmuskel ist geschädigt und kann nicht mehr mit voller Leistung pumpen. Da das Herz nun weniger Blut ausstößt, sinkt der Blutdruck, und es gelangt weniger Blut zum Gehirn. Deshalb fühlt der Patient sich schwach, als würde er gleich in Ohnmacht fallen. Tatsächlich kann eine Bewußtlosigkeit eintreten, die einige Minuten andauert, aber das geschieht nur selten. Die Kompensationsmechanismen des Organismus bringen den Blutdruck schon bald wieder fast bis auf den Normalwert, die Schwächegefühle lassen nach. Daß das Schwächegefühl über lange Zeit sehr ausgeprägt bleibt oder der Blutdruck längere Zeit niedrig bleibt (kardiogener Schock), ist nur bei wenigen Patienten nach einem schweren Herzinfarkt zu beobachten.
- Schwindel oder Benommenheit tritt bei manchen Patienten wegen des Blutdruckabfalls ein. Ohrgeräusche (Tinnitus) oder schwerer Drehschwindel sind dagegen in der Regel keine Begleiterscheinungen des Herzinfarkts.
- Übelkeit und gelegentlich auch Erbrechen begleiten die Schmerzen bei einem erheblichen Anteil der Patienten. Starke Schmerzen können unabhängig von der Ursache immer zum Erbrechen führen. Auch Schmerzmittel wie Morphin können die Übelkeit verstärken. Eine ungewohnte, plötzliche Übelkeit kann aber auch anstelle der Schmerzen in der Brust auftreten. Ist sie außerdem von Schweißausbrüchen und Atemnot begleitet, sollte man bis zum Beweis des Gegenteils immer an eine Funktionsstörung des Herzens denken.
- Unruhe tritt auf, weil der Patient versucht, eine angenehme Körperhaltung zu finden. Die Schmerzen nach einem Herzinfarkt lassen sich aber nicht durch eine bestimmte Haltung lindern. Sitzen, Stehen, Liegen oder das Herumwälzen von einer Seite auf die andere lindern oder verstärken den Schmerz nicht.
- Gelegentlich tritt Husten mit schaumigem, rosafarbenem oder blutdurchsetztem Auswurf auf.
- Ein plötzlicher Blutdruckabfall macht sich durch Verwirrungszustände oder Bewußtseinsverlust bemerkbar, wenn der Herzinfarkt sehr schwerwiegend und die Blutversorgung des Gehirns stark beeinträchtigt ist. Wird der Herzmuskel durch den Infarkt plötzlich geschwächt, kann der Blutdruck um 10 bis 40 mm Hg sinken, während sich der Puls beschleunigt. Deshalb fällt der systolische Blutdruck bei der Hälfte der Patienten von durchschnittlich 125 mm Hg auf unter 105 mm Hg ab. Solange es sich nicht um einen sehr schweren Infarkt handelt, sorgen die Kompensationsmechanismen des Organismus aber in den folgenden Stunden dafür, daß der Blutdruck wieder auf den normalen systolischen Wert ansteigt.
- Eine Veränderung des Pulses in Verbindung mit Beschwerden in der Brust können ein Hinweis sein, daß ein Herzinfarkt bevorsteht oder bereits eingetreten ist. Deshalb sollte jeder, der über 35 Jahre alt ist, in der Lage sein, selbst seinen Puls am Handgelenk zu fühlen. Wenn er sich bei gleichzeitigen Beschwerden in der Brust um 20 Schläge pro

Minute verlangsamt oder sich in Ruhe um 20 Schläge beschleunigt, ist dies meist ein Warnzeichen, das auf einen Herzinfarkt hindeutet. Wenn also der Ruhepuls normalerweise bei 70 bis 80 Schlägen in der Minute liegt und dann bei gleichzeitigen Beschwerden in der Brust auf 50 bis 60 Schläge absinkt, ist höchstwahrscheinlich das Herz die Ursache, insbesondere wenn man keine Beta-Blocker oder andere Medikamente einnimmt, die den Puls verlangsamen. Eine Abnahme der Pulsrate um weniger als zehn Schläge ist ohne Bedeutung.

Beim Hinterwandinfarkt wird der Puls meist langsamer. Beim Vorderwandinfarkt beschleunigt sich der Puls; er kann dann in Ruhe bei 100 bis 120 Schlägen liegen.

Verwechselungsmöglichkeiten

Mehrere andere Krankheiten haben Symptome, die man mit denen eines Herzinfarkts verwechseln kann. Am wichtigsten sind dabei die folgenden:

- Verdauungsstörungen und Refluxösophagitis (Sodbrennen), Zwerchfellbruch und Speiseröhrenkrampf;
- Pleuritis (Rippenfellentzündung) und Lungenentzündung;
- Perikarditis (Herzbeutelentzündung);
- Schmerzen im Brustkorb, die von Muskeln, Rippen, Zwischenrippennerven oder Rippengelenken sowie von einer Entzündung der Rippenknorpel ausgehen.

Die Hälfte aller Patienten, die mit Schmerzen in der Brust ins Krankenhaus kommen, haben keinen Herzinfarkt. Solche Patienten leiden gewöhnlich an instabiler Angina pectoris, Schmerzen der Brustkorbwand, Magenerkrankungen (insbesondere Refluxösophagitis mit Speiseröhrenkrampf), Gallensteinen oder selten auch an einer Herzbeutelentzündung. Manchmal ist überhaupt keine Ursache zu finden.

Verdauungsstörungen und Magenbeschwerden

Wer schon einmal an Verdauungsstörungen gelitten hat, kann sie leicht von den Symptomen eines Herzinfarktes unterscheiden. Beim Herzinfarkt können die Schmerzen in der Magengrube und unterhalb des Brustbeins auftreten, manchmal äußern sie sich auch als Brennen. Häufiger kommen brennende Schmerzen aber bei Magen- und Speiseröhrenerkrankungen vor, die durch Antazida (Magenmedikamente) gelindert werden können; bei einem Herzinfarkt verschaffen solche Präparate dagegen keine Erleichterung. Gleichzeitig auftretende Schweißausbrüche und Atemnot weisen eher auf einen Herzinfarkt hin. Magengeschwüre führen nicht zu verstärktem Schwitzen; die von ihnen verursachten Schmerzen treten oft nach dem Essen auf und werden durch Antazida gelindert.

Refluxösophagitis und Zwerchfellhernie

An der Einmündung der Speiseröhre in den Magen befindet sich ein Schließmuskel, der normalerweise geschlossen ist und sich nur beim Schlucken öffnet, damit die Nahrung in den Magen gelangen kann. Solange man nicht schluckt, verhindert er, daß salzsäurehaltiger Mageninhalt und Gallenbestandteile aus dem Magen rückwärts in die Speiseröhre fließen (Speiseröhrenreflux). Bei manchen Menschen ist dieser Schließmuskel jedoch auch im Ruhezustand geöffnet, zum Beispiel infolge einer Zwerchfellhernie, bei der ein Teil des Magens neben der Speiseröhre in den Brustkorb ragt. Noch weiter öffnet er sich, wenn der Druck im Bauchraum ansteigt, beispielsweise wenn man sich bückt, schwere Gegenstände hebt oder sich anderweitig anstrengt sowie während einer Schwangerschaft. Am unangenehmsten ist der Reflux in der ersten Stunde nach dem Essen, insbesondere wenn man dazu viel Flüssigkeit zu sich genommen hat. Fettes Essen wird langsamer verdaut, und der Reflux kann dann unter Umständen nicht nur Minuten, sondern Stunden andauern. Wenn Säure und Mageninhalt wie Pepsin, Gallensalze und Pankreasenzyme in die Speiseröhre gelangen, verursachen sie dort schwere Reizungen und gelegentlich auch eine Entzündung im unteren Speiseröhrenabschnitt. Diese Erkrankung, Ösophagitis genannt, ähnelt einem Magengeschwür. Ihre unangenehmen Symptome bleiben unbehandelt unter Umständen jahrelang bestehen und führen schließlich zu einer Verengung der Speiseröhre, die das Schlucken erschwert.

Die Refluxösophagitis verursacht wie Herzinfarkt und Angina pectoris häufig Beschwerden im unteren Brustkorb. Die brennenden, drückenden Schmerzen können entlang des Brustbeins in den Rücken und manchmal auch in die Arme ausstrahlen. Häufig ist diese Krankheit mit Sodbrennen und Aufstoßen einer bitteren oder sauren Flüssigkeit verbunden, nicht aber mit Erbrechen. Im Schlaf kann die zurückfließende Magensäure Beschwerden verursachen, die die betreffende Person aufwachen lassen. Verstärkt werden die Symptome durch stark gewürzte und saure Speisen, insbesondere durch den Saft von Zitrusfrüchten sowie durch Kaffee und fette Lebensmittel.

Manchmal sind die Schmerzen schwer von denen des Herzinfarkts oder der Angina pectoris zu unterscheiden. Doch wie bereits erwähnt, verursacht der Herzinfarkt häufig starke Schweißausbrüche und Atemnot, zwei Symptome, die bei der Ösophagitis nicht vorkommen.

Die Diagnose der Ösophagitis wird durch eine endoskopische Untersuchung (Magenspiegelung) gestellt. Die Funktionsstörung des Schließmuskels läßt sich mit besonderen Tests nachweisen, und die Magenspiegelung zeigt, ob das untere Ende der Speiseröhre entzündet ist und ob eine Zwerchfellhernie vorliegt, die den Reflux oft verstärkt.

Der Reflux läßt sich folgendermaßen lindern:

- durch Antazida;
- durch Hochlagerung des Kopfes oder indem man sich in den ersten zwei Stunden nach dem Essen oder Trinken nicht hinlegt;
- durch das Meiden stark gewürzter Speisen und saurer Getränke wie Orangen- und Zitronensaft;
- indem man sich nicht bückt und nichts Schweres hebt, insbesondere in der ersten Stunde nach dem Essen;
- durch Gewichtsabnahme;
- mit Medikamenten, welche die Magenpassage beschleunigen.

Speiseröhrenkrampf

Diese Störung kommt nicht so häufig vor wie der Speiseröhren-Reflux, aber die Symptome können einem Herzinfarkt ähneln. Der Speiseröhrenkrampf kommt besonders bei Patienten mit Speiseröhren-Reflux vor. Er kann in jedem Alter eintreten, ist aber bei Personen über 40 Jahre häufiger. Die Schmerzen sitzen meist hinter dem unteren Teil des Brustbeins und können nach oben am Brustbein entlang bis in den Rachen, zu den Kiefern, in den Rücken und in die Arme ausstrahlen. Es kann sich um drückende, dumpfe oder stechende Schmerzen handeln, die mäßig oder sehr stark sind und wenige Minuten bis einige Stunden andauern. Treten sie nachts auf, halten die betroffenen Personen sie unter Umständen fälschlicherweise für das Symptom eines Herzinfarkts. Häufig treten die Schmerzen auch nach dem Essen oder nach dem Schlucken eines kalten Getränks auf. Starke Ängste und Streß können ebenfalls einen Anfall auslösen, häufig ist aber kein besonderer Grund zu erkennen.

Viele Patienten haben durch den Speiseröhrenkrampf Schluckbeschwerden, die mit oder ohne Schmerzen einhergehen können. Die Diagnose wird in der Regel durch Röntgenaufnahmen mit einem Barium-Kontrastmittel bestätigt. Darüber hinaus kann der Gastroenterologe weitere Untersuchungen vornehmen. Die Schmerzen des Speiseröhrenkrampfes werden häufig mit Nitroglyzerin gelindert.

Lungenentzündung

Bei einer Lungenentzündung können stechende Schmerzen auftreten, die sich beim tiefen Einatmen und beim Husten verstärken. Die Ursache der Schmerzen ist eine Mitbeteiligung der äußeren Umhüllung der Lunge (Pleuritis). Als Begleiterscheinungen beobachtet man meist Fieber, Schüttelfrost und Husten.

Herzbeutelentzündung (Perikarditis)

Die Entzündung der äußeren Umhüllung des Herzens (Herzbeutel oder Perikard) kann durch Viren oder Bakterien verursacht werden. Sie kann unter anderem einige Tage nach einem Herzinfarkt eintreten. In der Regel macht sie sich durch stechende Schmerzen im unteren Teil des Brustbeins oder ein wenig links davon bemerkbar; ist zusätzlich die Umhüllung der Lunge betroffen, verschlimmern sich die Schmerzen beim tiefen Einatmen. Darüber hinaus verstärken sich die Schmerzen meist im Liegen. Wenn man sich aufsetzt und nach vorn beugt, werden sie innerhalb weniger Sekunden oder Minuten schwächer. Die Perikarditis kann bei manchen Patienten drei bis vier Tage nach einem Herzinfarkt auftreten, klingt nach einigen weiteren Tagen aber wieder ab. Es gibt aber auch andere Ursachen für eine Herzbeutelentzündung, so zum Beispiel Virusinfekt, Nierenversagen, Krebs, Lupus erythematodes, Bestrahlung oder Nebenwirkungen von Medikamenten.

Schmerzen im Brustkorb

Schmerzen im Brustkorb kommen sehr häufig vor; die Ursache kann in den Muskeln, Rippen oder Rippen-Brustbein-Gelenken liegen. Die Schmerzen beschränken sich oft auf einen kleinen, ein bis zwei Finger breiten Bereich, der dann empfindlich auf Druck reagiert. Verschlimmern können sie sich beispielsweise durch Zugluft oder durch anstrengende Tätigkeiten wie Rasenmähen. Solche Schmerzen kommen etwas häufiger im Alter zwischen 30 und 60 Jahren vor, die betreffenden Patienten machen sich dann oft Sorgen, das Herz könne die Ursache sein; Frauen sind besonders häufig betroffen. Die Schmerzen sitzen meist links zwischen der zweiten und dritten Rippe. Acetylsalicylsäure und ähnliche Schmerzmittel bringen oftmals Linderung, aber die Beschwerden kehren vielfach über mehrere Monate hinweg immer wieder. Der Arzt kann in die knorpeligen Verbindungsstellen eine Mischung aus einem Lokalanästhetikum und Cortison injizieren; dies lindert die Schmerzen einige Monate lang. In dieser Zeit kann sich die natürliche Heilung vollziehen. Manchmal kehren die Schmerzen aber in den folgenden Jahren wieder. Doch es handelt sich um eine vergleichsweise harmlose Krankheit, die sich nicht weiter verschlimmert und weder zum Herzinfarkt noch zur Arthritis in anderen Körperteilen führt.

Schmerzen, Prickeln und Taubheitsgefühl im Arm
Viele Menschen bemerken ein Prickeln oder ein taubes Gefühl, wenn sie den Arm einige Minuten lang auf eine Stuhllehne legen oder in einer ungewohnten Haltung schlafen. Solche Beschwerden entstehen durch den Druck auf die Nerven und verschwinden in der Regel rasch, wenn dieser Druck nicht mehr besteht. Im Arm können Schmerzen, Prickeln und Taubheitsgefühle aber auch auftreten, wenn die Armnerven beispielsweise durch eine Arthritis der Halswirbelsäule in Mitleidenschaft gezogen werden. In solchen Fällen werden die vom Rückenmark ausgehenden Nervenwurzeln abgedrückt.

Nerven- und Muskelschmerzen verschlimmern sich durch Bewegung nicht, was sie von den Schmerzen der Angina pectoris unterscheiden, die sich bei körperlicher Anstrengung verstärken. Mittelschwere oder schwere Schmerzen in Arm oder Handgelenk ohne Verletzungen oder eine andere erkennbare Ursache sind aber in jedem Fall ein Grund, den Arzt aufzusuchen.

Der Notfall

Wenn Sie glauben, die Symptome eines Herzinfarkts zu verspüren, sollten Sie sich so schnell wie möglich ins nächste Krankenhaus begeben. Zu hoffen, daß die Schmerzen bald wieder verschwinden, ist das Gefährlichste, was Sie tun können. Versuchen Sie nicht, erst den Hausarzt zu erreichen, sondern rufen Sie zuerst einen Notarzt. Ist das aus irgendeinem Grund nicht möglich, lassen Sie sich von jemandem zum nächsten Krankenhaus fahren, oder nehmen Sie ein Taxi. Setzen Sie sich aber auf gar keinen Fall selbst ans Steuer.

Der Rettungswagen wird in der Regel nach wenigen Minuten eintreffen. Versuchen Sie während dieser Zeit, die Ruhe zu bewahren. Angst und Panik fügen dem Herz weiteren Schaden zu, denn sie sorgen für die Ausschüttung von Adrenalin, das die Herztätigkeit verstärkt und den Infarkt vergrößern oder Herzrhythmusstörungen auslösen kann. Tun Sie in der Wartezeit folgendes:

- Setzen Sie sich oder legen Sie sich mit drei oder vier Kissen im Rücken hin, und nehmen Sie, so vorhanden, eine Nitroglyzerintablette unter die Zunge. Eine solche Tablette kann in keinem Fall schaden. Sie beruhigt die Nerven und verstärkt die Durchblutung der Herzkranzgefäße. Außerdem sorgt sie dafür, daß sich Blut in den Beinvenen sammelt, so daß das Herz weniger belastet ist. Nitroglyzerin kann den Umfang eines Herzinfarktes vermindern. Wenn man flach liegt, ist das Medikament weniger wirksam. Am besten hilft es, wenn man auf der Bettkante oder in einem Sessel sitzt und die Beine herunterhängen läßt, denn dann bleibt das Blut länger in den Beinen. Nitroglyzerin kann Kopfschmerzen verursachen, was darauf zurückzuführen ist, daß es neben den Herzkranzgefäßen auch die Arterien in der Kopfhaut erweitert. Wegen des pochenden Gefühls im Kopf brauchen Sie sich keine Sorgen zu machen, der Blutdruck steigt durch das Medikament nicht an.

- Ziehen Sie ein bequemes Pyjamaoberteil, ein lose sitzendes Hemd oder eine Bluse an. Es besteht kein Anlaß, sich feinzumachen und Jacke, Pullover, Sakko oder Krawatte anzuziehen. Sie sollten Kleidung tragen, die sich leicht öffnen läßt, damit der Arzt Sie untersuchen und an der Brust die Elektroden des Elektrokardiographen (EKG) anbringen kann. Decken sind in jedem Krankenwagen vorhanden. Und im Krankenhaus geht durch das Ausziehen überflüssiger Kleidung nur kostbare Zeit verloren.
- Wenn der Rettungswagen eintrifft, wird man Ihnen Sauerstoff geben. Er trägt in diesem Stadium dazu bei, die Panik zu lindern, und ist auf dem Weg in die Klinik sehr hilfreich.
- Lebensrettend können auch das beruhigende Zureden eines erfahrenen Arztes und die Gabe von Morphin sein. Morphin lindert nicht nur den Schmerz, sondern auch die Angst. Es ist zu diesem Zweck das beste Medikament, und Sie sollten sich seiner Anwendung nicht widersetzen. Auch wenn eine zweite Spritze nötig ist, sollten Sie gegen die ärztliche Maßnahme keine Einwände erheben, selbst wenn die Schmerzen nur noch schwach sind.

Medikamente zur Auflösung von Blutgerinnseln

Für die Auflösung der Blutgerinnsel in den Herzkranzgefäßen haben sich zwei Wirkstoffe als nützlich erwiesen: Streptokinase und Gewebe-Plasminogenaktivator (TPA).

Streptokinase wirkt, wenn sie durch Infusion unmittelbar in die Armvene geleitet wird. Sie löst die Gerinnsel bei etwa 60 % der Patienten auf. Das Medikament muß innerhalb der ersten vier Stunden nach den ersten Symptomen gegeben werden, aber ein gewisser Nutzen ist auch nach sechs Stunden noch zu beobachten. Wenn Streptokinase, TPA, Reteplase oder APSAC intravenös in die Armvene verabreicht werden, besteht eine Chance von 70 %, das Gerinnsel in der Koronararterie aufzulösen.

Eine klinische Studie in Italien aus dem Jahr 1986 und eine britische Untersuchung aus dem Jahr 1989 konnten nachweisen, daß Streptokinase den Eintritt des Todes verhindern kann, wenn sie in den ersten vier Stunden nach dem Herzinfarkt intravenös gegeben wird.

Der Gewebe-Plasminogenaktivator verursacht keine allergischen Reaktionen, wie man sie bei Streptokinase manchmal beobachtet. Solche Reaktionen sind aber nur schwach und treten nur bei 2 % der Patienten auf. TPA ist geringfügig wirksamer als Streptokinase, ist aber auch um ein Vielfaches teurer. Den größten Nutzen beobachtet man zwar in den ersten sechs Stunden nach Einsetzen der Symptome, aber man hat den Anwendungszeitraum bis auf zwölf Stunden ausgedehnt. Für Patienten, die einen Herzinfarkt erleiden, bestehen bei einer Injektion von TPA gute Aussichten, vorausgesetzt, sie kommen schnell genug ins Krankenhaus.

Bei manchen Patienten muß zwei bis drei Monate nach dem Auflösen des Blutgerinnsels der darunterliegende atherosklerotische Plaque mit einem Ballonkatheter zusammengedrückt werden (s. S. 34, »Ballonangioplastie«).

Im Krankenhaus

Wenn Sie bei der Ankunft im Krankenhaus noch Schmerzen haben, können Sie sicher sein, daß sie sehr schnell gelindert werden. In der Regel wird keine Zeit vergeudet. In den Kliniken ist man darauf eingerichtet, Patienten sofort nach der Einlieferung zu versorgen, insbesondere wenn es sich um Opfer eines Herzinfarkts handelt. Die Formalitäten kann Ihre Begleitperson erledigen; Sie müssen dem Arzt oder der Schwester eigentlich nur sagen, daß Sie Schmerzen in der Brust haben. Zeigen Sie auf den schmerzenden Bereich, geben Sie an, wie stark die Schmerzen sind, und bitten Sie um ein Medikament gegen die Schmerzen. Sie erhalten sehr schnell eine intravenöse Morphininjektion plus Valium, die den Schmerz innerhalb von zwei bis fünf Minuten verschwinden läßt. Da es sich um eine intravenöse Injektion handelt, nimmt man nur sehr kleine Dosen; häufig steigert man die Dosis minütlich um zwei Milligramm, bis die Schmerzen völlig zurückgegangen sind. Anschließend können Sie alle anderen Fragen beantworten, die der Arzt stellt.

Denken Sie daran: Es muß Ihnen nicht peinlich sein, daß Sie Angst haben. Vor einem Herzinfarkt fürchtet sich jeder, die Ärzte vergessen das manchmal. Das Morphin stillt nicht nur die Schmerzen, es verhütet manchmal auch weitere Komplikationen.

Kurz darauf wird man Sie an eine ständige Sauerstoffversorgung anschließen und Ihnen eine Blutdruckmanschette um den Arm legen. Der Arzt wird Sie untersuchen und alles erfragen, was er wissen muß. Die Diagnose ist nach der Beschreibung der Schmerzen und dem EKG, das sofort nach der Ankunft aufgenommen wurde, wahrscheinlich zu stellen. Das EKG-Gerät zeichnet den elektrischen Rhythmus der Herzschläge auf. Man wird Sie sofort an einen Herzmonitor anschließen: An ihrer Brust werden kleine, EKG-ähnliche Elektroden befestigt, und von diesen führen Leitungen zum Monitor. Die Elektroden nehmen die elektrischen Impulse des Herzens auf, so daß sie ständig auf dem Bildschirm sichtbar gemacht werden können. Auf diese Weise haben Ärzte und Schwestern das Elektrokardiogramm immer vor Augen, das sowohl die einzelnen Herzschläge als auch ihren Rhythmus und ihre Geschwindigkeit anzeigt. Bestätigt das EKG die Diagnose, führt man den Patienten einer Lysetherapie zu, um das Blutgerinnsel aufzulösen. In manchen, personell und technisch entsprechend ausgerüsteten Kliniken fertigt man ein Koronarangiogramm an. Das Gerinnsel wird hier nicht mit Medikamenten, sondern durch Angioplastie beseitigt. Dieses Verfahren kann lebensrettend sein.

Manchmal gehen von dem Bereich des Herzmuskels, der durch den Infarkt geschädigt ist, elektrische Entladungen aus, die den normalen, uhrwerkartigen Schlagrhythmus unterbrechen und zu vorzeitigen Kontraktionen führen. Solche zusätzlichen Herzschläge sind auf dem Monitor zu erkennen (s. S. 139, »Herzklopfen«). Treten sie sehr häufig auf oder zeigen sie besondere Eigenschaften, stellen sie ein Warnsignal dar; um sie zu unterdrücken, gibt der Arzt den Wirkstoff Lidocain erst als Spritze und dann als Infusion. Dieses Medikament stabilisiert sehr wirksam den Herzrhythmus und hat keine nennenswerten Nebenwirkungen.

Wenn Sie es bis zum Krankenhaus geschafft haben und wenn Sie Morphin erhalten haben, ist das Schlimmste vorüber. Dauert der Transport bei einer großen Schädigung des Herzmuskels zu lange, steigt natürlich das Todesrisiko.

Im Krankenhaus wird man Ihnen Blut abnehmen und mehrere Blutuntersuchungen durchführen. Für die Diagnose werden vor allem die Herzenzyme bestimmt. Die von der Blutversorgung abgeschnittenen Zellen machen eine Reihe von Veränderungen durch, die von der Schädigung bis zum Absterben reichen und setzen dabei drei Enzyme frei, die man dann im Blut nachweisen kann. Das zuverlässigste Zeichen ist die Kreatinkinase (CK). In allen Kliniken wird auch der sogenannte MB-Anteil der Kreatinkinase gemessen, der nur vom Herzen ausgeschüttet wird, so daß man diese Kreatinkinase von der durch die Skelettmuskeln freigesetzten unterscheiden kann.

In den folgenden Wochen heilt der geschädigte Herzmuskel. Auch wenn es schwerfällt: Sie sollten sich in dieser Zeit keine Gedanken über die Zukunft machen. Sie brauchen Ruhe und Zuversicht; überlassen Sie die Sorgen den anderen!

Auf der Intensivstation

Im Krankenhaus wird der Patient in der Regel sofort nach der Ankunft in die Intensivstation aufgenommen. Dort stehen sowohl besonders ausgebildetes Personal als auch eine umfangreiche apparative Ausstattung zur Verfügung. Meist brauchen Patienten eine gewisse Zeit, bis sie sich an die vielen Apparate gewöhnt haben. Das erste EKG wurde bereits bei der Aufnahmeuntersuchung angefertigt, weitere werden jetzt in regelmäßigen Abständen aufgezeichnet. Außerdem wird der Patient wieder an einen Herzmonitor angeschlossen.

Das EKG ist das wichtigste Hilfsmittel; es ermöglicht bei der Mehrzahl der Patienten eine genaue Diagnose. In mehr als 90 % der Fälle zeigen sich beim ersten Herzinfarkt typische, leicht erkennbare Veränderungen des EKG. Weist das erste EKG nicht eindeutig auf einen Herzinfarkt hin, kann man in der Regel sechs oder 24 Stunden später eine genaue Diagnose stellen. Bei Patienten, die zuvor schon einmal einen Herzinfarkt hatten, ermöglicht das EKG dagegen nur in 75 % der Fälle eine eindeutige Diagnose. Nur bei 10 % der Patienten, die zum ersten Mal einen Herzinfarkt haben, ist dieser im EKG also nicht eindeutig zu erkennen, und nur in 5 % der Fälle sieht es völlig normal aus. Aber auch in diesen schwierigen Fällen läßt sich die Diagnose des Herzinfarkts meist durch weitere EKG-Messungen nach sechs oder 24 Stunden ausschließen oder bestätigen.

Kann mit den ersten Untersuchungen kein Herzinfarkt diagnostiziert werden, behält man die betroffene Person oft zur Beobachtung in der Klinik. Die Werte des »Herzenzyms« Kreatinkinase beginnen etwa vier bis acht Stunden nach dem Herzinfarkt zu steigen; sie können also noch völlig normal sein, wenn sie sehr früh nach dem Infarkt gemessen werden. Deshalb sollten sowohl das EKG als auch die Blutuntersuchung alle zwei Stunden durchgeführt werden. In seltenen Fällen steht die Diagnose erst am dritten Tag eindeutig fest.

In der Regel wird auch eine Röntgenaufnahme des Brustkorbs angefertigt. Ein Herzinfarkt läßt sich damit nicht diagnostizieren, aber man kann mit ihr eine etwaige Herzinsuffizienz feststellen, die sich bei 50 % aller Patienten einige Tage nach dem Infarkt einstellt.

In manchen Kliniken wird mit weiteren Instrumenten auch das Herzzeitvolumen gemessen, das heißt das Blutvolumen, das von der linken Herzkammer ausgestoßen wird.

Um festzustellen, wie kräftig der Herzmuskel ist, wird häufig auch ein Echokardiogramm angefertigt. Bei den wenigen Patienten, die weder beim EKG noch bei den Herzenzymen klassische Befunde aufweisen, kann auch ein Myokardszintigramm sinnvoll sein. Dieses Verfahren wird aber nicht routinemäßig angewandt, denn in über 90 % der Fälle ermöglichen das EKG und eine Untersuchung der Herzenzyme eine sichere Diagnose. Myokardszintigramme verursachen höhere Kosten für Patienten und Krankenkasse und sind deshalb nur in Zweifelsfällen gerechtfertigt.

Treten nach dem Infarkt Komplikationen wie eine schwere Herzinsuffizienz auf, wird in die rechte Herzhälfte ein Katheter eingeführt, mit dem man den Druck im Herzen überwachen kann; er trägt vor allem bei einem kritischen Zustand des Patienten dazu bei, die Behandlungsmöglichkeiten zu beurteilen.

Die Katheterisierung selbst ist relativ einfach durchzuführen. Die Haut über der Vene in der Leiste oder Ellenbeuge wird mit einem Lokalanästhetikum betäubt. Der Katheter, ein speziell konstruierter dünner Schlauch, trägt am Ende einen winzigen Ballon und Meßeinrichtungen. Er wird in die Vene eingeführt und bis in die rechte Herzhälfte und die Lungenarterie geschoben. Am Röntgenschirm überprüft man, ob er richtig sitzt.

Erster Tag: Die Behandlung mit Sauerstoff wird fortgesetzt, kann aber bei den meisten Patienten nach einigen Stunden beendet werden. Der Sauerstoffgehalt des arteriellen Blutes läßt sich einfach feststellen; ist er normal, bekommt der Patient keinen Sauerstoff mehr.

Essen und Trinken sind während der ersten acht Stunden in der Regel nicht gestattet, denn die Verdauung zieht Blut vom Herzen ab; falls der Patient erbricht, kann außerdem Mageninhalt in die Lunge gelangen.

Auf der Intensivstation erhält der Patient Beruhigungsmittel.

Zweiter Tag: Der Patient erhält leichte Mahlzeiten, im Laufe einiger Tage erfolgt der Übergang zur Normalkost. Am zweiten Tag können die Patienten in der Regel schon auf der Bettkante sitzen.

Dritter bis fünfter Tag: Am zweiten oder dritten Tag wird der Patient von der Intensiv- auf die Normalstation verlegt. In einem normalen Krankenzimmer herrscht mehr Bewegungsfreiheit: Man kann morgens bequem zur Toilette gehen und vom fünften Tag an kleine Spaziergänge auf dem Klinikkorridor machen. Bei gutem Genesungsfortschritt werden am dritten oder vierten Tag die Infusionsschläuche entfernt.

Jetzt beginnt die gesundheitliche Aufklärung, in die meist auch der Lebenspartner mit einbezogen wird. Oft fragen die Betroffenen, warum sie noch im Krankenhaus bleiben müssen, obwohl sie doch keine Schmerzen mehr haben. Die Schmerzen gehen zwar in der Regel ein bis sechs Stunden nach dem Herzinfarkt zurück und kehren während des Krankenhausaufenthaltes nicht mehr wieder, viele Patienten bleiben anschließend sogar lebenslang schmerzfrei, doch der Patient muß noch einige Zeit zur Beobachtung in der Klinik verbleiben.

Am vierten Tag geht es den Patienten in der Regel schon recht gut: Das Essen schmeckt wieder, und sie können ohne Hilfe spazierengehen. Der Arzt wird jedoch Ruhe verordnen und den Patienten darüber aufklären, was ein Infarkt ist, daß ein Herzkranzgefäß blockiert war und daß ein Teil des Herzmuskels abgestorben ist. Nun wandern besondere Körperzellen in den geschädigten Bereich ein und bilden Narbengewebe als »Brücke« zu den gesunden Gewebeabschnitten. Bis die Heilung abgeschlossen ist, vergehen vier bis sechs Wochen.

In den fünfziger Jahren war es noch üblich, die Patienten sechs bis acht Wochen im Krankenhaus zu behalten. Seit den siebziger Jahren entlassen die meisten Kliniken die Patienten je nach der Schwere des Infarkts, den Komplikationen und der häuslichen Situation deutlich früher.

Sechster Tag: Am sechsten Tag kann der Patient zwei- bis dreimal täglich etwa 30 Meter weit gehen; zwischen dem siebten und zehnten Tag steigt er in Begleitung eine Etage Treppen, oder man steigert den Puls auf einem Ergometer bis auf 120. Dieser Belastungstest wird sechs bis zehn Wochen später wiederholt, und anhand der Ergebnisse wird über die weitere Behandlung – ob beispielsweise eine Angioplastie oder eine Bypass-Operation erforderlich ist – entschieden. Der Herzrhythmus wird mit einem Langzeit-EKG 24 Stunden lang überwacht, damit sichergestellt ist, daß keine schweren Herzrhythmusstörungen auftreten. Im Anschluß an die Akut-Behandlung wird der Patient in aller Regel in eine Reha-Klinik verlegt.

Depressionen und Ängste

Die meisten Patienten haben nach einem Herzinfarkt Angst und leiden bisweilen auch unter Depressionen. Ärzte und Schwestern sollten offen mit der betroffenen Person reden, Gefühle sollten ausgesprochen, alle aufkommenden Fragen geklärt werden. Der weiterbehandelnde Arzt sollte dem Patienten versichern, daß Ängste und Depressionen mit den Begleiterscheinungen wie Schwächegefühl und Müdigkeit völlig normal sind und im Laufe der Zeit verschwinden. Sechs Wochen dauert es, bis der geschädigte Muskel vernarbt ist, und etwa nach der gleichen Zeit haben sich bei den meisten Patienten auch die Ängste und Depressionen verflüchtigt.

Die Zeit heilt alle Wunden, am Muskel ebenso wie im Gefühlsleben. Einige Patienten (weniger als 1 %) brauchen stimmungsaufhellende Medikamente. Ein Rehabilitationsprogramm mit körperlicher Betätigung ist in vielerlei Hinsicht nützlich und hilft, mit den Nachwirkungen des Herzinfarkts auch psychisch fertig zu werden.

Ernährung nach dem Herzinfarkt

Man rät den Patienten zur Gewichtsabnahme und zu einer verminderten Cholesterin- und Fettaufnahme. Lipidsenkende Medikamente sollten erwogen werden, wenn der LDL-Wert über 100 mg (2,5 mmol/l) liegt.

Der Gesamtcholesterin-Wert, LDL und HDL, wird während des Krankenhausaufenthaltes und dann noch einmal nach drei Monaten bestimmt. Man sollte anstreben, den LDL-Spiegel unter 100 mg (2,5 mmol/l) zu halten (s. S. 121, »Vorbeugende Ernährung«). Alkohol sollte man in den ersten vier Wochen meiden; danach ist er in geringer Menge gestattet. Bei Herzinsuffizienz oder einem erweiterten Herzen sollte der Alkoholkonsum stark eingeschränkt werden.

Rehabilitation, Berufsunfähigkeit und Reisen

Die meisten Patienten, die noch keine 65 Jahre alt sind, können, je nach Art der Berufstätigkeit und Schwere des Infarkts, drei bis sechs Monate nach der Entlassung wieder arbeiten. Doch es gilt genau abzuwägen, welchen körperlichen und gefühlsmäßigen Belastungen der Betroffene in seinem Beruf ausgesetzt ist. Hierzu werden im Anschluß an die Reha Belastungstests durchgeführt und der Patient ggf. in einer Koronarsportgruppe weiterbetreut.

Patienten mit unkompliziertem Infarkt erhalten in der Regel den Rat, ihre körperliche Aktivität so zu steigern, daß sie nach drei Monaten wieder etwa 90 % des Niveaus vor dem Infarkt erreichen. Liefern der Belastungstest und die Messung des Herzzeitvolumens nach sechs bis zehn Wochen befriedigende Ergebnisse, ist die Prognose für den weiteren Verlauf positiv.

Solche Trainingsprogramme tragen viel dazu bei, daß die Patienten ein gewisses Maß an körperlicher Fitness wiedererlangen und gewohnte Freizeitbeschäftigungen, ihre sexuelle Aktivität und ihre beruflichen Tätigkeiten wieder aufnehmen können.

Ein Herzinfarkt bedeutet nicht, daß man lebenslang behindert ist. Viele Patienten erholen sich von diesem Ereignis sehr gut und führen wieder ein aktives, normales Leben. In der Mehrzahl der Fälle kehren die Betroffenen in ihren alten Beruf zurück, und auch in der Freizeit nehmen die meisten nach drei bis sechs Monaten ihre alten Aktivitäten – Tennis, Golf oder auch Skilaufen – wieder auf. Manche Patienten führen sogar ein aktiveres Leben als vorher, bewältigen Streß besser und berichten, sie fühlten sich wohler als in den zehn Jahren vor dem Herzinfarkt. 50 % der Patienten können ein halbes Jahr nach dem Herzinfarkt sogar wieder zwei bis fünf Kilometer täglich leicht joggen.

Was Sie nicht tun sollten

- Machen Sie keine extrem blutdrucksteigernden Übungen wie Gewichtheben oder Liegestütze. Bei solchen Übungen werden die Blutgefäße durch die ständig angespannten Muskeln zusammengepreßt, was den Blutdruck steigen läßt und das Herz stärker belastet.
- Belasten Sie sich nicht unmittelbar nach dem Essen, warten Sie ein bis zwei Stunden nach einem leichten Imbiß und zwei bis drei Stunden nach einer umfangreichen Mahlzeit.
- Strengen Sie sich (grundsätzlich) nicht an, wenn Sie Fieber haben.
- Beenden Sie sportliche Übungen und körperliche Anstrengungen nicht plötzlich; wärmen Sie sich zuvor auf, und lassen Sie die Betätigung hinterher fünf bis zehn Minuten langsam abklingen.
- Verzichten Sie zu Hause in den ersten sechs Wochen auf anstrengende Übungen und schwere Hausarbeit wie Putzen oder Reparaturarbeiten, Gartenarbeit, Rasenmähen oder Schneeschaufeln.
- Unmittelbar vor und nach einer Anstrengung sollten Sie nicht kalt oder heiß duschen. Gehen Sie nicht in die Sauna, denn die Hitze erweitert die Hautblutgefäße und zieht Blut vom Herzen und Gehirn ab.

Reisen

Nach einem Herzinfarkt sollte man etwa sechs Wochen lang nicht Auto fahren. Ergibt der Belastungstest nach drei Wochen ein befriedigendes Ergebnis, sind dringend notwendige Flugreisen erlaubt. Ansonsten sollte man möglichst drei Monate lang nicht fliegen. Patienten mit stabiler Angina pectoris dürfen jederzeit einen Flug antreten, für Patienten mit instabiler Angina pectoris gilt dies nicht. Herzpatienten sollten auf Reisen immer ein neueres EKG bei sich haben, damit im Notfall der behandelnde Arzt ein Vergleichs-EKG zur Hand hat. Auch Nitroglyzerin und alle anderen ärztlich verordneten Medikamente sollte man grundsätzlich im Handgepäck mit sich führen.

Sexualität

Die folgenden Ausführungen gelten in erster Linie für Männer, denn bei ihnen kommen Herzinfarkte in der Altersgruppe zwischen 35 und 65 Jahren weitaus häufiger vor als bei Frauen. Besprechen Sie das Thema Sexualität mit dem Arzt vor der Klinikentlassung eingehend. So bauen Sie Angst ab, die die sexuelle Leistungsfähigkeit beeinträchtigt. Auch die Partnerin hat unter Umständen Angst, weil sie glaubt, ihr Mann könne durch den Geschlechtsverkehr einen erneuten Infarkt erleiden. Derartige Störungen können in einer Beziehung traumatische Ausmaße annehmen und die Ängste und Depressionen, die nach einem Herzinfarkt ohnehin häufig vorkommen, noch verstärken.

Ein Herzinfarkt führt nicht zur Impotenz. Über 75 % der Patienten können sich bereits zwölf Wochen nach einem Herzinfarkt wieder sexuell betätigen, und zwar ebenso häufig wie zuvor. Wenn Sie aber bereits vier Wochen nach der Entlassung schon zwei Kilometer gehen und zwei Etagen Treppensteigen können, ohne daß sich Beschwerden in der Brust oder übermäßige Atemnot einstellt, und wenn Sie den Wunsch nach Sex verspüren, können Sie sich angstfrei der schönsten Nebensache der Welt widmen. In einer Studie, in der man 6000 plötzliche Todesfälle untersuchte, standen nur 34 im Zusammenhang mit dem Geschlechtsverkehr (bei 27 davon handelte es sich interessanterweise um außereheliche Beziehungen). Plötzliche Todesfälle und Herzinfarkte während des Geschlechtsverkehrs sind also äußerst selten. Wenn sich während des Geschlechtsverkehrs Atemnot oder Beschwerden in der Brust einstellen, sollte man aufhören und Nitroglyzerin einnehmen. Wenn dies beim ersten Mal nach dem Krankenhausaufenthalt geschieht, bedeutet das nicht, daß es sich jedesmal wiederholen muß, und es ist auch kein Anzeichen dafür, daß während des Verkehrs ein Herzinfarkt eintritt. Treten die Schmerzen jedoch häufiger auf, sollte man in jedem Fall mit dem Arzt reden.

Medikamente können die sexuelle Leistungsfähigkeit beeinträchtigen. Möglicherweise kann man die Dosis senken. Insbesondere harntreibende Mittel (Diuretika), seltener auch Beta-Blocker, Präparate gegen Bluthochdruck und Antidepressiva, können sich auf das Sexualleben auswirken. Wer an Angina pectoris leidet und während des Geschlechtsverkehrs Schmerzen bekommt, sollte es lieber lassen.

Beta-Blocker

Die Beta-Blocker wurden bereits unter dem Stichwort »Angina pectoris« ausführlich beschrieben (s. S. 23ff.). Hier soll vor allem davon die Rede sein, wie man sie nach einem Herzinfarkt sinnvoll anwenden kann. Beta-Blocker verlangsamen den Puls, so daß der geschwächte Herzmuskel weniger Sauerstoff braucht. Darüber hinaus vermindern sie die Kraft der Herzkontraktionen, was zu einem weiteren Rückgang des Sauerstoffbedarfs führt. Beta-Blocker stabilisieren den Herzrhythmus und können Extrasystolen verhindern, insbesondere solche, die durch seelische Belastungen ausgelöst werden. Außerdem verhüten sie in einigen Fällen das Kammerflimmern, das sehr schnell zum Tode führen kann.

Beta-Blocker, Statine zur Senkung des Cholesterinspiegels und Acetylsalicylsäure sind die einzigen oral einzunehmenden Medikamente, die nachgewiesenermaßen dem Tod durch Herzinfarkt vorbeugen können. Beta-Blocker, die vom siebten Tag nach dem Herzinfarkt an zwei Jahre lang eingenommen werden, senken das Risiko eines weiteren Infarktes und das Risiko, an einem weiteren Infarkt zu sterben, erheblich. Etwa 70 von 100 Infarktpatienten kommen für die Behandlung mit Beta-Blockern in Frage, darunter auch solche, die nach einem Infarkt an Angina pectoris leiden.

Um einem erneuten, vielleicht sogar tödlichen Herzinfarkt vorzubeugen, ist keine hohe Dosis der Beta-Blocker notwendig. Wenn das Medikament gut vertragen wird, ist mit einer Verlangsamung des Pulses in Ruhe von 70 auf 55 Schläge pro Minute zu rechnen. Bei leichten bis mittelschweren Anstrengungen bleibt der Puls unter 120, während er sonst auf 140 bis 150 steigen würde. Nur bei wenigen Patienten (unter 10 %) stellen sich Schwindelgefühle ein, wenn der Puls in Ruhe unter 5C Schläge in der Minute absinkt. In diesem Fall wird die Medikamentendosis halbiert, was dazu führt, daß sich der Ruhepuls bei 55 bis 65 Schlägen einpendelt. Nur bei sehr wenigen Patienten muß man das Medikament absetzen, weil sich der Puls auch bei geringer Dosierung zu stark verlangsamt. Glücklicherweise liegt der Anteil dieser sehr empfindlichen Patienten unter 1 %.

Am häufigsten werden folgende Beta-Blocker angewandt:

- Propranolol
- Metoprolol
- Atenolol

Es gibt noch viele weitere Beta-Blocker, aber die hier aufgeführten haben sich in der Infarktnachsorge als besonders wirksam erwiesen. Bei Rauchern schützt Propranolol nicht. Auch deshalb ist es sinnvoll, das Rauchen aufzugeben.

Wenn Nebenwirkungen wie Kurzatmigkeit, Atemnot, Schwindelgefühle oder Impotenz auftreten, sollte man den Arzt befragen. Auf keinen Fall darf man die Medikamente eigenmächtig absetzen. Impotenz kommt durchschnittlich bei 4 von 100 behandelten Patienten vor. Jede sexuelle Beeinträchtigung sollte für den Arzt ein Anlaß sein, die Dosis der Beta-Blocker zu verringern. Tritt daraufhin keine Besserung ein, muß man das Präparat unter Umständen absetzen, um ein anderes auszuprobieren.

Risikofaktoren und Vorbeugung

Ein hoher Cholesterinspiegel, Bluthochdruck und Rauchen sind wichtige Risikofaktoren, die die Gefahr für Herzinfarkt und Schlaganfall steigen lassen.

Man kann die Risikofaktoren in drei Gruppen einteilen:

Gruppe I: nicht beeinflußbare Risikofaktoren

1. Vererbung. Herzinfarkte bei anderen Familienmitgliedern bedeuten ein höheres Risiko, insbesondere wenn die Betroffenen noch keine 55 Jahre alt waren.
2. Alter. Das Risiko steigt mit dem Alter an.
3. Geschlecht. Herzinfarkte kommen in der Altersgruppe zwischen 30 und 50 Jahren bei Männern zehnmal häufiger vor als bei Frauen. Nach den Wechseljahren und jenseits des 70. Lebensjahres holen die Frauen statistisch auf.

Gruppe II: beeinflußbare Faktoren

1. hoher Cholesterinspiegel
2. Bluthochdruck
3. Rauchen
4. Streß

Gruppe III: andere wichtige Faktoren

1. Diabetes
2. sitzende Lebensweise, Bewegungsmangel
3. ungewohnte körperliche Belastungen
4. Übergewicht
5. Persönlichkeitstyp A

Herzinfarkte kommen auch bei jüngeren Männern unter 35 Jahren vor, aber nur sehr selten. Die Betroffenen haben meist einen sehr hohen Cholesterinspiegel, Bluthochdruck oder seltene Erkrankungen der Herzkranzgefäße, und in der Familie hatte es häufig schon vor dem 50. Lebensjahr Herzinfarkte gegeben.

Bei Personen unter 27 Jahren ist der Herzinfarkt äußerst selten; er kann aber bei Patienten mit familiärer Hypercholesterinämie vorkommen, deren Cholesterinspiegel im Bereich von 600 bis 1000 mg (15 bis 25 mmol/l) liegt. Frauen sind in der Regel bis zum Einsetzen des Klimakteriums vor dem Herzinfarkt geschützt, es sei denn, sie rauchen und nehmen gleichzeitig die »Pille«, oder sie leiden an Diabetes, Bluthochdruck oder an der seltenen familiären Hypercholesterinämie. Für Frauen steigt das Risiko durchschnittlich ab dem 55. Lebensjahr. Spätestens ab dem 48. Geburtstag sind Vorbeugungsmaßnahmen notwendig (s. S. 96f., »Frauen und Herzkrankheiten«).

Für Männer über 35 Jahre mit einem der vier Hauptrisikofaktoren – hoher Cholesterinspiegel, Bluthochdruck, Rauchen oder Streß – ist das Infarktrisiko gegenüber dem Bevölkerungsdurchschnitt doppelt so hoch. Wenn alle vier Faktoren vorliegen und wenn Vater oder Mutter vor dem 55. Lebensjahr an einem Herzinfarkt gestorben sind, liegt das Risiko siebenmal so hoch.

Wer einen Herzinfarkt bekommt, kann niemand auch nur annähernd sicher voraussagen. Manche Menschen haben ganz einfach Glück. Sie besitzen die richtigen Gene, das heißt, sie haben sich die »richtigen« Eltern ausgesucht. Solche Menschen mißachten unter Umständen alle Vorsichtsmaßnahmen: Sie konsumieren täglich zwei Eier, rauchen zwei Schachteln Zigaretten, betätigen sich nie körperlich, führen ein streßgeplagtes Leben – und bekommen dennoch keinen Herzinfarkt.

Vorbeugende Ernährung

Beachten Sie die Tabelle auf Seite 90/91 und befolgen Sie die im folgenden gegebenen Ratschläge. Damit tragen Sie der Notwendigkeit Rechnung, den Fettanteil auf 30 % der mit der Nahrung zugeführten Energiemenge zu beschränken. Sie nehmen dann genügend Proteine und mehrfach ungesättigte Fette zu sich, ohne daß Sie komplizierte Berechnungen anstellen müssen.

Die Ratschläge brauchen nicht ganz strikt befolgt zu werden, wenn der Cholesterinspiegel unter 200 mg liegt, denn dann ist der Organismus offensichtlich in der Lage, ihn selbst auf natürliche Weise zu regulieren. Lebensmittel mit hohem Salzgehalt (Natrium) sollte man meiden oder nur sparsam verwenden (s. Tab. S. 65).

A. Folgende Lebensmittel sollte man nicht verzehren:

- Innereien wie Leber, Nieren, Kalbsbries, Herz oder Hirn;
- Fettes Fleisch, stark marmorierte Steaks, Hammelfleisch, gepökeltes Schweine- und Entenfleisch;
- Vollmilch oder Vollmilchprodukte, Sahne, Schmalz, Margarine mit gesättigten Fetten oder Palmöl;

- Kokosfett und Produkte, in denen es enthalten ist, wie pflanzliche Kaffeeweißer, Palmöl, Erdnußöl und Erdnußbutter.

B. Folgende Lebensmittel sollte man nur gelegentlich und in geringen Mengen zu sich nehmen:

- Roastbeef, Frühstücksfleisch, rohen Schinken, Würstchen, Hamburger und Spareribs;
- Butter, Eigelb, Vollmilch- und Rahmkäse, Kuchen, Schokoladenpudding, Desserts und Speiseeis aus Vollmilch;
- Hummer – er hat einen hohen Cholesteringehalt und wird häufig mit viel Butter zubereitet;
- Erdnüsse, Cashewkerne und Paranüsse.

C. Folgende Lebensmittel sind empfehlenswert:

- Alle Sorten Wurzelgemüse; Linsen und Erbsen mit ihrem hohen Ballaststoffgehalt; täglich Obst, auch Avocados trotz ihres geringen Gehalts an gesättigten Fetten. Bei Gemüsesorten mit hohem Vitamin-K-Gehalt (Brokkoli, Alfalfa, Rüben, Kürbis und Kopfsalat) sollte man aber nicht übertreiben, denn eine zu hohe Vitamin-K-Aufnahme kann die Entstehung von Blutgerinnseln begünstigen.
- Alle Fischsorten, auch wenn sie als fett bezeichnet werden, enthalten nur sehr wenig gesättigte Fette, aber viel Omega-3-Fettsäuren, die dem Schutz der Arterien dienen. Krabben sind nicht so bedenklich, wie manchmal behauptet wird, vorausgesetzt, man frittiert sie nicht in Bierteig und verzehrt sie nur gelegentlich. Alle Speisen, die in Teig ausgebacken werden, enthalten viel gesättigte Fette.
- Geflügel, Hühnerbrust und Putenfleisch, bei denen man die Haut entfernt, enthalten nur wenig gesättigte Fette und Cholesterin. Vor der Zubereitung muß man – auch bei Hühnerfleisch – das Fett abschneiden.
- Mageres Rind- und Kalbfleisch.
- Fette und Öle: Zum Braten sollte man mehrfach ungesättigte Pflanzenöle mit Alpha-Linolensäure verwenden, beispielsweise Rapsöl oder Sojaöl. Butter sollte man durch Margarine mit mehrfach ungesättigten Fettsäuren oder durch Olivenöl ersetzen. Besonders nützlich ist Margarine, die mit Alpha-Linolensäure angereichert wurde und weder Härtungsmittel noch Kokosfett enthält.
- Kohlenhydrate (zucker- und stärkehaltige Lebensmittel) wie Brot und andere Mehlprodukte, Kartoffeln und Reis zur Aufrechterhaltung des Normalgewichts.
- Zwiebeln und Knoblauch; man sollte aber wegen des hohen Natriumgehalts kein Knoblauchsalz verwenden, sondern statt dessen Knoblauchpulver.
- Alpha-Linolensäure; diese Verbindung ist zum Beispiel in Walnüssen und Portulak enthalten. Alpha-Linolensäure ist eine langkettige Fettsäure, die auch in der Mittelmeerküche eine große Rolle spielt. Sie vermindert ähnlich wie Acetylsalicylsäure die Klebrigkeit der Blutplättchen und beugt deshalb in den Arterien der Gerinnselbildung vor. Über eine Studie zur Wirkung einer mediterranen Ernährung mit viel Alpha-Linolensäure berichtete die Fachzeitschrift Lancet im Juni 1994: Sie vermindert bei Patienten, die bereits einen Herzinfarkt hatten, das Risiko eines erneuten Infarkts. Eine solche mediterrane Ernährung besteht aus Möhren und grünem Gemüse, viel Brot, Fisch, Geflügel, wenig Rind-, Lamm- und Schweinefleisch sowie täglich Obst, Nüsse und Olivenöl;

Butter wurde in der Studie durch rapsölhaltige Margarine ersetzt, die zusätzlich mit 5 % Alpha-Linolensäure angereichert war.

Die geringste Sterblichkeit durch Herzinfarkte findet man weltweit bei den Bewohnern Kretas und Japans, wo die Ernährung viel Alpha-Linolensäure enthält. In Kreta stammt die Substanz vor allem aus Portulak und Walnüssen, in Japan aus Raps- und Sojaöl, eine herzgesunde Ernährung mit wenig gesättigten Fetten und geringem Cholesteringehalt. So gesehen sind die Lebensmittel in Tabelle auf Seite 90/91 zu empfehlen, wenn eine Portion von 100 Gramm weniger als sechs Gramm gesättigte Fette enthält. Die meisten Fleisch- und Gemüsesorten enthalten ähnliche, nicht allzu hohe Cholesterinmengen; deshalb wird zwischen diesen Lebensmitteln in den Empfehlungen nicht unterschieden; eine Ausnahme bilden nur Innereien, die viel Cholesterin enthalten, so daß man sie meiden sollte. Eier dagegen sind trotz ihres hohen Cholesteringehalts ausgezeichnete, leicht verfügbare Nährstofflieferanten. Man kann durchaus zwei- bis dreimal in der Woche ein Ei essen.

Herzinsuffizienz

Eine Herzinsuffizienz liegt vor, wenn die Herzkammern nicht mehr genügend Blut ausstoßen, um den Bedarf des Organismus zu befriedigen. Allein in Deutschland kommen jedes Jahr mehrere hunderttausend Menschen aus diesem Grund ins Krankenhaus. Die häufigste Ursache der Herzinsuffizienz ist eine ausgeprägte Herzmuskelschwäche. Das Herz ist der kräftigste Muskel unseres Körpers: In einem durchschnittlichen Menschenleben schlägt es etwa 2,5 Milliarden Mal, dabei pumpt es mehr als 227 Millionen Liter Blut. Würde diese ganze Arbeit in einem Augenblick geleistet, könnte man mit dieser Energie ein Gewicht von fast 200 000 Tonnen heben. Wenn der Herzmuskel jedoch geschwächt ist und das Blut nicht mehr mit genügender Kraft weiterpumpt, staut es sich in den Venen, die in die rechte oder linke Herzhälfte münden.

Normalerweise fließt das mit Sauerstoff angereicherte Blut aus der Lunge durch Venen in den linken Vorhof und von dort in die linke Herzkammer (s. Abb. S. 133). Sind diese Lungenvenen zu stark gefüllt, gelangt Flüssigkeit (Natrium und Wasser) über Rückstau ins Lungengewebe. Diesen Zustand bezeichnet man als Lungenödem, die Ursache ist eine Linksherzinsuffizienz. Bleibt die Herzinsuffizienz mehrere Tage lang bestehen, kann sich die Flüssigkeit auch in dem Hohlraum zwischen Lunge und Brustkorbwand ansammeln; in diesem Fall spricht man umgangssprachlich von »Wasser in der Lunge«.

Die Lunge ähnelt einem Schwamm, dessen Hohlräume (die Lungenbläschen oder Alveolen) normalerweise trocken und mit Luft gefüllt sind. Bei der Herzinsuffizienz staut sich in den Alveolen und im Lungengewebe selbst die überschüssige Flüssigkeit, so daß die Lunge schwerer und unbeweglicher wird: Sie kann sich bei jedem Atemzug weniger ausdehnen, so daß die betroffene Person an Atemnot leidet. Die Flüssigkeit in der Lunge besteht aus Wasser, Natrium und wenigen roten Blutkörperchen. Die Patienten husten unter Umständen einen mit Blut durchsetzten Auswurf aus. Diesen Zustand bezeichnet man als Lungenödem auf dem Boden einer Herzinsuffizienz. Die Flüssigkeit und das Blut in den überdehnten

Venen sind auf einer Röntgenaufnahme der Lunge gut zu erkennen.

Bei der Rechtsherzinsuffizienz, auch Stauungsinsuffizienz genannt, kommt es in den Venen von Hals, Armen, Leber und Beinen zu Stauungen und Dehnungen. Deshalb untersucht der Arzt häufig die Jugularvenen seitlich am Hals, die das Blut vom Kopf und Hals zur rechten Herzhälfte leiten (s. Abb. S. 133). Wenn ein gesunder Mensch steht, sitzt oder mit erhöhtem Oberkörper liegt, sind diese Venen nicht sichtbar erweitert. Normalerweise dehnen sie sich nur vorübergehend, wenn der Druck im Brustkorb stark zunimmt, beispielsweise beim Singen, Husten, Trompetespielen und ähnlichem. Sind die Venen auch in Ruhe erweitert, und leidet der Patient dazu noch an Atemnot, kann der Arzt mit ziemlicher Sicherheit davon ausgehen, daß eine Herzinsuffizienz vorliegt.

Der Rückstau dehnt auch die Blutgefäße der Leber, die sich infolgedessen vergrößert. In manchen Fällen kann sich auch Flüssigkeit in der Bauchhöhle sammeln (Bauchwassersucht oder Aszites). Die Beinvenen sind unter Umständen nicht sichtbar erweitert, aber das Blut steht auch hier unter Druck, und Flüssigkeit sickert ins Gewebe, vor allem wenn man steht, geht oder längere Zeit sitzt. Am häufigsten treten solche Schwellungen gegen Abend auf, nach einigen Stunden im Liegen gehen sie zurück, morgens sind sie am geringsten. Die Flüssigkeitsansammlung in Füßen und Fußgelenken ist ein typisches Kennzeichen der Herzinsuffizienz; sie kann allerdings auch entstehen, wenn die Beinvenen aus anderen Gründen blockiert sind. Die Flüssigkeit ähnelt in ihrer Zusammensetzung (Wasser und Natrium) der in den Lungen, das heißt, in den Beinen steht nicht Wasser, sondern Salzlösung. Bei der Herzinsuffizienz sind in der Regel beide Beine geschwollen, bei Venenverengungen dagegen ist meist nur eines betroffen. Im Extremfall können sich in Beinen, Hüften, Bauch und Lunge mehrere Liter Flüssigkeit ansammeln. Deshalb bezeichnete man Ödeme im 19. Jahrhundert auch als Wassersucht.

Die Ursache der Linksherzinsuffizienz ist meist eine umfangreiche Schädigung der Muskeln an der linken Herzkammer, wie sie nach einem oder mehreren Herzinfarkten eintreten kann. In der Mehrzahl der Fälle ist der Muskel noch soweit funktionsfähig, daß die Patienten sich innerhalb weniger Tage erholen. In etwa 30 % der Fälle bleibt die Herzinsuffizienz in mehr oder weniger großem Umfang bestehen, so daß Medikamente erforderlich sind. Nach mehreren – unter Umständen unbemerkten – Herzinfarkten kommt es zu weiteren Schäden am Herzen, so daß die Herzinsuffizienz sich verstärkt. Doch mit entsprechender medizinischer Behandlung können die Betroffenen häufig noch viele Jahre weiterleben. Eine Operation ist in der Regel nicht notwendig, es sei denn, das Herz beult sich aus und bildet ein Aneurysma. Das geschieht glücklicherweise nur selten, nämlich etwa bei einem von 10 000 Patienten, die mehrere Herzinfarkte hatten. Läßt sich das Aneurysma beseitigen, bestehen nach dieser aufwendigen Operation gute Heilungsaussichten.

Erkrankungen des Herzmuskels (Kardiomyopathien), die nicht auf eine Atherosklerose der Herzkranzgefäße oder auf Herzklappenfehler zurückgehen, sind sehr selten. Gelegentlich führt Alkoholmißbrauch zu einer Kardiomyopathie. Auch Viren, die eine schwach oder mäßig ausgeprägte, grippeähnliche Krankheit hervorrufen, können am Herzen mikroskopisch kleine Narben entstehen lassen, die den Muskel so schwächen, daß es zur Herzinsuffizienz kommt.

In der Regel wird der Herzmuskel im Laufe mehrerer Jahre durch Bluthochdruck schwächer. Die linke Herzkammer hat es schwerer, Millionen Liter Blut gegen den höheren Widerstand durch die verengten Arterien zu pressen, und diese zusätzliche Anstrengung führt dazu, daß die Muskulatur der linken Herzhälfte an Masse zunimmt. Eine solche Vergrößerung des Herzens (Kardiomegalie) ist in Röntgenaufnahmen leicht zu erkennen. Nach einigen Jahren ist der Muskel dann so stark überlastet, daß er plötzlich versagt; die Folge: In der Lunge sammelt sich über einen Rückstau Flüssigkeit an, und es kommt plötzlich zu starker Atemnot.

Manchmal beschränkt sich der Bluthochdruck auch auf die Lungenarterien, in die das Blut aus der rechten Herzkammer gedrückt wird. Dieser Zustand kann beispielsweise bei Patienten mit schwerem Emphysem eintreten: In der Lunge sind viele Blutgefäße zerstört, so daß der Strömungswiderstand und damit der Blutdruck im Lungenkreislauf steigt. Daraufhin vergrößert sich die Muskulatur der rechten Herzhälfte, bis sie schließlich versagt und eine Rechtsherzinsuffizienz eintritt.

Erkrankungen der Herzklappen, beispielsweise der Aortenklappen, können den Blutfluß aus der linken Herzkammer in die Aorta beeinträchtigen, ein Zustand, den man als Aortenklappenstenose bezeichnet. Ist die Mitralklappe zwischen linkem Vorhof und linker Herzkammer verengt (Mitralstenose), staut sich das Blut bis in die Lunge zurück, Husten und schwere Atemnot können die Folge sein.

Neben diesen Herzkrankheiten und dem Bluthochdruck gibt es mehrere weitere Faktoren, die bei einer vorhandenen Schwächung des Herzens zur Herzinsuffizienz führen können. Im einzelnen handelt es sich um folgende Ursachen:

1. Probleme allgemeiner Natur:

- Dosisverminderung oder Absetzen von Digoxin oder Diuretika, entweder vom Arzt angeordnet oder weil der Patient die Medikamente eigenmächtig nicht mehr nimmt.
- Verstärkte Aufnahme stark salzhaltiger Lebensmittel.
- Starke körperliche Anstrengung.

2. Stärkere Belastung des Herzens, ausgelöst durch:

- einen deutlich steigenden Blutdruck
- Herzrhythmusstörungen (z.B. Vorhofflimmern)
- Lungenembolie (Blutgerinnsel in der Lunge)
- Infektionen, z.B. Lungenentzündung, Brustfellentzündung, Harnwegsinfektionen u.a.
- Schilddrüsenüberfunktion

3. Fortschreiten oder Komplikationen einer ohnehin vorhandenen Herzkrankheit:

- akuter Herzinfarkt, wiederholte Herzinfarkte oder Aneurysma
- Herzklappenerkrankungen mit Stenose oder Herzklappeninsuffizienz

4. Medikamente, die eine Schwächung der Herztätigkeit bewirken können, wenn sie überdosiert sind:

- Wirkstoffe gegen Arthritis (Entzündungshemmer) wie Indometacin, Ibuprofen, Piroxicam und Phenylbutazon;
- Beta-Blocker
- Corticosteroide (Cortison, Prednison)
- Disopyramid (Antiarrhythmetikum)
- Calciumantagonisten (Verapamil, Diltiazem);
- anregende Wirkstoffe, die den Blutdruck steigen

lassen, z.B. Adrenalin, Amphetaminderivate sowie manche Husten- und Erkältungsmedikamente
- übermäßiger Alkoholgenuß (acht Schnäpse in zwei Stunden können beispielsweise zur Verminderung der Herztätigkeit führen)

Entstehungsmechanismen

Kommt es durch eine der genannten Erkrankungen oder Ursachen zur Herzinsuffizienz, werden körpereigene Schutzmechanismen aktiv. Bei der Herzinsuffizienz stoßen die Herzkammern weniger Blut aus. Dieses Volumen, das in Ruhe normalerweise bei etwa fünf Litern pro Minute liegt, kann auf weniger als zwei Liter absinken, so daß der Bedarf des Körpers nicht mehr gedeckt wird. Darauf reagiert der Organismus mit folgenden Kompensationsmechanismen:

- Nervensystem und Nebennieren werden zur Produktion von Adrenalin und Noradrenalin angeregt. Adrenalin verengt die Arterien, so daß der Strömungswiderstand größer wird und der Blutdruck steigt, was lebensrettend sein kann. Der Strömungswiderstand ist aber auch eine starke Belastung: Sie gleicht einem steilen Berg, gegen dessen Steigung die linke Herzkammer anarbeiten muß. Da der Muskel aber ohnehin bereits geschwächt ist, verstärkt sich die Herzinsuffizienz durch die zusätzliche Belastung.
  In der Regel sind natürliche Kompensationsmechanismen des Organismus sehr nützlich, aber in diesem Fall sind sie kontraproduktiv. Eigentlich sollten sich die Kontraktionen verstärken und der Widerstand in den Arterien sinken. Doch die Natur reagiert statt dessen mit einer Arterienverengung zur Steigerung des Blutdrucks, denn sinkt dieser – aus welchem Grund auch immer –, ist der Organismus darauf programmiert, ihn wieder ansteigen zu lassen. Nachdem die medizinische Forschung diese Zusammenhänge aufgeklärt hatte, konnte man jedoch Anfang der achtziger Jahre eine Reihe von Medikamenten entwickeln, die den Strömungswiderstand vermindern. Solche Wirkstoffe nennt man Vasodilatatoren (s. S. 74f., »Bluthochdruck«).
- Die beiden Enzyme Renin und Angiotensin werden aktiviert. Angiotensin verursacht eine starke Verengung der Arterien und läßt den Blutdruck steigen. Renin regt die Nebennieren an, und diese schütten daraufhin das Hormon Aldosteron aus, das in den Nieren für den Transport von Natrium und Wasser in die Blutgefäße sorgt; auch diese Vergrößerung der Blutmenge soll zur Blutdrucksteigerung beitragen. Wenn aus den Nieren mehr Wasser und Natrium ins Blut zurückkehren, verstärken sich die Ödeme in Beinen und Lunge. Auch hier reagiert der Organismus also falsch.
- Die Nieren reagieren sofort und sorgen dafür, daß Wasser und Natrium in beträchtlichen Mengen ins Blut zurückgeführt werden. Diese zusätzlichen Flüssigkeitsmengen sickern dann aus den Blutgefäßen in Lunge und Beine, so daß die Atemnot zunimmt. Der Arzt verschreibt deshalb Diuretika, damit die Nieren mehr Salz und Wasser ausscheiden, so daß sich die Atemnot und die Schwellungen der Beine vermindern.

Substanzen, die wie das Adrenalin die Kontraktionen des Herzens verstärken, bezeichnet man als inotrope Wirkstoffe. Die bekannteste derartige Verbindung ist das Digitalis, das schon seit 200 Jahren zur Behandlung der Herzinsuffizienz verwendet wird. Die entscheidende Ursache, die zu den erwähnten Kompensationsreaktionen führt, ist der zu geringe Blutausstoß des Herzens, der auch durch die natürlichen Ausgleichsmechanismen nicht stark genug ansteigt. Der Blutdruck ist lebensnotwendig: Ist er nicht mehr vorhanden, werden Herzkranzgefäße und Gehirn nicht mehr durchblutet, bis schließlich der Tod eintritt. Also galt es, Medikamente zu entwickeln, die den Blutausstoß des Herzens steigern, ohne ernsthafte Nebenwirkungen hervorzurufen.

Medikamentöse Behandlung

Digitalis (Digoxin)

Im Jahr 1775 hörte William Withering, ein Arzt aus Birmingham, von einer Hebamme, die mit einem pflanzlichen Trank mehrere Menschen von Beinschwellungen und Atemnot geheilt hatte. Die Krankheit bezeichnete man zu jener Zeit als Wassersucht. Withering untersuchte den Heiltrank und gelangte zu dem Schluß, daß unter den über 20 Zutaten nur eine aktiv war: die Fingerhutpflanze (Digitalis purpurea). Von nun an setzte er diese Pflanze bei der Behandlung von Patienten ein, und das mit beträchtlichem Erfolg.

Seither wurden auf der ganzen Welt viele Millionen Menschen bei Herzinsuffizienz mit Digitalis behandelt. Der Wirkstoff sorgt für kräftigere Kontraktionen des Herzens und verstärkt die Durchblutung der Nieren. Blutrückstau, Atemnot und Ödeme gehen zurück. Außerdem verlangsamt das Medikament den Puls, so daß das Herz den Sauerstoff effizienter nutzt.

In manchen Fällen wird die Herzinsuffizienz durch ein Vorhofflimmern ausgelöst, einen sehr unregelmäßigen Herzrhythmus, bei dem der Vorhof mit Frequenzen bis 400/min flimmert, und die Kammer auf Pulsfrequenzen von 120–200 Schläge in der Minute ansteigen kann. Bei solchen Patienten läßt sich der Puls mit Digitalis auf 60 bis 90 Schläge verlangsamen, so daß die Herzinsuffizienz völlig zurückgeht. Digitalis ist nach wie vor der einzige oral einzunehmende Wirkstoff gegen die durch Vorhofflimmern ausgelöste Herzinsuffizienz.

Ist der Herzrhythmus während der Insuffizienz normal, wird nicht immer Digitalis gegeben, denn in diesem Fall helfen auch Diuretika und ACE-Hemmer.

Digitalispräparate sind unter verschiedenen Wirkstoffnamen im Handel. Der bekannteste ist Digoxin. Es ist das reinste Digitalispräparat und gelangt zuverlässig immer in der gleichen Menge ins Blut. Deshalb soll hier im wesentlichen von diesem Wirkstoff die Rede sein. Andere Präparate unterscheiden sich vom Digoxin nur geringfügig in ihrer Resorptionsfähigkeit, Konzentration im Blut und Wirkungsdauer. Digoxin wird unter verschiedenen Markennamen vertrieben.

Digoxin (Lanicor® u.a.)

Darreichungsform: Tabletten zu 0,25 mg.
Dosierung: Zur Dauerbehandlung 0,25 mg täglich vor dem Zubettgehen. Bei Patienten über 70 Jahre reichen 0,125 mg täglich in der Regel aus.
Wie bereits erwähnt wurde, steigert Digoxin die Kraft der Herzkontraktionen, und es verlangsamt den Puls, insbesondere beim Vorhofflimmern. Der Wirkstoff wird von den

Nieren fast unverändert ausgeschieden. Bei Nierenerkrankungen und Nierenversagen kann er sich deshalb im Körper in toxischen Mengen anreichern. Patienten mit Nierenversagen erhalten daher nur 0,125 mg täglich oder jeden zweiten Tag.

Ratschläge und Nebenwirkungen

Der häufigste Grund für die Ansammlung toxischer Mengen sind Funktionsstörungen der Nieren. Bei Personen über 70 Jahre sind die Nierenfunktionstests (Kreatinin) unter Umständen normal, obwohl die Nieren nicht ordnungsgemäß funktionieren. Deshalb muß die Dosis bei älteren Menschen sorgfältig eingestellt werden, damit toxische Nebenwirkungen vermieden werden.

Bei einem überhöhten Digoxinspiegel im Blut kommt es häufig zu Übelkeit und Erbrechen. Manchmal treten Veränderungen im Farbensehen auf, die aber zurückgehen, sobald das Medikament abgesetzt wird. Bei toxischen Dosen verlangsamt sich der Puls häufig auf weniger als 48 Schläge, wobei Extrasystolen und Herzrhythmusstörungen auftreten können. In einem solchen Fall ist das Präparat abzusetzen und die Konzentration im Blut zu messen.

Ein niedriger Kaliumspiegel verstärkt alle Nebenwirkungen auch bei geringen Digoxindosen. Deshalb sollte die Kaliumkonzentration im Blut alle vier Monate und in manchen Fällen auch noch häufiger überprüft werden. Diuretika verursachen bekanntermaßen einen starken Kaliumverlust, und da sie bei Herzinsuffizienz häufig zusammen mit Digoxin verordnet werden, kann es zu toxischen Nebenwirkungen mit Herzrhythmusstörungen kommen. Man sollte die Ratschläge des Arztes zur Ernährung in jedem Fall berücksichtigen, unter Umständen ist ein Kaliumpräparat (flüssig oder in Tablettenform) erforderlich. Mittlerweile verwendet man das Präparat seit über 20 Jahren zur Behandlung der Linksherzinsuffizienz. Wenn Patient und Arzt zusammenarbeiten, lassen sich toxische Nebenwirkungen meist vermeiden.

Digitoxin (Digimerck® u.a.)

Darreichungsform: Tabletten zu 0,05, 0,07 und 0,1 mg.

Dosierung: Anfangs und zur Dauerbehandlung täglich 0,05 bis 0,1 mg, maximal 0,15 mg. Digitoxin wirkt langfristig (bis zu sechs Tage). Es wird in der Leber abgebaut und über den Darm ausgeschieden. Das Auslassen einer Dosis und selbst ein Nierenversagen wirken sich kaum auf den Serumspiegel aus. Bei Patienten mit schweren Leberfunktionsstörungen ist die Digitoxin-Konzentration in der Regel nicht erhöht. Der entscheidende Nachteil besteht darin, daß toxische Nebenwirkungen mehrere Tage bestehen bleiben.

ACE-Hemmer

Hemmstoffe für das Angiotensin converting enzyme (ACE) sind sehr nützlich für die Behandlung aller Arten der Herzinsuffizienz und stellen einen wichtigen medizinischen Fortschritt dar. Sie gehören zu den Vasodilatatoren und können nachgewiesenermaßen lebensrettend wirken oder Krankenhausaufenthalte vermeiden helfen.

Captopril, Enalapril und Lisinopril

Wie bereits erwähnt, versucht der Organismus bei Herzinsuffizienz, den Blutdruck um jeden Preis aufrechtzuerhalten, um den Sauerstoffbedarf des Gehirns und der anderen Organe zu decken. Wenn der Blutdruck oder das in die Nieren strömende Blutvolumen abnimmt (beispielsweise bei Blutungen oder Herzinsuffizienz), wird das Renin-Angiotensin-Enzym-System aktiviert, d. h. es wird Angiotensin gebildet, das sehr wirksam die Arterien zusammenzieht und den Blutdruck steigert; dadurch wird jedoch das Herz stärker belastet, und die Herzinsuffizienz verschlimmert sich. Captopril und Enalapril blockieren ein »Umwandlungsenzym«, das Angiotensin in seine aktive Form verwandelt. Deshalb bezeichnet man diese neue Gruppe der Vasodilatatoren als ACE-Hemmer. Die Präparate erweitern die Arterien, senken den Blutdruck und entlasten das Herz. Kalium bleibt im Blut. Ein normaler Kaliumspiegel ist, wie bereits erwähnt, von größter Bedeutung, damit Digitalis nicht toxisch wirkt und damit die elektrischen Verhältnisse am Herzen stabil bleiben.

Captopril (Tensobon®, Lopirin® u.a.)

Darreichungsform: Tabletten zu 12,5, 25 und 50 mg.

Dosierung: Diuretika und andere Blutdrucksenker sind zwölf Stunden lang abzusetzen. Dann gibt man versuchsweise 6,25 mg täglich, die maximal auf zweimal täglich 50 mg gesteigert werden können. Die Einnahme erfolgt am besten eine Stunde vor dem Essen.

Die empfohlene Höchstdosis bei Herzinsuffizienz beträgt 75 bis 100 mg am Tag. Der Wirkstoff wird über die Nieren ausgeschieden. Bei Niereninsuffizienz muß er in reduzierter Dosierung eingenommen werden: Statt zweimal täglich 25 - 50 mg gibt man beispielsweise nur noch zweimal 25 oder 12,5 mg.

Ratschläge und Nebenwirkungen

ACE-Hemmer sollten nicht bei schwerer Anämie und schwerem Nierenversagen angewandt werden. Die Kombination mit jeder Art von Kaliumpräparaten und mit Diuretika, die Kalium im Körper halten, ist zu vermeiden. Captopril kann trockenen Husten und starkes Hautjucken verursachen. Auch ein erhöhter Proteingehalt des Urins und eine Verminderung der Zahl weißer Blutkörperchen kommen vor.

Enalapril (Pres®, Xanef® u.a.)

Darreichungsform: Tabletten zu 5 und 10 mg.
Dosierung: Einmal täglich 5 mg, maximal 20 mg täglich.
Enalapril wirkt ähnlich wie das zuvor beschriebene Captopril.

Lisinopril (Acerbon®, Coric® u.a.)

Darreichungsform: Tabletten zu 2,5, 5, 10 und 20 mg.
Dosierung: Einmal täglich 2,5 mg, Steigerung je nach Bedarf bis auf eine Dauerdosis von 5 bis 20 mg täglich.

Weitere Vasodilatatoren, die zur Behandlung der Herzinsuffizienz eingesetzt werden, sind Hydralazin und Prazosin, aber sie wirken unterschiedlich gut und helfen nur selten. Sie sind keine ACE-Hemmer, und nur zu empfehlen, wenn ACE-Hemmer kontraindiziert sind.

Diuretika

Diuretika sind eine sehr nützliche Gruppe von Herzmedikamenten. Sie spielen für die Behandlung von Patienten mit Herzinsuffizienz oder Bluthochdruck eine entscheidende Rolle. Bei der Herzinsuffizienz sammelt sich in den Beinen kein reines Wasser, sondern eine Salzlösung an. Sie läßt sich aus Beinen, Füßen und Lunge nur beseitigen, wenn sie mit Hilfe eines Diuretikums aus dem Blut in den Urin befördert wird. Atemnot und Erstickungsgefühle werden durch das Diuretikum Furosemid sehr schnell gelindert. In Verbindung mit ACE-Hemmern und Digoxin können Diuretika die Symptome mildern.

Furosemid (Lasix® u.a.)

Darreichungsform: Tabletten zu 20, 40, 500 mg.
Dosierung: Bei schwerer Herzinsuffizienz täglich 40 bis 120 mg. Langzeitmedikation, wenn die Herzinsuffizienz nicht mehr besteht, täglich 40 bis 80 mg. Im akuten Notfall bis 500 mg pro Tag.

Nitrate

Diese Präparate (s. S. 21ff., »Angina pectoris«) sind für Patienten, die nicht mit Digoxin, Diuretika und ACE-Hemmern behandelt werden, von Bedeutung. Ihre wichtigste Wirkung ist die Erweiterung der Venen, durch die sich Blut in der unteren Körperhälfte sammelt. Auf diese Weise fließt weniger Blut zum Herzen, und der Rückstau in die Lunge schwächt sich geringfügig ab. Der Effekt ist aber nur schwach, und wenn die Wirkstoffe über mehrere Wochen eingenommen werden, verlieren sie ihre Wirkung. Sie werden vor allem im Krankenhaus in Notfällen eingesetzt oder auch in der häuslichen Behandlung von Patienten, um eine schwere Herzinsuffizienz zu überstehen.

Oral einzunehmendes Isosorbiddinitrat und andere Nitrate haben eine Bedeutung in Verbindung mit Digoxin und Diuretika und sogar mit den erwähnten Vasodilatatoren, wenn die Herzinsuffizienz durch eine koronare Herzerkrankung ausgelöst würde. Manche Patienten leiden jedoch an Schwindelgefühlen, wenn man ihnen eine solche Kombination von Medikamenten verschreibt; die Einnahme darf deshalb nur unter ärztlicher Aufsicht erfolgen.

Nichtmedikamentöse Therapie

Ratschläge im Zusammenhang mit Medikamenten, Salz, Ernährung, Kalium, Alkohol und körperlicher Betätigung.

1. Die Medikamente müssen stets so eingenommen werden, wie der Arzt sie verordnet hat. Auf keinen Fall darf man ein Medikament ohne Befragen des Arztes absetzen. Digoxin muß mitunter lebenslang genommen werden, und auch die Einnahme von Diuretika ist meist monate- oder jahrelang, manchmal und in geringer Dosierung sogar das ganze Leben lang notwendig.
2. Es ist ratsam, sich an eine kochsalzarme Ernährung zu gewöhnen. Für eine salzarme Ernährung können Sie sich an der Tabelle auf S. 65 orientieren. Und beachten Sie bitte folgende Hinweise:
   - Verwenden Sie beim Kochen und bei Tisch kein Salz. Um die Speisen schmackhafter zu machen, kann man Salzersatzprodukte verwenden. Solche Ersatzstoffe enthalten Kalium anstelle des Natriums und sind deshalb gesünder. Nimmt man jedoch einen ACE-Hemmer ein, sollte man sie nicht verwenden, da ACE-Hemmer den Kaliumspiegel im Blut erhöhen.
   - Wenn eine Nierenerkrankung vorliegt, verbleibt dennoch genügend Kalium im Körper, so daß keine zusätzliche Kaliumaufnahme notwendig ist. Wer ACE-Hemmer (Captopril, Enalapril) oder andere Herzmedikamente einnimmt, sollte ohne Befragen des Arztes weder größere Mengen an Salzersatzstoffen noch kaliumreiche Lebensmittel oder Kaliumpräparate zu sich nehmen. Um geeignete Ratschläge erteilen zu können, muß der Arzt zuvor durch eine Blutuntersuchung die Nierenfunktion überprüfen und den Elektrolytgehalt des Blutes (einschließlich des Kaliumspiegels) feststellen.
   - Verzehren Sie natriumarme Lebensmittel (s. Tab. S. 65. Weitere Informationen zum Kochsalzverzehr s. S. 64ff., »Bluthochdruck, Beschränkung der Kochsalzaufnahme«)
3. Von der verminderten Natriumaufnahme und einer gegebenenfalls höheren Kaliumaufnahme abgesehen, kann man sich normal ernähren. Für normalgewichtige Patienten besteht keine Notwendigkeit, die Aufnahme von Cholesterin, Fetten und Zucker drastisch zu beschränken. Übergewichtige Patienten sollten jedoch abnehmen, um dem schwachen Herzen die Arbeit zu erleichtern, und auch die Medikamentendosis kann dann meist gesenkt werden.
4. Der Kaliumspiegel im Blut muß im oberen Normbereich bleiben, also bei 4 bis 5 mmol/l. Liegt kein Nierenversagen vor, wird Kalium häufig als Tablette oder in flüssiger Form eingenommen. Tabletten oder Kapseln verursachen manchmal Magen- oder Darmreizungen. Außerdem sind die Tabletten recht groß und enthalten wenig Kalium. Wenn ein Patient einen niedrigen Kaliumspiegel hat und nicht an Nierenversagen leidet, ist eine kaliumreiche Ernährung (s. Tab. S. 132) zu empfehlen, denn die flüssigen Medikamente schmecken sehr unangenehm. Wenn man sich

kaliumreich ernährt, sind Kaliumpräparate meist überflüssig. Als Alternative verschreiben viele Ärzte ein Diuretikum, welches das Kalium im Körper hält. Bei mittelschwerer bis schwerer Herzinsuffizienz empfiehlt sich eine Kombination aus Furosemid, das zu Kaliumverlust führt, und Captopril oder Enalapril, die Kalium halten.

Kaliumreiche Nahrungsmittel

Nahrungsmittel	Menge	Kalium in mg/l
Orangensaft	125 ml	138
Magermilchpulver	125 ml	621
Vollmilchpulver	125 ml	460
Honigmelone	1 Viertel	299
Banane	1 Stück	230
Tomate	1 Stück	138
Staudensellerie	1 Stück	115
Spinat	125 ml	184
Kartoffel (gebacken)	½ Stück	299
Bohnen	125 ml	230
Erdbeeren	125 ml	69

Avocado, Fleisch und Schellfisch sind reich an Kalium.
Ausführliche Angaben bei der Deutschen Gesellschaft für Ernährung (DGE) e. V., Postfach 930201, 60457 Frankfurt/M., Tel. 069/976803-0, Fax 069/976803-99

5. Alkohol schwächt die Kraft der Herztätigkeit. Wenn man an Herzinsuffizienz leidet, sollte man möglichst keinen Alkohol trinken, oder den Alkoholkonsum auf eine entsprechend geringe Menge Wein oder Bier bei besonderen Gelegenheiten beschränken. Patienten mit alkoholbedingter Kardiomyopathie sollten natürlich ganz auf Alkohol verzichten.
6. Sport und andere ungewohnte Anstrengungen verlangen einem geschwächten Herzen besonders viel ab und lösen oft eine Herzinsuffizienz aus. Das beste Training ist schnelles Gehen. Versuchen Sie, einen bis zwei Kilometer zu gehen, bleiben Sie aber stehen, und machen Sie eine Pause, sobald Sie außer Atem geraten. Von längerem Gehen (drei bis acht Kilometer) und Joggen raten wir bei Herzinsuffizienz ab. Übungen, bei denen man sich bückt, können Schwindelgefühle auslösen, insbesondere wenn man Vasodilatatoren, Diuretika oder Nitrate einnimmt. Die Herzinsuffizienz, die während eines akuten Herzinfarkts auftritt, ist jedoch anders zu bewerten: Sie geht oft schon nach einer Woche völlig zurück. Wer von dieser Form der Herzinsuffizienz betroffen ist, kann und sollte am Training der Reha-Programme teilnehmen.

Womit muß man im Krankenhaus und nach der Entlassung rechnen?

Das wichtigste Symptom der Herzinsuffizienz ist starke Atemnot. Schmerzen treten meist nur dann auf, wenn sie durch einen Herzinfarkt ausgelöst wird. Ist Nitroglyzerin zur Hand, legt man eine Tablette unter die Zunge, und sollte sitzend im Bett verweilen, bis der Krankenwagen eintrifft. Dort wird sofort Sauerstoff verabreicht. Morphin lindert die Ängste und sorgt dafür, daß Blut in der unteren Körperhälfte verbleibt; beide Wirkungen tragen zur Erleichterung bei. Auf die Haut wird Nitroglyzerinsalbe aufgetragen. Furosemid, ein sehr wirksames Diuretikum, wird intravenös gespritzt. Furosemid wirkt innerhalb weniger Minuten: Es sorgt dafür, daß das Blut sich in der unteren Körperhälfte sammelt und daß die Nieren Salz und Wasser aus dem Blut in den Urin befördern. Die Linderung der Symptome wird oft schon nach einigen Minuten spürbar, häufig bereits bevor man Wasser lassen muß. Tritt keine Besserung ein, werden weitere Furosemid-Injektionen gegeben.

Anschließend werden die Ursachen und Auslöser der Herzinsuffizienz behandelt, soweit dies möglich ist. Gegen das Vorhofflimmern mit schneller Kammerfrequenz hilft Digoxin. Da Bluthochdruck zur Herzinsuffizienz führen kann, muß er gesenkt werden. Zu diesem Zweck verwendet man geeignete Medikamente.

Bei Herzinsuffizienz bleiben die Patienten in der Regel fünf bis zehn Tage im Krankenhaus. Die weiteren Aussichten hängen von den Ursachen und auslösenden Faktoren ab. Manche Patienten müssen zwar fortan jede große Anstrengung meiden, leben aber bei guter medizinischer Betreuung noch bis zu 15 Jahre.

Herzklappenerkrankungen

Die Herzklappen (s. Abb. r.) ähneln automatischen Türen: Sie öffnen sich, wenn jemand hindurchgehen will, und bleiben geschlossen, wenn sie nicht gebraucht werden. Wenn das Blut aus der linken Herzkammer in die Aorta gedrückt wird, öffnet sich die Aortenklappe. Die Oberfläche der Herzklappen ist so glatt wie Seide, so daß Blutzellen und Bakterien nicht daran hängenbleiben. Doch die Herzklappen können auch ernsthaft erkranken.

Herzgeräusche

Bei Erkrankungen der Herzklappen werden die glatten Oberflächen rauh, sie verdicken, schwellen an und werden hart. Im Blutfluß, der durch die derart veränderten Klappen strömt, entstehen Turbulenzen, die anormal laute Schwingungen erzeugen. Der Arzt kann sie mit dem Stethoskop als »Herzgeräusche« wahrnehmen. Wie laut solche Herzgeräusche sind, hängt von der Strömungsgeschwindigkeit des Blutes, der Blutmenge und der Heftigkeit der Turbulenzen ab. Der Kardiologe kann durch einfaches Abhören mit dem Stethoskop und ohne teure Untersuchungen feststellen, ob das Geräusch von Bedeutung ist oder nicht. Den Befund kann man durch eine Echokardiographie bestätigen, was aber oft gar nicht notwendig ist, wenn der Arzt über genügend Erfahrung verfügt. Häufig werden solche teuren Untersuchungen unnötigerweise vorgenommen.

Meist handelt es sich um systolische Herzgeräusche, das heißt, sie treten während der Kontraktion der Herzkammern auf. Viele systolische Geräusche

Der Aufbau des Herzens

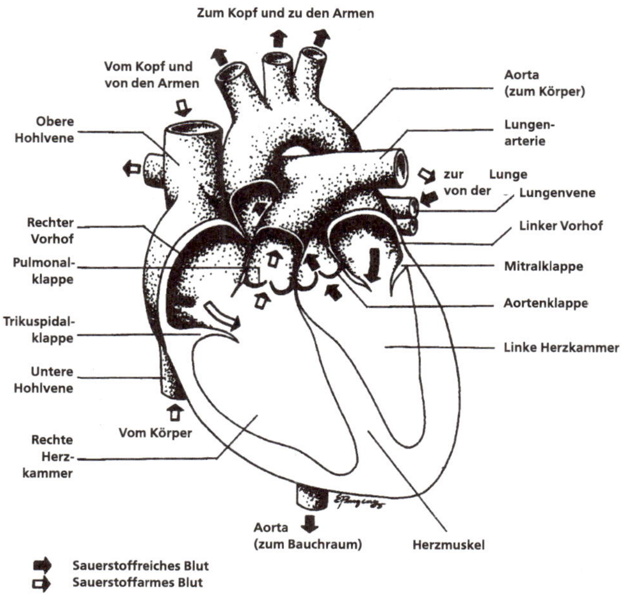

haben nichts zu besagen, weil sie die Funktion des Herzens nicht beeinträchtigen. Treten sie dagegen während der Entspannungsphase des Herzens auf (diastolische Geräusche), sind sie Anzeichen für eine Störung (s. S. 100ff., »Herzgeräusche«).

Herzgeräusche, die auf eine Störung hinweisen, belasten das Herz im Laufe des Lebens immer stärker, bis der Muskel sich schließlich vergrößert und schwächer wird, so daß es zur Herzinsuffizienz kommt (s. S. 123ff., »Herzinsuffizienz«).

Ursachen der Herzklappenerkrankungen

Schäden an den Herzklappen können folgende Ursachen haben:

- rheumatisches Fieber;
- Infektionskrankheiten, insbesondere bakterielle Endokarditis und Syphilis; Virusinfektionen kommen zwar sehr häufig vor, führen aber, soweit man weiß, nicht zu einer dauerhaften Schädigung der Herzklappen;
- Mitralklappenprolaps;
- in seltenen Fällen angeborene Herzfehler (s. S. 11ff., »Angeborene Herzfehler«);
- koronare Herzkrankheit, Kardiomyopathie und altersbedingte degenerative Erkrankungen wie Aortensklerose.

Folgen von Herzklappenerkrankungen

- Es entstehen Herzgeräusche, die der Arzt leicht erkennen kann (s. S. 100ff., »Herzgeräusche«).
- An der betroffenen Herzklappe können Infektionen auftreten (bakterielle Endokarditis).
- Komplikationen durch Blockade (Stenose) der Herzklappe oder den Rückstau des Blutes können zu schwerer Atemnot führen; in Einzelfällen ist eine Ballon-Herzklappenplastik oder ein chirurgischer Eingriff erforderlich.
- Die rauhe Oberfläche der Herzklappe kann sich bis zum linken Vorhof ausweiten und elektrische Störungen verursachen. Die Folge sind unter Umständen Extrasystolen, Herzrasen (parxoysmale atriale Tachykardie) und Vorhofflimmern.

Die wichtigsten Symptome einer schweren Herzklappenerkrankung sind zunehmende Atemnot bei mäßiger Anstrengung sowie im Liegen, Husten und gelegentlich blutiger Auswurf. Später treten Anzeichen der Herzinsuffizienz auf: Atemnot, Ödeme in den Beinen und Wasser in der Lunge (s. S. 123ff., »Herzinsuffizienz«).

Rheumatisches Fieber

Zu Schäden an den Herzklappen kommt es häufig durch einen Anfall von rheumatischem Fieber. Diese Krankheit tritt am häufigsten zwischen dem fünften und 25. Lebensjahr auf; sie schließt sich bei entsprechend veranlagten Personen an eine Streptokokkeninfektion des Rachens an. Die Bakterien setzen an den Herzklappen und Gelenken eine allergieähnliche Reaktion in Gang. Symptome sind Fieber, Gliederschmerzen und Herzgeräusche wegen der geschwollenen Herzklappen. Bestätigt wird die Diagnose durch eine Blutuntersuchung, mit der man die Streptokokken nachweist.

Glücklicherweise sind Racheninfektionen mit diesem Streptokokkentyp in den letzten Jahren seltener geworden. Es gibt diese Krankheit aber nach wie vor, insbesondere in der Dritten Welt ist sie recht verbreitet.

Nicht in allen Fällen bleibt nach dem rheumatischen Fieber ein Herzklappenfehler zurück: Wenn das Fieber sehr stark ist und die Gliederschmerzen mehrere Monate anhalten, kommt es in der Regel nicht zu Schäden an den Herzklappen. Umgekehrt können sich 40 % aller Patienten, deren Herzklappen durch eine Streptokokkeninfektion geschädigt wurden, an eine Erkrankung mit Fieber und Gelenkschmerzen nicht erinnern.

Am häufigsten wird die Mitralklappe geschädigt, an zweiter Stelle steht die Aortenklappe; die Folge ist eine Mitral- bzw. Aortenklappenstenose. Die anderen Herzklappen nehmen durch rheumatisches Fieber und degenerative Erkrankungen nur selten Schaden.

Vorbeugung gegen rheumatisches Fieber

Rheumatisches Fieber tritt bei entsprechend veranlagten Personen oft mehrmals auf. Um solche Rückfälle zu verhüten, ist folgendes anzuraten: Ist die frühere Erkrankung gut belegt, ohne daß es aber Hinweise auf eine nennenswerte Schädigung der Herzklappen gibt, wird mindestens fünf Jahre lang oder bis zum 20. Lebensjahr Penicillin gegeben. Je nachdem, welche beta-hämolysierenden Streptokokken in einer bestimmten Gegend vorkommen und wie häufig das rheumatische Fieber auftritt, setzen manche Ärzte die Behandlung bis zum 40. Lebensjahr fort. Gewöhnlich wird das Antibiotikum folgendermaßen dosiert:

1. Zweimal täglich 250 mg Penicillin-V. Bei Penicillinallergie wirkt Sulfadiazin: 1 g täglich für Erwachsene und 0,5 g für Patienten unter 27 Kilogramm Körpergewicht.
2. Einmal im Monat 1,2 Millionen Einheiten Benzylpenicillin-Benzathin intramuskulär.

Mitralklappenstenose

Die seidenweichen Zipfel der Mitralklappe werden dick, rauh und hart, so daß sich die Öffnung der Klappe im Laufe der Jahre immer mehr verengt. Das hat zur Folge, daß das Blut aus dem linken Vorhof nur noch schwer in die Herzkammer strömen kann (s. Abb. S. 133). Bei starker Verengung staut sich das Blut bis in die Lunge, so daß es zu schwerer Atemnot und Herzinsuffizienz kommt.

Die Therapie einer schweren Mitralklappenstenose erfolgt durch Ballon-Herzklappenplastik oder eine Operation. Bei der Ballon-Herzklappenplastik wird ein Katheter von der Leistenbeuge aus ins Herz bis zu der verengten Klappe geschoben. Dann wird diese mit einem aufblasbaren Ballon an der Spitze des Katheters geöffnet. Diese Methode ist relativ erfolgversprechend und eignet sich für über 75 % der Patienten. Ist sie nicht möglich, wird meist eine Operation vorgenommen.

Bei dieser Operation handelt es sich um einen relativ einfachen, ungefährlichen Eingriff. Die Klappe wird mit einem besonderen Instrument geöffnet. In seltenen Fällen schließt sie nicht dicht, so daß sie durch eine künstliche Herzklappe ersetzt werden muß. Die Operation ist in der Regel sehr erfolgreich, kommt aber nur bei schweren Symptomen in Frage. Viele Patienten leben fünf bis 30 Jahre lang mit leichten Symptomen, ohne daß eine Herzklappenplastik oder ein chirurgischer Eingriff notwendig ist. Komplikationen sind selten, es sei denn, es kommt zum Vorhofflimmern. In diesem Fall müssen Digoxin und ein Antikoagulans gegeben werden.

Mitralklappeninsuffizienz

Die Schädigung einer Mitralklappe kann dazu führen, daß sie sich während der Kontraktion der linken Herzkammer nicht mehr völlig schließt. Das hat zur Folge, daß Blut in den linken Vorhof zurückströmt. Häufig haben die Patienten je nach dem Ausmaß der Schädigung fünf bis 30 Jahre lang nur leichte Beschwerden, und erst wenn sich Vorhof und Herzkammer vergrößern, tritt starke Atemnot ein, so daß die Klappe gegen eine Prothese ausgetauscht werden muß. In manchen Fällen kommt es zur Herzinsuffizienz, so daß eine medikamentöse Behandlung oder ein operativer Eingriff notwendig werden. Die Operation sollte vorgenommen werden, bevor die Herzinsuffizienz eintritt, den richtigen Zeitpunkt für den Eingriff zu finden, ist aber schwierig.

Aortenklappenstenose

Die Aortenklappenstenose geht meist auf rheumatisches Fieber oder – bei älteren Menschen – auf Calciumablagerungen zurück. Die Aortenklappe (s. Abb. S. 133) kann sich nicht mehr richtig öffnen, so daß der Blutfluß aus der linken Herzkammer in die Aorta behindert ist und weniger Blut ins Gehirn gelangt. Deshalb können Symptome wie Schwindelgefühl, Ohnmacht, Atemnot und Schmerzen in der Brust auftreten. Die linke Herzkammer versucht, das Hindernis durch kräftigeres Pumpen zu überwinden, so daß sie sich im Laufe der Jahre vergrößert, bis sie schließlich versagt. Bei starker Atemnot, Schmerzen, Ohnmachtsanfällen, Vergrößerung der linken Herzkammer und Herzinsuffizienz ist eine Operation erforderlich.

Bei diesem Eingriff wird meist die erkrankte Herzklappe entfernt und eine künstliche Herzklappe eingesetzt. Bei Patienten über 45 Jahre liegt in vielen Fällen gleichzeitig eine koronare Herzkrankheit vor, so daß neben der künstlichen Herzklappe auch ein Bypass notwendig ist.

Aortenklappeninsuffizienz

Bei dieser Herzklappenerkrankung bleibt die Aortenklappe geöffnet, wenn sie sich eigentlich schließen sollte, so daß das Blut aus der Aorta zurück in die linke Herzkammer strömen kann (s. Abb. S. 133). Auf diese Weise wird die linke Herzhälfte stärker belastet, und im Laufe der Jahre kommt es zur Erweiterung und Vergrößerung. Eine Operation ist meist nicht erforderlich, denn die linke Herzkammer kann die zusätzliche Arbeit häufig viele Jahre lang bewältigen. Mit Medikamenten wie Captopril (einem ACE-Hemmer) kann man verhindern, daß die Öffnung größer wird. Eine solche Öffnung einer Herzklappe beansprucht das Herz weniger als eine Klappe, die sich nicht mehr richtig öffnet. Kommt es zur Herzinsuffizienz, helfen Digoxin und Diuretika, aber auch Vasodilatatoren wie Captopril und Enalapril. Bevor es aber soweit kommt, sollte die Klappe durch eine Operation ersetzt werden. Der richtige Zeitpunkt für die Operation ist oft schwer abzuschätzen, und der Eingriff ist nicht ohne Risiko.

Wenn eine Klappe sich nicht mehr richtig öffnet, spricht man in der Medizin von einer sog. Stenose (Mitralklappenstenose, Aortenklappenstenose). Schließt die Klappe dagegen nicht richtig, liegt eine Insuffizienz vor (Mitralklappeninsuffizienz, Aortenklappeninsuffizienz). Die Trikuspidal- und Pulmonalklappe sind nur selten betroffen, außer bei angeborenen Herzfehlern oder wenn es – insbesondere bei Drogenabhängigen – zu einer Infektion (Endokarditis) kommt.

Das Einsetzen einer künstlichen Herzklappe ist ein umfangreicher chirurgischer Eingriff, dem eine sorgfältige fachärztliche Beurteilung vorausgehen muß. Nach der Operation muß der Patient meist gerinnungshemmende Medikamente einnehmen, damit sich an der Klappe keine Blutgerinnsel bilden. Wenn eine mechanische Herzklappe verwendet wird oder Vorhofflimmern eintritt, wird Marcumar® gegeben. Für Patienten über 65 Jahre sind Bioprothesen (menschliche oder Schweineklappen) zu empfehlen; in diesem Fall sind keine Gerinnungshemmer erforderlich.

Aortenklappenverkalkung

Insbesondere bei Patienten zwischen 60 und 80 Jahren, kommt es manchmal zur Verkalkung und Verhärtung (Sklerose) der Aortenklappe, was der Arzt mit dem Stethoskop anhand typischer Geräusche leicht erkennen kann. Die Calciumablagerungen führen nicht zu einer nennenswerten Behinderung des Blutflusses, und deshalb treten meist keine nennenswerten Symptome auf. Nur in einem von 10 000 Fällen ist eine Operation notwendig. Herzgeräusche, die durch eine Aortenklappenverkalkung entstehen, sind bei 33 % aller Personen über 70 Jahre zu finden.

Mitralklappenprolaps

Diese Krankheit kommt recht häufig vor. Die Segel der Mitralklappe dehnen sich, bekommen zahlreiche Falten und nehmen an Größe zu, so daß sie hin und her schwingen. Die Klappe wird durch eine myxomatöse Degeneration geschädigt. Mit dem Stethoskop ist ein typisches Herzgeräusch zu hören, das dem Ticken einer Uhr oder auch einem musikalischen Klang ähnelt. Die Erkrankung kommt bei Frauen geringfügig häufiger vor als bei Männern; dieses typische Herzgeräusch findet man bei 5 % aller Personen über 25 Jahre. Männer mittleren Alters neigen eher zu einem komplizierteren Herzklappenfehler.

Die Erkrankung ist insgesamt relativ harmlos. Ernsthafte Probleme bereitet sie nur in einem von 100 Fällen. Häufig wird sie von den behandelnden Ärzten übertrieben dargestellt, so daß die Betroffenen Angst bekommen. In wenigen Fällen können Herzrhythmusstörungen auftreten, die sehr selten zu Ohnmachtsanfällen führen. Zur Beseitigung solcher Symptome sind Beta-Blocker sehr nützlich. Manchmal treten auch Schmerzen in der Brust auf, die dann aber nichts mit koronarer Herzkrankheit oder einem Herzinfarkt zu tun haben. In weniger als einem von 1000 Fällen ist das Mitralklappensegel so weit geschwächt, daß Blut in unterschiedlich starkem Ausmaß zurückfließen kann; dann ist eine chirurgische Korrektur erforderlich, gegebenenfalls durch Einpflanzung einer künstlichen Herzklappe.

Gelegentlich kommt es zu einer Infektion der Herzklappen (bakterielle Endokarditis), die weitere Schäden anrichtet, insbesondere wenn schon ein Herzgeräusch vorhanden ist. Deshalb ist vor Zahnbehandlungen und chirurgischen Eingriffen, durch die Bakterien in den Körper gelangen können, eine Antibiotika-Prophylaxe erforderlich.

Bakterielle Endokarditis

Herzklappen, die einmal an rheumatischem Fieber erkrankt waren, sind dick, rauh und geschwollen. Auch von anderen Ursachen für Fehlbildungen der

Herzklappen war bereits die Rede. Bakterien, die ins Blut gelangen, können sich an der rauhen Oberfläche festsetzen und einen Infektionsherd bilden: Sie vermehren sich und bilden an der Herzklappe eine Art »Abszeß«. Eine Infektion der Herzklappen bezeichnet man als Endokarditis oder Herzinnenhautentzündung. Da sie meist von Bakterien hervorgerufen wird, spricht man von bakterieller Endokarditis.

Bei entsprechend veranlagten Personen kann die bakterielle Endokarditis einige Wochen oder Monate nach sehr einfachen Eingriffen auftreten, beispielsweise nach einer Zahnbehandlung oder einer Operation an einer anderen Körperstelle, also immer dann, wenn Krankheitserreger in den Organismus gelangen können. Für Patienten mit geringfügigen Herzklappenfehlern führt eine solche Infektion unter Umständen zu ernsthaften Komplikationen.

Vorbeugung gegen Endokarditis

Zur Vorbeugung gegen die bakterielle Endokarditis gelten folgende Empfehlungen:

- Patienten mit Herzklappenerkrankungen benötigen eine halbe bis eine Stunde vor Zahnbehandlungen und chirurgischen Eingriffen sowie sechs Stunden danach ein Antibiotikum. Bei Zahnbehandlungen unter örtlicher Betäubung wird das Medikament oral gegeben. Patienten mit künstlichen Herzklappen oder einem hohen Risiko für bakterielle Endokarditis erhalten es intravenös; das gleiche gilt bei jeder Vollnarkose. Alle Zahnbehandlungen, die zu Zahnfleischblutungen führen, wie Zähneziehen, Wurzelbehandlungen, Abschleifen und Zahnsteinentfernen, aber auch viele chirurgische Eingriffe und Untersuchungen wie die Blasenspiegelung erfordern die vorsorgliche Gabe von Antibiotika zur Verhütung der Endokarditis.
- Bei örtlicher Betäubung wird ein Antibiotikum oral gegeben: 3 g Amoxicillin eine Stunde vor dem Eingriff und 1,5 g danach. Patienten mit Penicillinallergie erhalten eine Stunde vor und sechs Stunden nach dem Eingriff zwei Kapseln à 150 mg Clindamycin.

  Bei Operationen am Darm, an den Geschlechtsorganen oder an den Harnwegen sind andere, intravenös verabreichte Antibiotika erforderlich. Jeder Patient mit Herzklappenerkrankungen muß die Ärzte im Krankenhaus und den Zahnarzt darüber in Kenntnis setzen, damit prophylaktisch Antibiotika gegeben werden können.
- Für die Vorbeugung gegen Endokarditis bei Zahnbehandlungen gilt folgende Empfehlung: Bei örtlicher Betäubung und wenn keine Penicillinallergie vorliegt, werden 3 g Amoxicillin (Kinder 1,5 g) eine Stunde vor dem Eingriff oral eingenommen. Bei Zahnbehandlungen unter Vollnarkose und wenn keine Penicillinallergie vorliegt, werden 1,5 g Amoxicillin intramuskulär oder intravenös gegeben, sechs Stunden später werden oral 0,5 g genommen.

  Zahnbehandlungen können für Patienten mit Herzklappenfehlern gefährlich sein. Auch ein geringfügiger Defekt, der keine Symptome verursacht, kann zur Infektion führen, weshalb Personen mit Herzgeräuschen und Herzklappenfehlern grundsätzlich Antibiotika zur Vorbeugung gegen Endokarditis erhalten sollten.

Zusammenfassung:

Nicht nur geschädigte Herzklappen können durch Infektionen in Mitleidenschaft gezogen werden, sondern auch völlig gesunde. Dies geschieht allerdings nur sehr selten und vor allem bei Drogenabhängigen, weil Spritzen und Nadeln häufig verunreinigt sind. Die Krankheitserreger, die auf diese Weise ins Blut gelangen, können auch die Tricuspidal- und Pulmonalklappe in der rechten Herzhälfte infizieren. Die Keime der Gattungen Staphylococcus und Pseudomonas vermehren sich häufig sehr schnell, so daß sie auch gesunde Herzklappen schädigen können.

Die gefährlichen Streptokokken kommen heute wesentlich seltener vor, nicht nur weil man Antibiotika einsetzt, sondern auch durch die Verbesserung der Wohnverhältnisse, der hygienischen Bedingungen und der Luftqualität. Deshalb ist das rheumatische Fieber heute in den Industrieländern selten geworden; in Indien, Pakistan, Afrika, der Karibik und Südamerika kommt es dagegen immer noch häufig vor.

Herzklappenerkrankungen kommen relativ oft vor, aber die Herzchirurgie hat in den letzten 20 Jahren große Fortschritte gemacht. Ist die geschädigte Herzklappe chirurgisch behandelt oder durch eine Prothese ersetzt worden, können die Patienten ein normales Leben führen. Wenn eine mechanische künstliche Herzklappe eingesetzt wurde, sind Gerinnungshemmer notwendig. Bei Patienten über 69 Jahren bevorzugt man eine Bioprothese (d.h. man setzt die Herzklappe eines Verstorbenen oder eine Herzklappe tierischen Urprungs ein). Diese funktionieren meist 15 bis 20 Jahre lang, und Gerinnungshemmer sind nicht erforderlich. Bei Vorhofflimmern sind aber in beiden Fällen blutverdünnende Medikamente notwendig.

Herzklopfen und Herzrhythmusstörungen

Oben rechts am Herzen liegt der Sinusknoten, eine kleine Gruppe spezialisierter Zellen (s. Abb. S. 140). Der Knoten ist etwa 30 Millimeter lang und drei Millimeter dick. Aufgrund seiner genetischen Programmierung und angeregt durch Natrium- und Kaliumionen, die in seine Zellen hineinströmen und sie wieder verlassen, sendet dieser natürliche Herzschrittmacher elektrische Impulse über kabelähnliche Leitungsbahnen zu den Vorhöfen und Herzkammern, die sich daraufhin durchschnittlich 70 Mal in der Minute zusammenziehen. Der Sinusknoten gleicht einem kräftigen Generator, der den Herzschlag völlig unter Kontrolle hat. Zwar können auch Zellen außerhalb des Sinusknotens – beispielsweise die Muskelzellen der Herzkammern – als Schrittmacher wirken, aber ihre Aktivität ist so schwach, daß die elektrischen Impulse des Sinusknotens sie unterdrücken. Manchmal unterbrechen diese Schrittmacherzellen jedoch den normalen Herzrhythmus, so daß sogenannte Extrasystolen auftreten (s. Abb. S. 140).

Das elektrische Leitungssystem des Herzens ist unentbehrlich. Es kann Schaden nehmen, wenn die Herzkranzgefäße blockiert sind und nicht mehr genügend Blut zu den Leitungsbahnen transportieren, wie es beispielsweise nach mehreren Herzinfarkten vorkommt. Auch bestimmte degenerative Erkrankungen können über eine Verhärtung (Sklerose) der Leitungsbahnen das elektrische System schädigen.

Herzklopfen, Extrasystolen und unregelmäßige Schläge

Als Herzklopfen bezeichnen Patienten und Ärzte einen schnellen, pochenden oder unregelmäßigen Herzrhythmus. Das Problem kommt und geht, und manchmal macht das Herz in einer Minute fünf- bis zehnmal Pause. Manchmal fühlt es sich auch an, als ob das Herz zusätzliche Schläge macht. Wenn man sich hinlegt, werden die Unregelmäßigkeiten stärker. Der Hausarzt kann aber dennoch häufig keine Störung finden.

Das elektrische System des Herzens

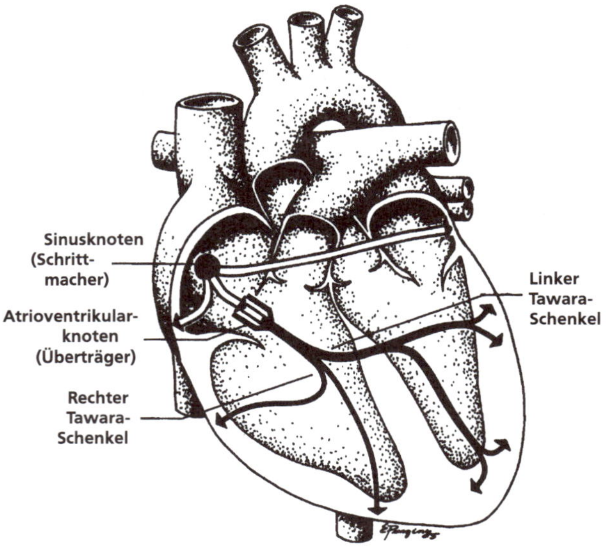

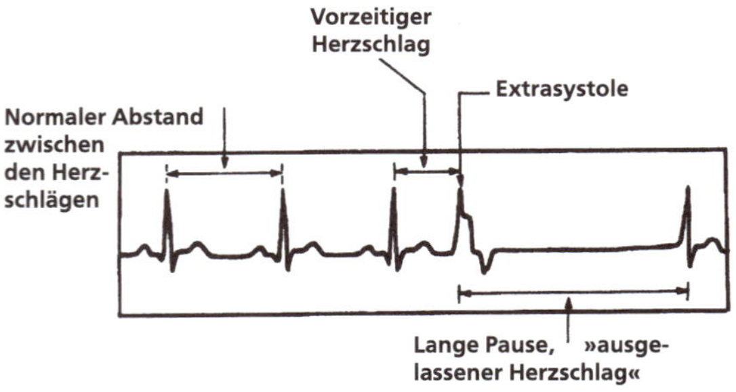

Im Elektrokardiogramm werden die elektrischen Impulse des Herzens durch die Brustkorbwand aufgezeichnet. »Vorzeitiger Schlag« bedeutet das gleiche wie »Extrasystole«.

Pausen im Herzrhythmus entstehen durch sogenannte Extrasystolen (s. Abb. l.). Gehen sie von den oberen Herzkammern aus, bezeichnet man sie als Vorhof-Extrasystolen; bei einem ansonsten gesunden Herzen haben sie nichts zu bedeuten. Kammerextrasystolen haben ihren Ursprung in den Hauptkammern. Solche Herzrhythmusstörungen nimmt man als zusätzliche Schläge oder Schlagunterbrechungen wahr. Fast immer werden die Extrasystolen stärker, wenn sich der Herzrhythmus im Sitzen oder Liegen verlangsamt. Beschleunigt sich der Puls dagegen beim Gehen oder anderen körperlichen Anstrengungen, werden die Extrasystolen häufig vom normalen Herzrhythmus unterdrückt. Außerdem schwächen auch die körperlichen Bewegungen die Wahrnehmung der Extrasystolen ab.

Manchmal haben Extrasystolen ihre Ursache in Herzkrankheiten oder anderen Gesundheitsstörungen, aber häufig ist überhaupt kein Grund zu erkennen. Zu den Herzkrankheiten, die den Herzrhythmus beeinträchtigen können, gehören die koronare Herzkrankheit und Herzklappenfehler, die häufig auf rheumatisches Fieber zurückgehen, sowie der Mitralklappenprolaps. Herzklappenfehler kann der Arzt leicht diagnostizieren, denn sie machen sich als Herzgeräusche bemerkbar. Weitere Klarheit über die Ursachen schafft eine Echokardiographie. Erkrankungen des Herzmuskels (Kardiomyopathie) sind glücklicherweise selten. Ab und zu entsteht eine Kardiomyopathie durch Alkoholmißbrauch. Auch Viren, die eine grippeähnliche Erkrankung hervorrufen, können am Herzen mikroskopisch kleine Narben (Myokarditis) hinterlassen, die dann Extrasystolen auslösen. Die Myokarditis läßt sich unter Umständen nur schwer diagnostizieren, wenn der Patient nicht in der akuten Phase untersucht wird.

Zu den notwendigen Untersuchungen bei Extrasystolen gehören eine Blutuntersuchung (um Anämie, einen niedrigen Kaliumspiegel und eine Schilddrüsenüberaktivität auszuschließen), eine Röntgenaufnahme des Brustkorbs, eine Echokardiographie, ein Langzeit-EKG und ein Belastungstest.

Als Ursachen, die außerhalb des Herzens liegen, kommen Alkohol, Rauchen, Anregungsmittel wie Coffein, Amphetamine (aufputschende Appetitzügler) und mehrere Medikamente in Frage. Bei entsprechend veranlagten Menschen kommen Herzrhythmusstörungen besonders zwölf bis 24 Stunden nach Alkoholkonsum vor. Eine weitere mögliche Ursache ist ein zu geringer Sauerstoffgehalt des Blutes aufgrund einer Lungenkrankheit oder Schilddrüsenüberfunktion.

Extrasystolen kommen bei jüngeren Menschen häufig vor und richten bei einem ansonsten gesunden Herzen keinerlei Schäden an. Auch mit Herzinfarkt, plötzlichem Herztod oder Herzinsuffizienz haben sie bei einem gesunden Herzen nichts zu tun. Bei einem gesunden Herzen ist demnach auch keine medikamentöse Therapie angezeigt, denn die Nebenwirkungen wiegen in diesem Fall weit schwerer als der Nutzen. Manche Patienten, denen die vielen Extrasystolen bei gesundem Herzen oder Mitralklappenprolaps sehr lästig sind, sprechen auf Beta-Blocker an. Fünf bis 15 Aussetzer oder Extrasystolen pro Stunde bei einem ansonsten gesunden Herzen sind ohne Bedeutung und müssen nicht mit Medikamenten behandelt werden.

Manchmal tritt auch nach jedem oder häufiger nach jedem zweiten Herzschlag eine Extrasystole auf. Wenn anfallsweise Herzrasen mit 150 bis 180 Schlägen in der Minute einsetzt, liegt möglicherweise eine paroxysmale atriale Tachykardie vor. Sind solche Anfälle häufig, muß eine weitergehende Therapie erfolgen.

In mehreren Studien wurde mit Hilfe von Langzeit-EKGs nachgewiesen, daß bei über 66 % aller gesunden Menschen von den Herzkammern »normale« Extrasystolen ausgehen. Solange keine schwerwiegende Herzkrankheit vorliegt, braucht man das Klopfen, Flattern und unregelmäßige Schlagen nicht weiter zu beachten.

Tachykardie

Dieser medizinische Fachausdruck bezeichnet einen sehr schnellen Herzschlag (mehr als 100 Schläge in der Minute). Hier sollen fünf Arten der Tachykardie beschrieben werden:

1. Sinustachykardie;
2. Atrioventrikularknoten-Reentry-Tachykardie, früher paroxysmale atriale Tachykardie (PAT) genannt;
3. Vorhofflimmern;
4. Wolff-Parkinson-White-Syndrom (WPW-Syndrom);
5. ventrikuläre Tachyarrhythmie.

Sinustachykardie

Wenn der schnelle Herzrhythmus von einem gesunden Sinusknoten ausgeht, spricht man von Sinustachykardie; sie ist ein normales Phänomen bei körperlichen Anstrengungen, fiebrigen Infektionskrankheiten, Angstzuständen und Schilddrüsenüberfunktion.

Atrioventrikularknoten-Reentry-Tachykardie, früher paroxysmale atriale Tachykardie (PAT) genannt

Dies ist eine der häufigsten Formen anormaler Tachykardien bei gesunden jungen Erwachsenen. Die Schrittmacherzellen außerhalb des Sinusknotens oder ein Schaltkreis im Atrioventrikularknoten (Teil der elektrischen Leitungsbahnen am Übergang von den Vorhöfen zu den Herzkammern) senden elektrische Impulse aus, die einige Minuten oder auch mehrere Stunden lang den Herzrhythmus bestimmen. Die häufigste Form der paroxysmalen Tachykardie geht vom AV-Knoten aus und heißt deshalb auch Atrioventrikularknoten-Reentry-Tachykardie. Wir setzen hier diese Bezeichnung mit der paroxysmalen atrialen Tachykardie (PAT) gleich, auch wenn es zwischen beiden geringfügige Unterschiede gibt. Wenn man von PAT spricht, handelt es sich in den meisten Fällen um eine Atrioventrikularknoten-Reentry-Tachykardie.

Maßnahmen gegen paroxysmale atriale Tachykardie

1. Man hält sich die Nase zu und versucht 30 Sekunden lang gegen diesen Widerstand auszuatmen.
2. Massage der Halsschlagader
3. Kalte Flüssigkeit trinken.

Es ist aber dringend davon abzuraten, sich auf die Augäpfel zu drücken. Diese Methode wandte man früher an, wird aber heute nicht mehr empfohlen, weil sie zu Netzhautablösungen führen kann. Man kann solche Anfälle auch beenden, indem man drei bis sechs Sekunden lang die rechte Halsschlagader massiert. Durch diese Anregung des Vagusnerven normalisiert sich bei 50 % der Betroffenen der anormal schnelle Herzrhythmus.

Bei Personen über 60 Jahre und wenn die Halsschlagader bekanntermaßen durch atherosklerotische Plaques verengt ist, darf diese Methode nicht angewandt werden.

Bei der Mehrzahl der Patienten mit Atrioventrikularknoten-Reentry-Tachykardie lassen sich die Beschwerden im Krankenhaus durch Infusion des Calciumantagonisten Verapamil sofort lindern. Dieser Wirkstoff darf jedoch nicht bei Personen angewandt werden, die an Herzinsuffizienz oder Herzmuskelschwäche leiden, denn dann kann er zum Herzversagen führen.

Vorhofflimmern

Das Vorhofflimmern ist die häufigste dauerhafte Herzrhythmusstörung, die ärztlicher Behandlung bedarf. Hier sind die Herzschläge völlig unregelmäßig. Die Störung tritt in der Regel erst nach dem 30. Lebensjahr auf. Sie ist häufig auf eine frühere Erkrankung an rheumatischem Fieber zurückzuführen, die Schäden an den Herzklappen und Vernarbungen an den Vorhöfen hinterlassen hat. Der Vorhof schlägt dabei sehr schnell (400 bis 500 Schläge in der Minute), aber die Impulse, die von diesen Schlägen ausgehen, entstehen außerhalb des Sinusknotens und gelangen nicht zum Atrioventrikularknoten (AV-Knoten), der die Reize normalerweise zur Herzkammer weiterleitet (s. Abb. S. 140). Dieser kann nämlich höchstens 200 bis 220 Impulse in der Minute verarbeiten, und das hat zur Folge, daß die Herzkammer sehr unregelmäßig mit 100 bis 120 Schlägen in der Minute arbeitet. Zur Behandlung dient Digoxin, das den AV-Knoten entlastet, so daß dieser nur noch 60 bis 100 Schläge in der Minute zuläßt. Häufig wird auch einmal täglich ein Beta-Blocker gegeben, um den schnellen Herzrhythmus zu verlangsamen.

In seltenen Fällen tritt das Vorhofflimmern bei einem Herzinfarkt auf; auch bei anderen Krankheiten kommt es vor, so bei einer Schilddrüsenüberfunktion und gelegentlich auch bei schweren Lungenkrankheiten, die mit einem chronischen Sauerstoffmangel verbunden sind. In der Regel läßt sich das Vorhofflimmern gut unter Kontrolle bringen, so daß die Patienten ihre Lebensführung nicht einschränken müssen.

Liegt keine schwere Herzkrankheit vor, ist auch die Lebenserwartung normal. Das Vorhofflimmern ist nicht mit dem gefährlichen Kammerflimmern zu verwechseln. Bei herzkranken Patienten kann das Vorhofflimmern allerdings einen Herzinfarkt auslösen, und in Verbindung mit einem Herzklappenfehler, der Herzgeräusche verursacht, führt Vorhofflimmern häufig zum Schlaganfall. In solchen Fällen werden deshalb zur Vorbeugung blutverdünnende Medikamente (Antikoagulantien, Marcumar®) gegeben.

Wolff-Parkinson-White-Syndrom (WPW-Syndrom)

Diese Form des Herzrasens ähnelt der Atrioventrikularknoten-Reentry-Tachykardie, ist aber seltener. Die Betroffenen, die meist zwischen 15 und 40 Jahre alt sind, bekommen eine schwere Tachykardie. Die Ursache ist ein zusätzliches Bündel von Reizleitungsbahnen, das vom Vorhof zur Herzkammer verläuft. Dieses anormale Bündel leitet die Impulse viel schneller weiter, während der AV-Knoten sie eher bremst und so für einen langsameren Herzrhythmus sorgt. Die Störung zeigt im EKG ein typisches Erscheinungsbild, der Puls kann während der Anfälle auf 200 bis 250 Schläge in der Minute steigen. Das zusätzliche Leitungsbündel wird mit einem nichtinvasiven Verfahren mit Radiowellen lahmgelegt. Mit dieser Methode hat man in jüngerer Zeit gute Erfolge erzielt.

Ventrikuläre Tachyarrhythmie

Eine ventrikuläre Tachyarrhythmie liegt vor, wenn mindestens drei Extrasystolen hintereinander auftreten. Diese schwere Herzrhythmusstörung kommt vor allem bei Patienten mit koronarer Herzkrankheit und anderen Erkrankungen des Herzmuskels vor. Das Herz schlägt regelmäßig, aber sehr schnell (100 bis 120 Schläge in der Minute). Anhand des EKG läßt sich in der Regel eine eindeutige Diagnose stellen. Während eines Herzinfarkts kann die Extremform (Kammerflattern, -flimmern) auftreten; zur Behandlung gibt man zur Unterdrückung zunächst den Wirkstoff Lidocain und später andere Medikamente. Hat man damit keinen Erfolg, wird der Herzrhythmus in Narkose durch Elektrokonversion normalisiert, das heißt mit Hilfe elektrischer Impulse, die an das Herz geleitet werden. Treten häufig lästige Extrasystolen oder gelegentliche ventrikuläre Tachyarrhythmie auf, eignen sich zur Behandlung am besten Beta-Blocker; in manchen Fällen ist auch Amiodaron notwendig.

Medikamentöse Behandlung

Digoxin (Lanicor® u.a.)

Digoxin dient zur Behandlung von Patienten mit häufigen Anfällen von Atrioventrikularknoten-Reentry-Tachykardie. Das Medikament wird über längere Zeit hinweg täglich genommen und verhindert in 75 % der Fälle weitere Anfälle. Wichtige Funktionen erfüllt Digoxin auch bei der Verlangsamung des Vorhofflimmerns bei Patienten mit und ohne Herzinsuffizienz.

Beta-Blocker

Beta-Blocker werden gelegentlich zur Behandlung der Atrioventrikularknoten-Reentry-Tachykardie eingesetzt; in 60 % der Fälle hat man damit Erfolg. Diese Wirkstoffe können auch lästige Extrasystolen verhindern, wenn diese durch verstärkte Adrenalinausschüttung entstehen oder wenn der Mitralklappenprolaps, ein geringfügiger Herzklappenfehler, die Ursache ist. Auch nach einem Herzinfarkt wirken Beta-Blocker sich günstig auf Extrasystolen aus.

Komplizierte, schwerwiegende Herzrhythmusstörungen werden mit mehreren anderen Medikamenten behandelt. Die meisten derartigen Präparate haben starke Nebenwirkungen, die Störung wird jedoch nur in 60 bis 80 % der Fälle behoben. Deshalb behandeln die Ärzte Extrasystolen nicht gern, es sei denn, sie sind mit einer schweren Herzkrankheit verbunden und führen zu Symptomen oder zu schwerwiegenden Veränderungen im Langzeitelektrokardiogramm.

Sotalol (Sotalex® u.a.)

Sotalol ist der wirksamste Beta-Blocker zur Behandlung von Herzrhythmusstörungen. Rauchen beeinträchtigt die Wirkung nicht.

Dosierung: Vier Wochen lang ein- bis zweimal täglich 80 mg, danach bis zu dreimal täglich 80 mg.

Amiodaron (Cordarex® u.a.)

Dieses Medikament unterdrückt lebensbedrohliche Herzrhythmusstörungen und dient nur zur Behandlung immer wiederkehrender Anfälle von ventrikulärer Tachykardie.

Ratschläge und Nebenwirkungen

Die wichtigsten toxischen Nebenwirkungen dieses Medikaments sind körnige Ablagerungen in der Hornhaut der Augen, Lungenfibrose (5 % der Behandelten) und bei längerer, hoch dosierter Einnahme eine graue Verfärbung der Haut.

Amiodaron darf nicht in Kombination mit Verapamil angewandt werden. Wechselwirkungen gibt es mit Chinidin, Digoxin und oral verabreichten Antikoagulantien wie Marcumar®.

Disopyramid (Disonorm® u.a.)

Diese Verbindung wird bei der Notfallbehandlung der ventrikulären Tachykardie intravenös gegeben. Bei oraler Einnahme unterdrückt Disopyramid in 50 % der Fälle die Extrasystolen.

Ratschläge und Nebenwirkungen
Der Wirkstoff sollte nicht bei Patienten mit Herzinsuffizienz und schlechter Herzmuskelfunktion verwendet werden, denn er kann ein Herzversagen auslösen. Er ist kontraindiziert bei Glaukom, Nierenversagen, niedrigem Blutdruck und Prostatavergrößerung, weil er zur Zurückhaltung von Urin führen kann. Disopyramid darf nicht in Kombination mit Verapamil angewandt werden.

Lidocain (Xylocain® u.a.)

Dieses Medikament wird in Notfällen intravenös gegeben und unterdrückt die ventrikuläre Tachyarrhythmie sowie gehäufte Extrasystolen.

Mexiletin (Mexitil®)

Dieses Medikament ist wirksamer als Disopyramid. Es unterdrückt komplizierte Herzrhythmusstörungen, erhöht aber die Überlebensquote nicht.

Ratschläge und Nebenwirkungen
Mexiletin ist bei niedrigem Blutdruck kontraindiziert. Bei Nierenversagen ist die Dosis zu vermindern. Als Nebenwirkungen beobachtet man Pulsverlangsamung, Magenbeschwerden, Verwirrungszustände, Doppelsehen und Beeinträchtigungen beim Gehen (Ataxie). Der Wirkstoff wird deshalb ausschließlich bei lebensbedrohlichen Herzrhythmusstörungen angewandt.

Procainamid (Duriles®)

Intravenös verabreicht, dient es zur Notfallbehandlung der ventrikulären Tachyarrhythmie, wenn diese auf Lidocain nicht anspricht. Bei oraler Einnahme ist es unterschiedlich wirksam. Die Wirkung ist geringer als die von Disopyramid. Wenn es länger als sechs Monate eingenommen wird, können sich Gelenkschmerzen und Fieber (Lupus erythematodes) einstellen. In sehr seltenen Fällen kommt es zu einer Schädigung der weißen Blutkörperchen (Agranulozytose).
Bei niedrigem Blutdruck, schwerer Herzinsuffizienz und Myasthenia gravis sollte das Medikament nicht angewandt werden.

Zusammenfassung

Zur vollständigen Beherrschung der einfachen und komplizierteren Extrasystolen, der ventrikulären Tachyarrhythmie und des Kammerflimmerns, das eine häufige Todesursache darstellt, ist es noch ein weiter Weg.

Implantierbarer automatischer Elektrokonverter

Für Patienten, für die wiederholte Herzrhythmusstörungen mit Herzstillstand oder eine häufig auftretende ventrikuläre Tachyarrhythmie permanente Lebensgefahr bedeuten, kommt der implantierbare automatische Elektrokonverter in Frage. Die Fortschritte in jüngster Zeit auf diesem Gebiet geben Anlaß zur Hoffnung. Dr. Saksena in New Jersey hat zum Einpflanzen des Geräts ein nichtinvasives Verfahren entwickelt, das sich in klinischen Studien als höchst erfolgreich erwiesen hat.

Herzkranzgefäße

Die Herzkranzgefäße, auch Koronararterien genannt, liegen auf der Außenseite des Herzens (s. Abb. S. 15). Die beiden Hauptäste sind die linke und die rechte Koronararterie, die an der Aorta unmittelbar über ihrer Ansatzstelle am Herzen entspringen.

Die linke Koronararterie ist sehr kurz (0,1 bis 4 Zentimeter) und gabelt sich in zwei Äste: Der Ramus interventricularis anterior verläuft auf der Vorderseite des Herzens, nahe beim unteren linken Rand des Brustbeins, nach unten. Er versorgt einen großen Teil der linken Herzkammer mit Blut. Der Ramus circumflexus verläuft um das Herz herum und versorgt seine Rückseite.

Die rechte Koronararterie biegt von der Aorta aus nach links ab, zieht sich dann in Richtung des Brustbeins und nach unten an der rechten Herzkammer entlang. Ihre Äste versorgen das elektrische System des Herzens, den Sinusknoten, der als Schrittmacher den Herzschlag anregt, und den Atrioventrikularknoten (AV-Knoten), der die Brücke für die elektrische Übertragung zwischen Vorhof und Herzkammer bildet.

Die Verzweigungen gabeln sich mehrere Male und dringen an unterschiedlichen Stellen in den Herzmuskel ein, um ihn mit Nährstoffen zu versorgen. Mit dem Blut im Inneren des Herzens, das durch den Körper gepumpt wird, stehen diese Arterien nicht unmittelbar in Verbindung. Ihr Innendurchmesser beträgt ungefähr 3–5 mm.

Das Herz wird also von vier Hauptarterien versorgt: der linken Koronararterie, dem Ramus interventricularis anterior, dem Ramus circumflexus und der rechten Koronararterie. Ein Verschluß der linken Koronararterie ist am gefährlichsten, weil damit zwei weitere große Gefäße von der Blutversorgung abgeschnitten werden. Glücklicherweise kommt dies aber nur selten vor. Die meisten Herzinfarkte entstehen durch eine Blockade in der rechten Koronararterie, im Ramus interventricularis anterior und seltener im Ramus circumflexus sowie in den kleineren Seitenästen dieser Gefäße (s. Abb. S. 14f.).

Der Verschluß der Herzkranzgefäße durch atherosklerotische Plaques kommt sehr häufig vor. Diese Plaques ragen in den Innenraum der Gefäße und stören die Blutversorgung des Herzmuskels. Symptome verursachen sie in der Regel nicht, aber manche Menschen bekommen bei Anstrengungen Schmerzen in der Brust (Angina pectoris), weil die teilweise verschlossenen Herzkranzgefäße bei körperlicher Belastung nicht mehr genug Blut und Sauerstoff zum Herzen leiten (s. S. 14ff., »Angina pectoris«).

Herzschrittmacher

Ein Herzschrittmacher ist ein elektronisches Gerät, das elektrische Reize an das Herz abgibt. Nach einem Herzinfarkt muß in wenigen Fällen vorübergehend ein Schrittmacher eingepflanzt werden, wenn der Infarkt das elektrische Leitungssystem des Herzens geschädigt hat.

Bei ca. zwei von 100 Patienten, die einen Herzinfarkt erleiden, werden der Sinusknoten am rechten Vorhof sowie die Leitungsbahnen zwischen Vorhof und Herzkammer in Mitleidenschaft gezogen, so daß die Herzfrequenz sich stark verlangsamt (s. Abb. S. 140). Der Puls sinkt dann unter Umständen auf weniger als ca. 35 Schläge in der Minute ab. Läßt diese Störung sich mit Medikamenten wie Atropin nicht beheben, wird durch eine Vene ein künstlicher Schrittmacher eingeführt; dieser ist aber nur zwei bis fünf Tage lang notwendig (s. Abb. r.).

Das Verfahren ist einfach. Der vorübergehende Schrittmacher besteht aus einem Leitungsdraht, der meist durch die Arteria subclavia eingeführt wird. Die Haut über der Vene wird mit einem Lokalanästhetikum behandelt, damit der Patient keine Schmerzen hat. Dann wird ein Katheter unter Röntgenkontrolle durch die Vene bis in die rechte Herzkammer geschoben. Das andere Ende des Katheterdrahtes wird mit einem batteriebetriebenen Impulsgeber verbunden. Der Generator wird auf beispielsweise 65 Schläge in der Minute eingestellt, und wenn der Eigenrhythmus des Herzens unter diesen Wert sinkt, gibt er elektrische Impulse ab. Die Impulse werden also nur bei Bedarf abgegeben. Beim Einführen des Katheters und während der zwei bis sieben Tage, während der ein solcher Schrittmacher getragen wird, treten kaum Komplikationen auf.

Künstlicher Herzschrittmacher

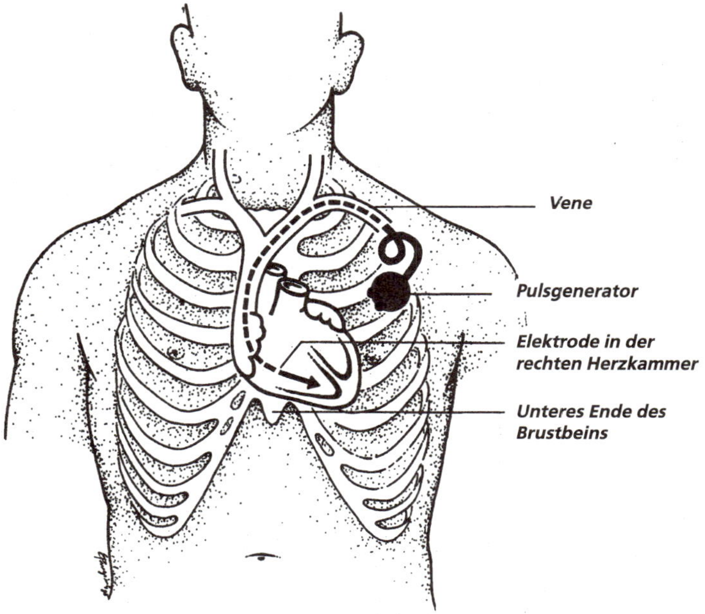

Ständiger Schrittmacher

Patienten, die an einem vollständigen Herzblock oder am Sinusknotensyndrom leiden, brauchen häufig einen dauerhaften Schrittmacher.

Bei etwa einem von 500 Patienten, die einen Herzinfarkt erleiden, wird das elektrische Leitungssystem am Herzen dauerhaft geschädigt. In solchen Fällen verlangsamt sich der Herzschlag bis auf unter 36 Schläge in der Minute, und auch Bewußtlosigkeit kann auftreten. Diesen Zustand nennt man Herzblock, weil die Weiterleitung der elektrischen Impulse über die wichtigste Leitungsbahn, der Atrioventrikularknoten (AV-Knoten) blockiert ist (s. Abb. S. 140). Normalerweise zieht sich der Vorhof ca. 70 Mal in der Minute zusammen; beim Herzblock behält er diesen Rhythmus zwar bei, aber die Herzkammern erhalten nicht mehr den Befehl, das gleiche zu tun. Die in den Herzkammern befindlichen zusätzlichen Schrittmacherzellen erzeugen zwar meist ebenfalls elektrische Impulse, aber mit einem Rhythmus von weniger als 36 Schlägen in der Minute. Manchmal ziehen die Herzkammern sich auch überhaupt nicht mehr zusammen, weil keine elektrischen Reize mehr vorhanden sind, oder sie beginnen zu zittern (Kammerflimmern) – die betroffene Person verliert das Bewußtsein und stirbt. Manchmal setzt in solchen Fällen eine Stelle mit Schrittmacherzellen an der Herzkammer das Herz plötzlich wieder in Bewegung, und der Patient kommt nach wenigen Sekunden zu sich. Etwas Ähnliches geschieht auch bei einer seltenen degenerativen Erkrankung des elektrischen Leitungssystems. Vereinfacht ausgedrückt: Der Herzmuskel, die Herzkranzgefäße und die Herzklappen sind eigentlich gesund, nur die elektrischen Leitungen des Herzens sind nicht in Ordnung. Der Herzblock kommt auch bei Kindern aufgrund eines angeborenen Defekts im Leitungssystem vor, aber diese Störung ist glücklicherweise selten. Bei der degenerativen Erkrankung der Leitungsbahnen und beim angeborenen Herzblock verschafft ein eingepflanzter künstlicher Schrittmacher den Betroffenen ein normales Leben sowie eine normale Lebenserwartung.

Wie bereits erwähnt, ist ein dauerhafter Herzschrittmacher häufig auch beim sogenannten Sinusknotensyndrom erforderlich. Bei dieser Störung wurde der natürliche Schrittmacher des Herzens durch die koronare Herzkrankheit und die damit verbundene mangelnde Durchblutung zerstört. In solchen Fällen schlägt das Herz sehr unregelmäßig: Der Puls kann zwischen 36 und 150 Schlägen je Minute schwanken. Die Patienten leiden häufig an Schwindelgefühlen oder vorübergehender Bewußtlosigkeit. Wird ein dauerhafter Schrittmacher eingepflanzt, gehen die Symptome völlig zurück. Die Krankheit kommt nur selten vor und tritt meist bei Patienten über 65 Jahre auf. Es muß aber einwandfrei geklärt sein, daß tatsächlich ein Sinusknotensyndrom die Ursache der Beschwerden ist. Ähnliche Symptome treten nämlich auch bei verschiedenen anderen Störungen auf, beispielsweise bei mangelnder Durchblutung des Gehirns. In solchen Fällen hilft ein Herzschrittmacher nicht.

Was der Schrittmacher nicht kann

1. Der Schrittmacher bewirkt nicht, daß das Herz sich kräftiger zusammenzieht; er beseitigt deshalb nicht die Herzinsuffizienz, außer in den wenigen Fällen, in denen ein zu langsamer Herzrhythmus zur Herzinsuffizienz beigetragen hat.
2. Er verstärkt nicht die Durchblutung der Herzkranzgefäße; deshalb kann er weder die Angina pectoris beseitigen noch einem Herzinfarkt vorbeugen.
3. Der Schrittmacher ist kein Ersatz für die Medikamente, die bei verschiedenen Herzkrankheiten

verschrieben werden. Präparate, die der Arzt gegen Herzinsuffizienz, Angina pectoris oder andere Krankheiten verschrieben hat, müssen weiterhin eingenommen werden.

Ein Schrittmacher ist ein großartiges Hilfsmittel, aber er erfüllt nur den Zweck, zu dem er konstruiert wurde: Er sorgt mit elektrischen Impulsen dafür, daß das Herz zum richtigen Zeitpunkt mit der richtigen Geschwindigkeit schlägt. Ein Herzschrittmacher kann das Leben verlängern, wenn ein zu langsamer Puls oder ein Herzblock mit Herzstillstand das Problem darstellt.

Schrittmachertypen

Es sind zahlreiche verschiedene Schrittmachermodelle auf dem Markt. Der Kardiologe wird dasjenige auswählen, das sich für den jeweiligen Patienten am besten eignet. Der Patient wird meist stationär ins Krankenhaus aufgenommen. Der Schrittmacher wird in einer einfachen Operation eingesetzt. Das Gerät besteht aus einem Impulsgenerator, der etwa 40 Gramm wiegt und im Bauch oder am Schlüsselbein unter der Haut angebracht wird. Die Drähte, die vom Schrittmacher ausgehen, werden durch eine Vene geschoben, bis sie in der rechten Herzkammer liegen. Bei einer anderen Methode werden die Drähte außen an der rechten Herzkammer befestigt. Geräte mit einem einzigen Draht, der in die rechte Herzkammer eingeführt wird, bezeichnet man als kammergesteuerte Herzschrittmacher. Gewisse Vorteile für die Patienten bietet ein neueres Modell, der sogenannte Doppelkammerstimulator: Er hat zwei Drähte, die im rechten Vorhof und in der rechten Herzkammer angebracht werden.

Moderne Schrittmacher sind programmierbar: Ein über dem Schrittmacher auf die Haut gelegtes Gerät sendet Funkimpulse an den eingepflanzten Apparat. Diese einfache Prozedur wird im Krankenhaus durchgeführt. Die Patienten werden nach dem Einsetzen des Schrittmachers in der Regel sechs bis zwölf Wochen lang beobachtet und dann zweimal jährlich untersucht. Wenn die Batterien erschöpft sind, je nach Schrittmachermodell nach sieben bis zehn Jahren, wird der Generator mit einer kleinen Operation ausgewechselt. Der Schrittmacher ist so programmiert, daß er nur dann arbeitet, wenn der natürliche Herzrhythmus sich zu stark verlangsamt. Die modernen Geräte sind abgeschirmt, so daß es anders als bei älteren Modellen nicht mehr notwendig ist, sich von elektrischen Geräten fernzuhalten.

Aktivität

Träger von Herzschrittmachern können heute allen gewünschten Tätigkeiten nachgehen. Die Geräte werden heute grundsätzlich mit Lithiumbatterien betrieben, die sieben bis zehn Jahre halten. Jeder Patient erhält einen Ausweis, auf dem Hersteller, Modell, Seriennummer, Datum der Einpflanzung und voraussichtliche Lebensdauer des Schrittmachers verzeichnet sind.

Wer einen Schrittmacher trägt, sollte sich regelmäßig nachuntersuchen lassen. Patienten, die nicht an Angina pectoris oder Herzinsuffizienz leiden, können ohne weiteres sogar joggen oder ähnlichen sportlichen Betätigungen nachgehen. Patienten mit Herzschrittmacher führen also ein weitgehend normales Leben.

Herztransplantation

Seit Christiaan Barnard 1967 zum erstenmal ein menschliches Herz verpflanzte, hat man in vielen Fällen diese Operation erfolgreich durchgeführt. Sie wird heute in vielen Kliniken angeboten. Ein Problem stellt aber immer noch die Organabstoßung dar, auch wenn es in jüngster Zeit große Fortschritte gab. Es bleibt zu hoffen, daß die Erforschung der damit zusammenhängenden Vorgänge zu konkreten Ergebnissen führt. Vor allem müssen Medikamente entwickelt werden, die eine Organabstoßung verhindern, ohne den Patienten Schaden und Leid zuzufügen. Ein weiteres Problem bei Herztransplantationen ergibt sich aus der Größe des Spenderherzens – ist das Organ zu groß für den Brustkorb des Empfängers, ist eine Verpflanzung nicht möglich.

Neben all diesen Problemen wird zudem die Verfügbarkeit von Spenderorganen den Eingriff auch in Zukunft nur für wenige Patienten in Frage kommen lassen.

Husten- und Erkältungsmedikamente

Medikamente zur Bekämpfung hartnäckigen Hustens enthalten häufig einen der folgenden Wirkstoffe:

- Dextromethorphan; dieser Wirkstoff hilft bei trockenem Husten.
- Codein; ein schwach hustenstillendes Mittel, das unerwünschte Nebenwirkungen wie Schwindelgefühl, Übelkeit und Verstopfung hervorrufen kann.
- Guaifenesin; dieses Hustenmittel soll den Schleim lösen. Die Wirkung ist nur schwach; dicken, zähen Schleim zu verflüssigen, ist fast unmöglich. Den meisten Patienten verschafft diese Substanz keine Linderung.
- Antihistaminika; ein besonders häufig verwendeter Wirkstoff aus dieser Gruppe ist Diphenhydramin. Doch Erkältungen und Husten entstehen nicht durch Allergien, deshalb lindern Antihistaminika die Symptome nicht. Die Wirkstoffe, die häufig in Kombinationspräparaten gegen Husten unsinnigerweise enthalten sind, können zu einer Beschleunigung der Herztätigkeit und zu Benommenheit führen.
- Abschwellende Mittel; diese Mittel wirken anregend und können zu einer Beschleunigung der Pulstätigkeit, Herzrasen und Blutdruckanstieg führen. Bei Bluthochdruck oder Angina pectoris sowie nach einem Herzinfarkt sollte man diese Wirkstoffe meiden. Häufig verwendete abschwellende Mittel sind Ephedrin, Pseudoephedrin, Phenylephrin und Phenylpropanolamin. Abschwellende Mittel sorgen für eine gewisse Linderung der Erkältungssymptome. Bei Patienten mit schwerer Nebenhöhlenenzündung oder verstopfter Nase machen sie die Atemwege frei.

Patienten, bei denen eine akute Bronchitis oder ein Emphysem besteht oder vermutet wird, sollten keine Hustenmittel einnehmen.

Kammerflimmern

Beim Kammerflimmern zieht der Herzmuskel sich nicht mehr zusammen, sondern er »zittert« nur noch, das heißt, das Herz schlägt nicht mehr (Herzstillstand), und es wird kein Blut mehr gepumpt. Wenn man nichts unternimmt, tritt nach wenigen Minuten der Tod ein. Innerhalb von drei Minuten muß mit einem Elektroschock der normale Herzrhythmus wiederhergestellt werden (Defibrillation). Bis der Defibrillator zur Verfügung steht, sollte die Sauerstoffversorgung des Gehirns durch die Herz-Lungen-Wiederbelebung aufrechterhalten werden. Vom Kammerflimmern zu unterscheiden ist das Vorhofflimmern, bei dem die Herzkammern sich zusammenziehen, wenn auch anormal schnell; dieser Zustand ist in der Regel nicht lebensbedrohlich und läßt sich mit dem bekannten Wirkstoff Digoxin meist beheben.

Kardiomyopathie

Von dieser seltenen Erkrankung ist ausschließlich der Herzmuskel betroffen. Mit Kardiomyopathie bezeichnet man eine Schwäche oder Störung des Herzmuskels mit unbekannter Ursache.

Bei einer Form dieser Herzmuskelerkrankung verdickt sich die Muskulatur der Herzkammern so stark, daß die linke Kammer fast völlig mit Muskelmasse ausgefüllt ist. Das hat zur Folge, daß nur noch wenig Blut in die Kammer gelangt und in den Kreislauf gedrückt wird. Da der Muskel vergrößert (hypertrophiert) ist, spricht man hier von hypertrophischer Kardiomyopathie. Diese Krankheit kommt vor allem bei jungen Erwachsenen vor. Unter Umständen nimmt die Verdickung so große Ausmaße an, daß der Weg des Blutes in die Aorta blockiert ist. Die Betroffenen – meist zwischen zwölf und 36 Jahre alt – sterben sehr plötzlich und unerwartet. In manchen Familien entsteht die hypertrophische Kardiomyopathie durch eine Mutation des Gens, das für die Produktion von Herzmyosin verantwortlich ist. Diese Erkrankung ist erblich bedingt.

Bei einer anderen Form der Herzmuskelerkrankung erweitert sich das Herz, ohne daß die Muskelmasse zunimmt. Die Herzkammern blähen sich auf, und der Muskel wird schwächer. Durch diese Störung kann das Herz vielfach kein Blut mehr pumpen, was schließlich zum Herzversagen führt. Manche Patienten können in solchen Fällen nur durch eine Herztransplantation gerettet werden.

Auch Viren sind für manche Formen der Kardiomyopathie verantwortlich. Bei AIDS-Patienten infiziert der Erreger HIV auch den Herzmuskel. Weitere Ursachen für Herzmuskelschäden sind Kokain-Konsum, Eisenüberlastung des Körpers (Hämchromatose) und erbliche Störungen.

Knoblauch/Zwiebeln

Einigen Untersuchungen zufolge können 60 Gramm gebratene oder gekochte Zwiebeln nach einer fetthaltigen Mahlzeit den erhöhten Lipidspiegel und die Gerinnungseigenschaften des Blutes wieder normalisieren. Ähnlich nützliche Wirkungen scheint auch Knoblauch zu haben. Stichhaltige wissenschaftliche Belege fehlen jedoch. Man untersucht zur Zeit auch andere pflanzliche Wirkstoffe.

Koronare Herzkrankheit

Wenn die Herzkranzgefäße durch Atherosklerose teilweise blockiert sind und deshalb Symptome auftreten, sprechen die Ärzte von atherosklerotischer oder ischämischer Herzkrankheit. Andere bevorzugen die Bezeichnung »koronare Herzkrankheit«, weil die Herzkranzgefäße (Koronararterien) betroffen sind. Die beiden wichtigsten Formen der koronaren Herzkrankheit sind Angina pectoris (s. S. 14ff.) und Herzinfarkt (s. S. 102ff. und S. 32f., »Atherosklerose«)

Künstliches Herz

Trotz umfangreicher Forschungsarbeiten und trotz einiger Versuche mit mutigen Patienten (z. B. Dr. Barney Clark 1982 und Leiff Stenberg) ist für die nächsten Jahre nicht damit zu rechnen, daß man ein für Patienten und Ärzte zufriedenstellendes, dauerhaft funktionsfähiges künstliches Herz entwickeln wird.

Patienten mit nicht mehr behandelbaren schweren Herzkrankheiten leiden unter dem Mangel an geeigneten Spenderorganen, und daß die Zahl der Spender in Zukunft stark ansteigt, ist nicht zu erwarten. Deshalb wäre die Konstruktion eines künstlichen Herzens wünschenwert. Das Schwierigste ist die Entwicklung eines geeigneten Antriebs. Die heutigen künstlichen Herzen arbeiten entweder mit Preßluft und großen, schwerfälligen Apparaturen außerhalb des Körpers, oder mit einem kleinen, tragbaren Batterieantrieb, dessen Langzeitwirkungen man nicht genau kennt. Derzeit befaßt sich die Forschung vor allem mit Systemen, mit denen sich die Zeit bis zu einer Herztransplantation überbrücken läßt. Möglicherweise wird in einigen Jahren ein künstliches Herz zur Verfügung stehen, dessen Energiequelle so klein ist, daß man es implantieren kann. Energiequellen, die nur einmal im Jahr aufgeladen werden müssen, sind in der Entwicklung.

Lasertherapie oder Ballonangioplastie?

Derzeit werden viele verschiedene Lasergeräte erprobt. In Tierversuchen lassen sich atherosklerotische Plaques mit Laserstrahlen beseitigen.

Auch bei menschlichen Patienten ist es gelungen, Plaques in der Oberschenkelschlagader mit Lasergeräten aufzulösen; die Betroffenen hatten anschließend beim Gehen keine Schmerzen mehr in den Beinen. Einige Kliniken erproben auch die Laserbehandlung atherosklerotischer Plaques in den Herzkranzgefäßen. Der Laser wird dabei mit einem Katheter bis an die verengte Stelle des Blutgefäßes geschoben; seine Strahlen lösen das Hindernis auf, so daß die Durchblutung der zuvor blockierten Arterien wiederhergestellt ist. Die Hauptgefahr dieser Methode besteht darin, daß die Arterie durchlöchert wird. Leider bildet sich bei 30 % der so behandelten Patienten innerhalb eines halben Jahres erneut eine Verengung. Die Lasertherapie kann man anwenden, wenn eine Beseitigung der Blockade mit Ballonangioplastie nicht zu erwarten ist, beispielsweise bei langen Verengungen oder wenn das Gefäß völlig verschlossen ist. Spezialisierte Kliniken verwenden auch eine Kombination aus Laser und Ballon zum Freimachen verschlossener Arterien, wenn die Ballonangioplastie allein nicht in Frage kommt.

Als ein Verfahren, bei dem die Gefahr einer erneuten Blockade in den darauffolgenden sechs Monaten geringer ist, hat sich die Kombination aus Ballonangioplastie und einem eingepflanzten Röhrchen erwiesen. Der nächste Schritt ist die Dreierkombination des Röhrchens mit Ballonangioplastie und Laser. Das Röhrchen besteht aus poliertem Metall und wird nach der Ballonangioplastie in die Arterie eingesetzt, um sie offenzuhalten.

Nichtsteroidale Entzündungshemmer

Diese Wirkstoffe werden bei Arthritis sehr häufig zur Schmerzlinderung verwendet. Sie bewirken, daß die Nieren Natrium und Wasser zurückhalten. Dieser Effekt kann den Blutdruck ansteigen lassen. Außerdem führen höhere Natrium- und Wassermengen im Körper zu einer stärkeren Belastung des Herzens, so daß eine Herzinsuffizienz eintreten kann. Die Patienten klagen über Atemnot und Schwellungen an den Fußgelenken. Nichtsteroidale Entzündungshemmer sind Carprofen, Diclofenac, Fenoprofen, Flurbiprofen, Ibuprofen, Indomethacin, Ketoprofen, Naproxen, Piroxicam, Sulindac und Tolmetin.

Nichtsteroidale Entzündungshemmer beeinträchtigen auch die Wirkung vieler nützlicher Medikamente, darunter solche, die zur Behandlung von Bluthochdruck und Herzinsuffizienz eingesetzt werden, insbesondere Furosemid, Hydrochlorthiazid und ACE-Hemmer. Auch Acetylsalicylsäure ist ein schwacher nichtsteroidaler Entzündungshemmer; sie bewirkt weder eine Natrium- und Wasseransammlung noch eine Blutdruckerhöhung oder Herzinsuffizienz, kann aber die Wirkung von ACE-Hemmern vermindern.

Ohnmacht (Synkope)

Einfache Ohnmachtsanfälle sind nichts Ungewöhnliches: Man verliert ein paar Sekunden lang das Bewußtsein, weil das Gehirn unzureichend durchblutet ist, eine Erscheinung, die man auch als Synkope bezeichnet. Wird der Kopf tiefer gelagert als die Beine, stellt sich schnell eine Erholung ein, denn dann strömt wieder genug Blut zum Gehirn. Eine flache Lagerung auf dem Fußboden mit hochgelegten Beinen ist der schnellste Weg, Blut zum Gehirn zu befördern. In der Regel kehrt das Bewußtsein dann sehr rasch wieder.

Die Ohnmacht kündigt sich mit Schwächegefühlen, Schwindel und manchmal auch Übelkeit an. Diese Symptome können mehrere Sekunden oder auch einige Minuten lang andauern, und oft hat der Betroffene noch Zeit, um sich hinzusetzen und den Kopf zwischen die Knie hängen zu lassen. Meist stellen sich diese Ohnmachtsanfälle unter ganz bestimmten Umständen ein, beispielsweise wenn man zu lange gestanden hat, so daß das Blut in die Beine gesunken ist.

Manche Menschen neigen von Natur aus zu Ohnmachtsanfällen. Eine weitere Ursache sind Medikamente, die den Blutdruck stark senken. Auch ein Mitralklappenprolaps, starker Blutverlust sowie schweres Erbrechen und Durchfall mit starkem Wasserverlust lösen manchmal Ohnmachtsanfälle aus.

Verschiedene Herzkrankheiten können ebenfalls

die Ohnmacht oder ohnmachtsähnliche Gefühle auslösen. Manchmal geschieht das durch einen anormal niedrigen Puls von unter 40 Schlägen in der Minute. Eine derartige Störung der Reizleitung am Herzen kann die Einpflanzung eines Schrittmachers notwendig machen (s. S. 147ff., »Herzschrittmacher«). Wenn man mehrere Sekunden oder Minuten lang bewußtlos ist, ohne daß in den Gliedmaßen ein Schwächegefühl zurückbleibt und ohne daß einer der ungefährlichen Auslöser vorliegt, sollte man einen Arzt aufsuchen, um eventuelle Herzrhythmusstörungen zu untersuchen und auszuschließen. Sollte ein Schwächegefühl jedoch in einem Arm oder Bein bestehen bleiben, war die Ursache wahrscheinlich ein Schlaganfall.

Östrogene und andere Hormone

Frauen, die noch ihre Menstruation bekommen und keine Verhütungsmittel nehmen, sind normalerweise vor einem Herzinfarkt geschützt. Im Alter von 37 Jahren kommen Herzinfarkte bei Männern zwanzigmal häufiger vor als bei Frauen. In der Framingham-Studie wurden 2873 Frauen 24 Jahre lang beobachtet, und keine einzige von ihnen bekam vor den Wechseljahren einen Herzinfarkt. Bisher konnte nicht eindeutig geklärt werden, warum das so ist. Verwunderlich ist jedoch, daß Östrogen vor der koronaren Herzkrankheit schützt, nicht aber vor der Atherosklerose in den Gehirnblutgefäßen, die zum Schlaganfall führen kann.

Im Rahmen klinischer Studien behandelte man versuchsweise Männer, die bereits einen Herzinfarkt hatten, mit Östrogenen, doch man konnte damit weitere und bisweilen tödliche Infarkte nicht verhindern. Allerdings setzte man dabei sehr hohe Östrogendosen ein (täglich 2,5 bis 5 mg). Da hohe Östrogendosen die Neigung zu einer stärkeren Blutgerinnung erhöhen, waren die Ergebnisse dieser Studie nicht verwunderlich: Mit höherer Dosierung stieg die Zahl der Herztoten. Welchen Schutz Östrogen in kleinen Dosen (0,3 mg) möglicherweise bietet, wurde noch nicht untersucht.

Eine niedrig dosierte Östrogenbehandlung (0,15–0,3 mg/Tag) während der Wechseljahre und danach verringert das Risiko für Herz-Kreislauf-Erkrankungen. Wird zusätzlich zu dem konjugierten Östrogen jedoch Progestin gegeben, ein Verwandter des weiblichen Hormons Progesteron, sinkt der Schutz vor Schlaganfällen und koronarer Herzkrankheit.

Wenn die Gebärmutter entfernt wurde, ist das Hormon Progestin überflüssig, weil es gegeben wird, um das Risiko für Gebärmutterkrebs zu senken.

Frauen sehen heute in Brust- oder Gebärmutterkrebs eine viel größere Gefahr als in Herzinfarkt und Schlaganfall. Die Zahl der Frauen über 65 Jahre nimmt in den Industrieländern stetig zu. In der Altersgruppe über 75 Jahre verursachen Herz-Kreislauf-Erkrankungen bei Frauen mittlerweile mehr Todesfälle als bei Männern. Und jede dritte Frau über 65 hat irgendeine Herz- oder Kreislauferkrankung.

Eine beträchtliche Schutzwirkung gegen Herzinfarkt und Schlaganfall bietet niedrig dosiertes Östrogen in Verbindung mit Acetylsalicylsäure. Bei manchen Frauen steigern diese Wirkstoffe die Menge des »guten« HDL-Cholesterins. Das ist besonders deshalb wichtig, weil diese Steigerung und die damit verbundene Schutzwirkung mit Medikamenten, körperlicher Betätigung und anderen Mittel kaum zu erreichen ist. Frauen können sich also nach den

Wechseljahren besser als Männer vor Herzinfarkt und Schlaganfall schützen. Besteht allerdings eine Veranlagung zu Brustkrebs, ist von der Östrogentherapie abzuraten, denn in diesem Fall überwiegt das Krebsrisiko.

Eine Schutzwirkung gegen Herz-Kreislauf-Erkrankungen durch Östrogen-Hautpflaster läßt sich noch nicht belegen. Das Östrogen in solchen Pflastern wird nicht über die Leber aufgenommen und steigert vermutlich die Menge des guten Cholesterins nicht; um den tatsächlichen Nutzen solcher Transdermal-Hormonpräparate beurteilen zu können, müssen noch weitere klinische Studien durchgeführt werden.

Die Östrogene in Empfängnisverhütungsmitteln lassen das Thromboserisiko geringfügig steigen. Thrombosen in den Beinen sind jedoch seit Einführung der »Minipille« seltener geworden. Bei Raucherinnen besteht jedoch nach wie vor die Gefahr, Thrombosen in den Beinen oder eine Lungenembolie zu bekommen; besonders hoch ist das Risiko im Alter von 30 bis 40.

Verhütungsmittel mit einem sehr niedrigen Gehalt an Norethisteron (0,5 mg oder weniger) steigern den HDL-Spiegel und lassen den LDL-Spiegel sinken, was für die Herzgesundheit von Vorteil ist. Auch Verhütungsmittel mit Desogestrel und Norgestimat scheinen sich günstig auf den HDL- und LDL-Spiegel auszuwirken.

Persönlichkeitstyp A

Menschen des Persönlichkeitstyps A sind durch Ungeduld, ständige Hetze und ein starkes Leistungsdenken gekennzeichnet. Oft suchen sie geradezu ein hektisches Umfeld, das übermäßigen Streß verursacht. Freizeit verursacht ihnen Schuldgefühle, denn sie sehen in ihrem Leben einen ständigen Kampf gegen die Uhr in Richtung Leistung und Anerkennung. Ein Mensch des Persönlichkeitstyps A geht an jedes Vorhaben, selbst an einfaches Lesen, mit einer gewissen Aggression heran. Die Kommunikationsform ist vielfach knapp und aufbrausend. Wie man mittlerweile nachweisen konnte, schüttet der Organismus bei solchen Menschen in Streßsituationen mehr Adrenalin und Noradrenalin aus als beim Persönlichkeitstyp B. Menschen des Typs B sind lockerer, können sich besser entspannen, nehmen sich nur selten Arbeit mit nach Hause und setzen sich selten unter Termindruck. Die meisten Menschen sind eine Mischung beider Typen.

Die Kategorisierung in verschiedene Verhaltenstypen stammt von Friedman und Rosenman. Sie wiesen als erste darauf hin, daß der Persönlichkeitstyp A ein erhöhtes Risiko für die koronare Herzkrankheit trägt, was mehrere wissenschaftliche Studien mittlerweile bestätigt haben. Das gilt für Männer und Frauen gleichermaßen, unabhängig von Cholesterinspiegel, Bluthochdruck und Rauchen.

Dennoch sind die Zusammenhänge zwischen Persönlichkeitstyp A und der Gefahr einer koronaren Herzkrankheit umstritten und die Studienergebnisse widersprüchlich. In einer großen Studie in den USA und einer kleineren in Großbritannien konnte keinerlei Zusammenhang nachgewiesen werden. In einer Studie, die 1985 im New England Journal of Medicine veröffentlicht wurde, war bei den 510 teilnehmenden Patienten, die zwei Wochen nach einem Herzinfarkt drei Jahre lang beobachtet wurden, kein signifikanter Zusammenhang zwischen der Zahl der Todesfälle und den Persönlichkeitstypen A und B festzustellen: Der durchschnittliche Anteil der Überlebenden in beiden Gruppen unterschied sich nicht.

Rauchen und Herzkrankheiten

Könnte man den Tabakkonsum von heute auf morgen völlig abschaffen, würde man jedes Jahr Millionen Menschen, die derzeit an Herz-Kreislauf-Erkrankungen sterben, vor einem vorzeitigen Tod bewahren. Lungenkrebs fordert jährlich weitere 80000 Menschenleben; auch hier ist das Rauchen eine der Hauptursachen. Bei Frauen ist Lungenkrebs eine der häufigsten tödlichen Krebserkrankungen.

Für männliche Nichtraucher zwischen 45 und 55 Jahren liegt die Wahrscheinlichkeit eines Herzinfarkts zehnmal niedriger als für starke Raucher. In einer Untersuchung der Risikofaktoren stellte sich heraus, daß die Sterblichkeit unter Männern aus der Hochrisikogruppe, die das Rauchen einstellten, deutlich zurückging.

Die schädlichen Wirkungen des Rauchens sind spätestens seit den siebziger Jahren allgemein bekannt, und viele Menschen haben seither den Nikotingenuß aufgegeben. Unter Teenagern und Frauen hat der Anteil der Raucher jedoch zugenommen. Der Herzinfarkt ist bei Frauen zwischen 40 und 48 Jahren dennoch selten, aber das Risiko steigt deutlich, wenn sie rauchen und gleichzeitig die Pille einnehmen.

Nikotin- und teerarme Zigarettenmarken senken das Risiko einer koronaren Herzkrankheit nicht. Mit filterlosen Zigaretten nimmt der Raucher mehr Kohlenmonoxid auf, womit die Gefahr einer koronaren Herzkrankheit höher ist als mit Filterzigaretten. Wer jedoch von Zigaretten zur Pfeife oder Zigarre wechselt, kann das Risiko einer koronaren Herzkrankheit senken.

Wirkungen der Bestandteile im Zigarettenrauch

Zigarettenrauch enthält über 4000 Einzelbestandteile, darunter Nikotin, Kohlenmonoxid, Ammoniak, Benzol, Nitrobenzol, Phenol, 2,4-Dimethylphenol, Acetaldehyd, Blausäure, Toluol und O-Kresol. Die meisten wissenschaftlichen Untersuchungen befassen sich mit dem Nikotin und verschiedenen Gasen, insbesondere mit dem Kohlenmonoxid (CO). Bei vielen Bestandteilen kennt man die Wirkungen nicht im einzelnen, die des Kohlenmonoxids sind hingegen gut belegt.

Nikotin

Nikotin regt die Nebennieren zur Ausschüttung großer Adrenalin- und Noradrenalinmengen an. Je höher die inhalierte Nikotinmenge ist, desto mehr Adrenalin wird ausgeschüttet. Adrenalin kann als Streßhormon sehr nützlich sein, aber es birgt auch viele Gefahren. Es läßt Puls und Blutdruck steigen, so daß das Herz stärker belastet wird und mehr Sauerstoff benötigt. Außerdem werden die Blutplättchen klebriger, so daß sie an einem atherosklerotischen Plaque verklumpen und ein Herzkranzgefäß verschließen können. Liegt bereits eine Angina pectoris vor, kann Nikotin durch den Puls- und Blutdruckanstieg die Häufigkeit und Dauer der Anfälle vergrößern.

Nikotin steigert die Reizempfindlichkeit des Herzens, so daß es durch Extrasystolen schneller zu

Herzrhythmusstörungen kommt. Der plötzliche Herztod kommt bei starken Rauchern häufiger vor als bei Nichtrauchern. Nikotin und Kohlenmonoxid, zwei Inhaltsstoffe des Zigarettenrauchs, senken beim Herzen die Schwelle für das Kammerflimmern. Diese sinkt, wenn der Herzmuskel plötzlich unter Blutmangel leidet oder einer hohen Konzentration von Adrenalin, Noradrenalin oder anderen Substanzen ausgesetzt wird. Während eines Herzinfarkts findet man in dem geschädigten Muskel und seiner Umgebung große Noradrenalinmengen, die das Kammerflimmern auslösen können. Beim Kammerflimmern zieht sich der Muskel nicht mehr zusammen, sondern er zittert nur noch, so daß das Herz praktisch stillsteht und kein Blut mehr pumpt, bald darauf treten Herz- und Gehirntod ein.

Nur ein oder zwei der auf dem Markt befindlichen Medikamentengruppen erhöhen geringfügig die Schwelle des Kammerflimmerns. Beta-Blocker wirken dem Adrenalin und Noradrenalin auf der Zelloberfläche entgegen und erhöhen die Schwelle des Kammerflimmerns.

Raucher inhalieren neben den beiden gefährlichen Verbindungen Nikotin und Kohlenmonoxid auch andere Gase, welche die Schwelle zum Kammerflimmern senken und deshalb tödlich wirken können.

Kohlenmonoxid

Das Hämoglobin in den roten Blutkörperchen transportiert den Sauerstoff zu allen Zellen und Geweben des Körpers. Kohlenmonoxid wird vom Hämoglobin etwa 200mal leichter gebunden als Sauerstoff. Die so entstehende Verbindung nennt man Carboxyhämoglobin. Wenn sie sich bildet, kann sich der Sauerstoff nur noch an das übriggebliebene Hämoglobin heften, das noch nicht mit Kohlenmonoxid »besetzt« ist. So kann weit weniger Sauerstoff an die Zellen abgegeben werden, und alle Gewebe einschließlich Herz und Muskeln leiden an Sauerstoffmangel. Besonders schädlich wirkt sich dies aus, wenn die Herzkranzgefäße durch atherosklerotische Plaques verengt sind, so daß die Nährstoff- und Sauerstoffversorgung ohnehin schon geringer ist. Solche Plaques sind bei einem erheblichen Anteil aller Menschen über 35 Jahre vorhanden. Nur etwa 30 % der Erwachsenen bleiben von der Bedrohung durch Atherosklerose verschont.

Das Carboxyhämoglobin macht darüber hinaus die Arterienwände wahrscheinlich durchlässiger für Fettsubstanzen wie das Cholesterin, was die Entstehung der Atherosklerose beschleunigt. Personen mit mehr als 5 % Carboxyhämoglobin im Blut bekommen 21mal häufiger einen Herzinfarkt oder Durchblutungsstörungen in den Beinen als solche, bei denen der Anteil unter 3 % liegt. Wissenschaftlichen Untersuchungen zufolge sind starke Raucher einer Kohlenmonoxidkonzentration ausgesetzt, die um ein Vielfaches höher liegt als der für die Industrie erlaubte Grenzwert.

Nikotinreiche und nikotinarme Zigaretten geben die gleiche Menge Kohlenmonoxid ab. Es steigert die Klebrigkeit der Blutplättchen, so daß die Gefahr von Blutgerinnseln in den Herzkranzgefäßen wächst, und da das Kohlenmonoxid am Herzen auch die Schwelle für das Kammerflimmern senkt, ist der plötzliche Herztod von Rauchern nichts Außergewöhnliches. Für die Entstehung der koronaren Herzkrankheit ist das Kohlenmonoxid von größerer Bedeutung als das Nikotin, aber wahrscheinlich wirken beide Bestandteile und viele andere Inhaltsstoffe des Zigarettenrauches auf unheilbringende Weise zusammen.

Rauchen und Angina pectoris

Bei der Angina pectoris wird der Herzmuskel schlecht mit Sauerstoff versorgt. Zigaretten steigern die Häufigkeit und Schwere der Schmerzanfälle. Kohlenmonoxid senkt die Fähigkeit des Blutes, Sauerstoff aufzunehmen und weiterzugeben, Nikotin läßt Blutdruck und Puls leicht ansteigen, so daß das Herz mehr Sauerstoff braucht. Nikotin und Kohlenmonoxid verstärken sich in ihrer schädlichen Wirkung also gegenseitig. Wer Angina pectoris hat und raucht, bekommt schon bei geringeren Belastungen Schmerzen.

Ein anderer Bestandteil des Zigarettenrauchs ist ein Glykoprotein, das stark allergen wirkt und Atemnot, Asthmaanfälle oder Augenreizungen verursachen kann. Außerdem schädigt dieses Glykoprotein vermutlich die Gefäßwände, was wiederum die Atherosklerose begünstigt.

Passivrauchen

Besorgniserregende Begleiterscheinungen hat auch das Passivrauchen. Der Rauch glimmender Zigaretten enthält Kohlenmonoxid in hoher Konzentration, und im ausgeatmeten Rauch finden sich viele schädliche Inhaltsstoffe, so daß Blutdruck, Puls und Carboxyhämoglobinanteil bei Ehepartnern, Freunden, Kindern und bei Unbeteiligten, die an Angina pectoris leiden, in einem unbelüfteten Raum ansteigen können.

Das Rauchen aufgeben – aber wie?

Es gibt kein Patentrezept zur Raucherentwöhnung. Wenn Sie es aus eigener Antriebskraft nicht schaffen, sollten Sie professionelle Hilfe in Anspruch nehmen. Sprechen Sie Ihren Arzt an, er wird Ihnen die zuständigen Adressen und Entwöhnungsprogramme nennen können.

- Die Krankenkassen bieten Raucherentwöhnungskurse an.
- Nikotinkaugummis, -pflaster oder -tabletten können sehr hilfreich sein; man sollte ihre Anwendung jedoch zuvor mit einem Arzt besprechen.
- Häufig hilft auch zur Überbrückung der ersten Tage und Wochen Akupunktur. Manch einer schwört sogar auf Hypnose.

Sauerstoff

Herzpatienten müssen in der Regel nicht regelmäßig mit Sauerstoff beatmet werden, es sei denn, sie werden mit Herzinsuffizienz und Atemnot ins Krankenhaus eingeliefert. Aber auch in solchen Fällen ist der Sauerstoff meist nur wenige Tage lang erforderlich. Bei Patienten mit Herzinfarkt und Schmerzen in der Brust wird der Sauerstoff nur wenige Stunden lang gegeben. Ein Herzinfarkt hat in der Regel keinen Sauerstoffmangel im Blut zur Folge. Bei manchen Patienten entwickelt sich zwar im Anschluß eine Herzinsuffizienz, aber sie verschwindet meist innerhalb weniger Tage wieder. Für die häusliche Behandlung nach der Krankenhausentlassung wird den Herzpatienten normalerweise kein Sauerstoff verschrieben, auch dann nicht, wenn es sich um eine sehr schwere Erkrankung handelt. Nur wenn neben dem Herzen auch die Lunge in Mitleidenschaft gezogen ist, wenn chronische, schwere Atemnot besteht, und wenn der Sauerstoffgehalt des arteriellen Blutes unter 60 mm Hg liegt, ist unter Umständen auch zu Hause eine Sauerstofftherapie angezeigt.

Schenkelblock

Rechtsschenkelblock

Diese Störung tritt auf, wenn die Faserbündel, die die Impulse zur rechten Herzkammer leiten, geschädigt sind oder die Impulse aus anderen Gründen nicht übertragen. Die Diagnose wird ausschließlich über das EKG gestellt. Ein Rechtsschenkelblock kommt nicht selten vor und ist auch bei gesunden Menschen nichts Ungewöhnliches. Er führt nicht zum Herzinfarkt, beeinträchtigt die Lebensweise nicht und erzeugt keine Symptome. Eine Behandlung ist also nicht erforderlich. Am häufigsten beobachtet man den Rechtsschenkelblock bei koronarer Herzkrankheit, Herzklappenanomalien und Lungenerkrankungen. Der Puls bleibt normal, ein Schrittmacher ist nicht notwendig.

Linksschenkelblock

Die Ursache dieser ebenfalls recht häufigen Störung ist eine Störung der Leitungsbahnen, die Impulse zur Herzkammer übermitteln. Das EKG zeigt beim Linksschenkelblock typische Veränderungen und ist für den Arzt die alleinige Grundlage der Diagnose. Während der Rechtsschenkelblock auch bei gesunden Menschen häufig vorkommt, hat der Linksschenkelblock seine Ursache meist in Herzerkrankungen wie koronare Herzkrankheit, Herzklappenanomalien oder Vernarbungen. Der Linksschenkelblock stört den Herzrhythmus nicht, so daß kein künstlicher Schrittmacher notwendig ist.

Schilddrüse und Herzkrankheiten

Schilddrüsenüberfunktion (Hyperthyreoidismus)

Die Schilddrüse im Hals wird manchmal innerhalb von Tagen überaktiv und schüttet dann das Hormon Thyroxin in übergroßen Mengen aus. Diese Störung kommt zwischen dem 20. und 50. Lebensjahr nicht selten vor; sie kann aber auch noch im höheren Alter auftreten. Das viele Thyroxin kurbelt den Stoffwechsel in allen Geweben stark an, so daß es trotz guten Appetits zur Gewichtsabnahme kommen kann. Die Betroffenen sind nervös, ängstlich, reizbar und neigen zu vermehrtem Schwitzen und Schweißausbrüchen. Der Ruhepuls kann auf 110 bis 130 Schläge in der Minute ansteigen. Gelegentlich treten Herzrhythmusstörungen auf, insbesondere das Vorhofflimmern. Der schnelle Herzrhythmus muß unter Umständen mit einem Beta-Blocker unter Kontrolle gebracht werden, bis die Überfunktion der Drüse durch eine Behandlung mit radioaktivem Jod wieder normalisiert wird.

Schilddrüsenunterfunktion (Hypothyreoidismus)

Diese Gesundheitsstörung tritt bei älteren Menschen häufig auf, gelegentlich sind aber auch Personen zwischen 20 und 60 Jahren betroffen. Der Mangel an dem Hormon Thyroxin führt zu Gewichtszunahme, Verstopfung, Teilnahmslosigkeit, Schlafstörungen, Heiserkeit, trockener Haut und Kälteempfindlichkeit. Die Schilddrüsenunterfunktion, auch Myxödem genannt, verlangsamt den Puls. Das Herz ist nur in seltenen Fällen gefährdet.

Wenn eine Schilddrüsenüberfunktion chirurgisch oder mit radioaktivem Jod behandelt wurde, kann es zehn bis 20 Jahre später zu einer behandlungsbedürftigen Schilddrüsenunterfunktion kommen. Häufig wird eine Unterfunktion erst nach mehreren Jahren erkannt. Die Über- und Unterfunktion der Schilddrüse ist mit einer einfachen Blutuntersuchung leicht zu erkennen. Patienten mit Schilddrüsenunterfunktion müssen in der Regel Thyroxin in einer Dosierung von 0,05 bis 0,2 mg (50 bis 200 Mikrogramm) am Tag einnehmen.

Schlaganfall

Ein Schlaganfall liegt vor, wenn eine Arterie, die einen bestimmten Gehirnbereich versorgt, blockiert ist, so daß dieser Abschnitt des Gehirns geschädigt wird. Ein solcher Arterienverschluß kann durch ein Blutgerinnsel entstehen, und derartige Gerinnsel bilden sich häufig an Stellen, die ohnehin schon durch Atherosklerose verengt sind (s. S. 32f., »Atherosklerose«). Ist ein Gehirnteil betroffen, der die Bewegungen von Armen oder Beinen steuert, kommt es zur Schwächung oder völligen Lähmung dieser Gliedmaßen. Tritt der Schaden im Sprachzentrum auf, äußert er sich als Beeinträchtigung oder Verlust der Fähigkeit zu sprechen.

In manchen Fällen kündigt sich der Schlaganfall durch Warnzeichen an, beispielsweise durch eine vorübergehende Erblindung auf einem Auge und durch leichte Schwächegefühle, prickelnde Gefühle oder Gefühllosigkeit im Arm oder Bein auf einer Körperseite. Solche Symptome dauern häufig nur wenige Minuten, manchmal aber auch einige Stunden an, ohne daß der Schlaganfall eintritt. Solche Episoden bezeichnet man als transitorische ischämische Attacken (TIA). Bleiben die Symptome länger als 24 Stunden bestehen, ist meist ein Schlaganfall die Folge.

Solchen Schlaganfällen, die durch Blutgerinnsel in einer Gehirnarterie ausgelöst werden, kann man vorbeugen, indem man das Blut mit Acetylsalicylsäure verdünnt. Auch eine genaue Kontrolle des Blutdrucks trägt zur Vorbeugung gegen Schlaganfälle bei. Erfolge hatte man mit Tagesdosen von 325 bis 606 mg Acetylsalicylsäure, aber auch 100 mg am Tag haben in der Regel bereits eine Wirkung. Acetylsalicylsäure verhindert, daß die Blutplättchen zusammenkleben und in den Arterien kleine, zerbrechliche Klumpen bilden. Von solchen Gerinnseln können sich nämlich sonst Stücke lösen, die dann dünne Arterien blockieren und einen vorübergehenden Anfall oder einen kleinen Schlaganfall auslösen. Wer wegen Magen- oder Darmblutungen keine Acetylsalicylsäure einnehmen darf, kann statt dessen Ticlopidin (Tiklyd) verwenden; allerdings schädigt dieser Wirkstoff in seltenen Fällen die weißen Blutzellen.

Die Ursache des Schlaganfalls ist in vielen Fällen der Verschluß einer der beiden Halsschlagadern, die ins Gehirn verlaufen. Die Endarteriektomie, eine Operation zur Reinigung dieser Arterien, ist angezeigt, wenn die Halsschlagader zu mehr als 70 % verengt ist. Mit der Doppler-Sonographie, einem einfachen Ultraschall-Untersuchungsverfahren, kann man die Strömungsgeschwindigkeit des Blutes in der Halsschlagader messen und das Ausmaß der Verengung recht zuverlässig abschätzen: unter 33 % ist sie ohne Bedeutung, ab 50 % wird es gefährlich, und über 75 % liegt eine starke Verengung vor. Die ambulante Untersuchung dauert nur wenige Minuten.

Bevor der Arzt jedoch zur Operation rät, bestätigt er die Diagnose mit einer Röntgen-Angiographie der Halsschlagader.

Schlaganfälle eines anderen Typs entstehen, wenn ein kleines Blutgefäß im Gehirn reißt, so daß durch die Blutung ein großer Gehirnbereich geschädigt wird. Bei solchen Schlaganfällen ist die Prognose schlecht. Die häufigste Ursache von Gehirnblutungen ist mittelschwerer bis schwerer Bluthochdruck, der über mehrere Jahre anhält.

Auch ein kleines Aneurysma in einer Arterie an der Unterseite des Gehirns kann platzen, so daß es zu einer Blutung im Subarachnoidalraum kommt. Die Ursache einer solch kleinen Ausbeulung einer Arterie kann eine Entwicklungsstörung der Gefäßwand sein. Das austretende Blut aus dem gerissenen Aneurysma kann die Gehirnsubstanz schädigen. Diesen Zustand nennt man auch Subarachnoidalblutung (s. S. 12f., »Aneurysma«).

Der ganze Vorgang kann am Gehirn beträchtliche Schäden anrichten, doch mit einer Notfalloperation gelingt es vielfach, das Blutgerinnsel zu entfernen und das Aneurysma zu verschließen. Die Genesungsquote liegt bei über 75 %. Leider tritt diese Blutung sehr plötzlich und auch bei jungen Menschen zwischen 30 und 50 Jahren auf. Abrupt auftretende, starke Kopfschmerzen, die im Laufe weniger Minuten unerträglich werden, sind unter Umständen ein Zeichen für eine solche Blutung. Durch eine schnelle Operation läßt sich die Katastrophe möglicherweise abwenden.

In seltenen Fällen haben die Patienten schon vorher immer wieder einmal Kopfschmerzen. Dann kann die Diagnose mit einer Angiographie gestellt werden, bevor das Aneurysma reißt. Seine operative Beseitigung ist nicht einfach, denn die Arterie liegt an der Unterseite des Gehirns. Trotzdem verläuft der Eingriff in der Regel erfolgreich.

Eine dritte Art von Schlaganfällen entsteht durch ein Blutgerinnsel, das sich in einer Herzkammer bildet und dann vom Blut ins Gehirn transportiert wird. Diesen Vorgang bezeichnet man als Embolie. Im Herzen können Blutgerinnsel nach einem Herzinfarkt oder während des Vorhofflimmerns entstehen. Bis zu einem Alter von 65 Jahren kann man einer solchen Embolie mit nachfolgendem Schlaganfall durch Einnahme von Marcumar® vorbeugen.

Sportherz

Wenn man sich mehrere Jahre lang regelmäßig und intensiv sportlich betätigt, entwickelt das Herz-Kreislauf-System eine Reihe von Anpassungen. Im einzelnen ändern sich folgende Eigenschaften:

- Einen langsamen Ruhepuls von weniger als 60 Schlägen in der Minute bezeichnet man als Sinusbradykardie. Durchtrainierte Sportler haben oft einen Ruhepuls von nur 35 bis 45 Schlägen. Bei mäßiger Anstrengung steigt er auf 120 bis 140, und nach Beendigung der Tätigkeit geht er innerhalb weniger Minuten wieder auf unter 60 zurück. Sportliches Training führt zu einer Aktivitätszunahme des Vagusnerven, der den Herzschlag reguliert. Er wirkt auf das Herz wie ein angezogener Zügel auf ein Pferd.
- Die Masse der Herzmuskulatur nimmt zu, insbesondere an der linken Herzkammer. Diese geringfügige Vergrößerung des Herzens ist die physiologische Reaktion auf jahrelanges, regelmäßiges Training. Im Elektrokardiogramm zeigt sich unter

Umständen eine Vergrößerung (Hypertrophie) der rechten oder linken Herzkammer, die sich durch eine Ultraschalluntersuchung bestätigen läßt.

Wenn junge Sportler am plötzlichen Herztod sterben, liegt das nicht an dem langsamen Puls oder der Vergrößerung des Herzmuskels, die gerade beschrieben wurden. Bei Personen unter 35 Jahren ist die Ursache meist eine nicht erkannte Herzkrankheit, insbesondere eine obstruktive Kardiomyopathie (s. S. 151 »Kardiomyopathie«). Bei über Vierzigjährigen ist gewöhnlich eine korronare Herzkrankheit die Ursache.

Streß und Herzkrankheiten

Streß ist nicht das gleiche wie nervliche Anspannung. Schädlicher Streß zeichnet sich dadurch aus, daß er Leiden erzeugt. Zwar kann Streß auch im Zusammenhang mit erfreulichen Situationen auftreten, aber häufiger entsteht er durch unangenehme Reize. Das Wort »Streß« kommt von dem altfranzösischen und mittelenglischen Wort für »distress« (Leiden, Qual); die erste Silbe ist im Laufe der Zeit verlorengegangen.

Im Organismus erzeugt Streß gut bekannte Reaktionen: Der Blutdruck steigt an, und die Blutplättchen werden klebriger, so daß sie im schlimmsten Fall verklumpen und Blutgerinnsel in den Herzkranzgefäßen bilden. Während der Streßreaktion verengen sich die Arterien unter dem Einfluß des Adrenalins, so daß der systolische und diastolische Blutdruck ansteigen. Liegt der Blutdruck normalerweise bei 120/80, kann er bis auf 160/90 hochschießen, oder auch von 145/95 bis auf 190/110. Gemeinsam mit der Wirkung des Adrenalins, das die Blutplättchen in den Arterien verklumpen läßt, steigt bei permanentem Streß das Risiko eines tödlichen Herzinfarkts.

Streß und das Herz

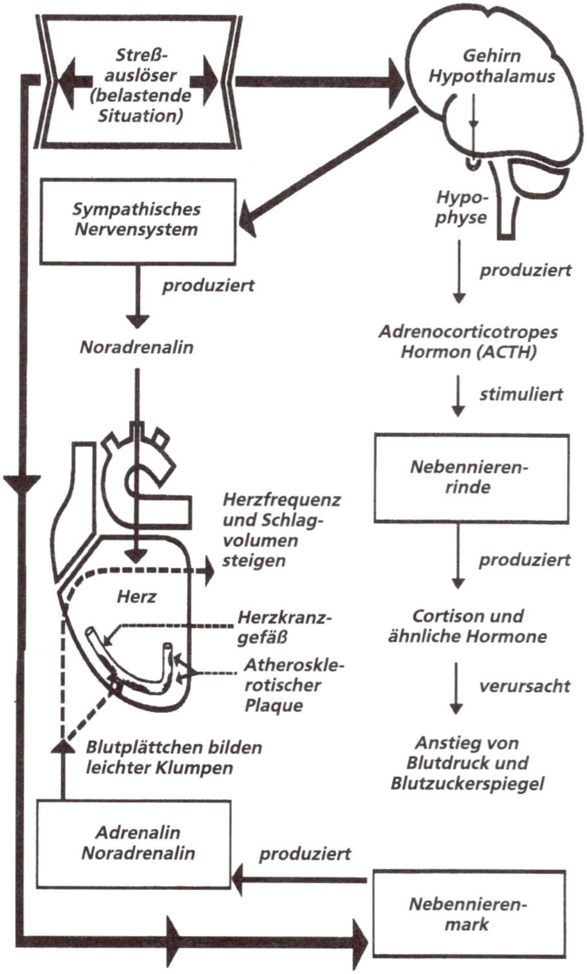

Bei Streß lassen die »Streßhormone« also Puls und Blutdruck ansteigen, so daß das Herz mehr Arbeit leisten muß (s. Abb. S. 162). Bei Patienten mit Angina pectoris sorgt das Adrenalin dafür, daß die Blutplättchen an den atherosklerotischen Plaques verklumpen, so daß der betreffende Abschnitt des Herzmuskels nicht mehr ausreichend mit Sauerstoff versorgt wird. Dieser Sauerstoffmangel kann die typischen Angina-pectoris-Schmerzen auslösen.

Bei solchen Patienten kann bereits mäßiger Streß die Blutversorgung des Herzens einschränken. In einer Studie mit 16 Patienten, die an Angina pectoris litten, führte schon die geringe Belastung beim Kopfrechnen zu einem ähnlichen Sauerstoffmangel am Herzen wie körperliche Anstrengung (s. Abb. S. 164). Man injizierte den Versuchspersonen ein Radioisotop (Rubidium-82) in eine Vene. Im Herzen angelangt, wurden Aufnahmen gemacht. Die dunklen Bereiche in der Abbildung auf S. 164 zeigen an, wieviel Rubidium in die einzelnen Abschnitte des Herzens gelangt und wie gut sie demnach mit Blut versorgt wurden.

In Streßsituationen löst das »Gefühlszentrum« des Gehirns bestimmte Reaktionen aus (s. Abb. S. 162). Der Hypothalamus schickt Signale an die Hypophyse und an das sympathische Nervensystem, was zur Ausschüttung der Streßhormone Cortison, Adrenalin und Noradrenalin führt. Cortison läßt sowohl den Blutzuckerspiegel als auch den Blutdruck steigen.

Bei den äußeren, streßauslösenden Reizen handelt es sich in der Regel um Situationen, die Verärgerung, Angst, Entbehrungen oder ähnliches hervorrufen. Häufige Streßauslöser sind beispielsweise der Tod eines Angehörigen, Konflikte mit anderen Menschen oder termingebundene Arbeiten.

Der Organismus reagiert darauf immer auf die gleiche Weise, unabhängig von der Art und Ursache der Belastung. Eine Auseinandersetzung mit dem Chef, den Kollegen oder dem Ehepartner wirkt in dieser Hinsicht genauso wie ein Raubüberfall. Das Adrenalin, das in Gefahrensituationen ausgeschüttet wird, ist hilfreich, wenn man beispielsweise vor einem Angreifer flüchten muß: Puls und Blutdruck steigen, die Muskeln werden folglich mit mehr Sauerstoff und Glucose versorgt, so daß man besser weglaufen kann. Zu große Adrenalin- und Noradrenalinmengen sind aber auch gefährlich, denn sie können das Herz so stark stimulieren, daß seine elektrische Stabilität gefährdet ist; das kann in seltenen Fällen zum Kammerflimmern führen, bei dem das Herz nicht mehr schlägt, sondern nur noch zittert. Dieser Zustand ist die häufigste Ursache des plötzlichen Herztodes. Adrenalin senkt die Schwelle für das Kammerflimmern und kann somit den Herzstillstand herbeiführen. Darüber hinaus können die Streßhormone einen Krampf der Herzkranzgefäße auslösen, der zur Angina pectoris führen kann und manchmal sogar tödlich endet, insbesondere wenn er sich in einer ohnehin verengten Arterie ereignet.

Die Möglichkeit, daß der plötzliche Herztod bei akutem Streß durch Wechselwirkungen zwischen Gehirn, Adrenalin und Herz ausgelöst wird, ist also nicht auszuschließen. Im Tierversuch bestätigten sich diese Zusammenhänge: Bei Ratten, die man einem plötzlichen Trauma aussetzte, indem man sie in Eiswasser fallen ließ, entwickelte sich eine Blokkade der Herzkranzgefäße. Die Folge war eine Schädigung bestimmter Abschnitte am Herzmuskel (Herzinfarkt). Wurden die Tiere mit körperlich unschädlichen Elektroschocks unter Streß gesetzt,

Das Herz unter Streß

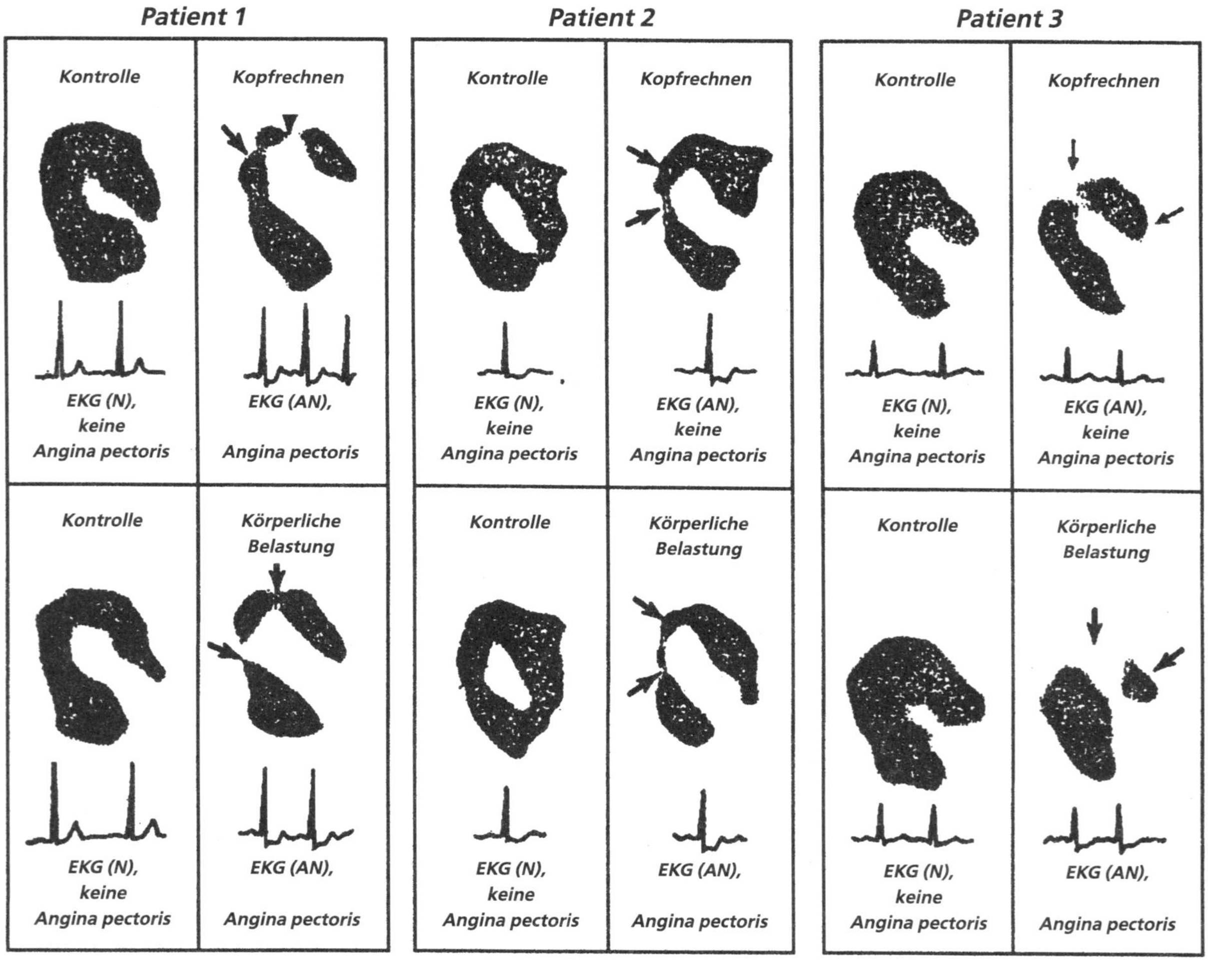

Veränderungen der Rubidium-82-Aufnahme und Elektrokardiogramm bei Schmerzen in der Brust vor und nach Kopfrechnen und körperlicher Betätigung.

Die Scanaufnahmen der Kontrollpersonen zeigen dunkle Bereiche, in denen der Herzmuskel normal durchblutet wurde und das Rubidium-82 normal aufnahm.

Bei Kopfrechnen und körperlicher Betätigung zeigen sich Anomalien (Pfeile), gleichzeitig zeigen sich häufig Veränderungen im EKG, die durch Sauerstoffmangel entstehen (Ischämie, Angina pectoris).

N = normal   AN = anormal

Verändert mit freundlicher Genehmigung aus Lancet 2: 1003, 1984.

entwickelten sich Blutgerinnsel in den Herzkranzgefäßen, und die Tiere starben. Durch eine vorbeugende Behandlung mit Acetylsalicylsäure oder Dipyridamol, zwei Wirkstoffen, welche das Verklumpen der Blutplättchen verhindern, konnte man die Gerinnselbildung bei der Mehrzahl der Tiere verhüten. Gab man den Ratten einen Beta-Blocker, der die schädlichen Wirkungen des Adrenalins hemmt, trat kein Kammerflimmern ein, die Ratten überlebten ebenfalls.

Im Tierversuch können intravenös gespritztes Adrenalin und Noradrenalin schwere elektrische Störungen einschließlich des Kammerflimmerns auslösen. Während eines Herzinfarkts steigt im Herzen der Noradrenalinspiegel. Ist die Blutversorgung des Herzens durch eine Atherosklerose der Herzkranzgefäße vermindert, kann starker Streß also ein Kammerflimmern schneller auslösen.

In einer Studie mit 117 Patienten, die nach einem Herzstillstand wiederbelebt wurden, berichteten 25 von ihnen, sie hätten in den letzten 24 Stunden vor dem Herzstillstand schweren Streß erlebt, beispielsweise berufliche oder familiäre Konflikte. Akuter oder länger anhaltender Streß kann an den Herzkranzgefäßen also schwere Schäden hervorrufen.

Woran erkennt man Streß?

- Durch den Adrenalinüberschuß fängt man sofort an zu schwitzen, insbesondere auf Stirn und Kopfhaut, unter den Armen und auf den Handflächen.
- Das Herz rast und schlägt bis zum Hals.
- Schmerzen am Kopf und Hals treten auf, insbesondere an den Schläfen oder in den Augen.
- In Brust und Bauch macht sich ein prickelndes Gefühl bemerkbar. Man meint Schmetterlinge im Bauch zu haben und empfindet Angst oder Unruhe. Manchmal stellt sich auch ein Gefühl der Schwäche ein.
- Man fühlt sich verärgert, gewaltbereit, streitsüchtig und voller Wut.
- Wer langfristig unter Streß leidet, schläft in der Regel schlecht, leidet an häufigem Harndrang, Verdauungsstörungen oder Durchfall.

Streßbewältigung

Streß gehört zum Leben und läßt sich nicht völlig vermeiden. Doch wenn man zu den Menschen gehört, die unter Streß leiden, sollte man sich den Methoden zur Streßbewältigung zuwenden. Streßbewältigung ist jedoch ein derart vielschichtiges Thema, daß im Rahmen dieses Buches nicht näher darauf eingegangen werden kann. Zu den Methoden, mit Streß besser umzugehen, gehören unter anderem eine bessere Zeiteinteilung, Tiefenentspannung, Meditation und Sport.

Triglyzeride

Die Kohlenhydrate aus der Nahrung werden im Organismus zu Glucose und Triglyzeriden umgesetzt. Bei den meisten übergewichtigen Menschen ist der Triglyzeridspiegel im Blut erhöht. Er läßt sich aber durch Gewichtsabnahme, verminderte Alkoholaufnahme und körperliche Betätigung rasch senken. Der Normbereich liegt zwischen 50 und 300 mg/dl, aber auch Werte bis 400 mg sind noch akzeptabel. Eine Erhöhung auf 400 bis 2000 mg ist in der Regel auf starkes Übergewicht, Diabetes, übermäßigen Alkoholkonsum oder in seltenen Fällen auf eine genetische Veranlagung zurückzuführen.

14 Stunden vor der Blutabnahme zur Feststellung des Triglyzeridspiegels sollte man außer Wasser keine Speisen und Getränke zu sich nehmen, da sonst ein verfälschter, zu hoher Wert gemessen wird. Wenn der Triglyzeridspiegel auch nach zwei Untersuchungen, zwischen denen mehrere Monate liegen sollten, erhöht ist, läßt er sich durch eine kohlenhydrat- und alkoholarme Reduktionsdiät in Verbindung mit mäßiger körperlicher Betätigung innerhalb weniger Monate um 20 bis 33 % senken.

Der erhöhte Triglyzeridspiegel spricht auf eine nichtmedikamentöse Therapie in der Regel gut an. Nur in wenigen Fällen liegt die Konzentration nach sechs Monaten noch über 500 mg; solche Patienten sollten medikamentös behandelt werden. Diese Medikamente senken den Triglyzeridspiegel und in geringerem Ausmaß auch den Cholesterinwert, während die Menge des »guten« HDL-Cholesterins ansteigt.

Ein erhöhter Triglyzeridspiegel gilt nicht als nennenswerter Risikofaktor für die koronare Herzkrankheit. Ist allerdings bei einem Triglyzeridwert über 500 mg gleichzeitig auch der LDL-Wert erhöht, während die HDL-Konzentration unter 30 mg (0,7 mmol/l) liegt, ist eine Behandlung angezeigt.

Übergewicht und Herzkrankheiten

Geringes Übergewicht ist nicht zwangsläufig mit einem erhöhten Herzinfarktrisiko verbunden – vorausgesetzt, es liegen keine anderen Risikofaktoren, insbesondere Bluthochdruck, hoher Cholesterinspiegel, Rauchen oder Diabetes vor. Aber selbst nach vorsichtigen Maßstäben haben viele Bewohner der Industrieländer deutliches Übergewicht. Wie die Framingham-Studie mit 5000 untersuchten Personen zeigte, läßt Übergewicht die Gefahr für Angina pectoris und plötzlichen Herztod steigen. Bei koronaren Herzkrankheiten treten die Schmerzen in der Brust häufiger auf, wenn die betroffene Person an Übergewicht leidet, weil dann das Herz stärker belastet ist. Deshalb bessern sich die Schmerzen der Angina pectoris in vielen Fällen, wenn die Patienten abnehmen, und auch die Medikamentendosis kann dann meist reduziert werden. Schon aus diesem Grund ist die Gewichtsabnahme – zur Vorbeugung wie zur Milderung der Symptome – nachdrücklich zu empfehlen.

Das anzustrebende Normalgewicht für Männer und Frauen ist in der Tabelle auf S. 167 aufgeführt. Die Werte entsprechen dem sogenannten Body Mass Index (Körpergewicht geteilt durch Körpergröße in Metern zum Quadrat), der dem individuellen Körperbau sehr viel besser gerecht wird als der in der Praxis gebräuchlichere, weil einfacher zu berechnende Broca-Index (Körpergröße in Zentimetern minus 100). Bei leichtem Übergewicht (bis zu zehn Prozent über den in der Tabelle angegebenen Normalwerten) sind damit nicht zwangsläufig Gesundheitsgefahren verbunden, solange keine anderen Risikofaktoren vorliegen.

Von Fettsucht (Adipositas) spricht man, wenn das Körpergewicht mehr als 25 % über dem Durchschnitt liegt und wenn das Fett einen hohen Anteil dieses Gewichts ausmacht. Deutliche Fettsucht ist definiert durch ein Körpergewicht von 25 bis 50 Prozent über dem Durchschnitt und einen deutlich vermehrten Anteil des Körperfetts. Fettsucht ist keine

Hauptursache des Bluthochdrucks, aber bei manchen stark übergewichtigen Patienten ist der Blutdruck tatsächlich erhöht. Durch Gewichtsabnahme geht der Blutdruck immer zurück. Viele übergewichtige Patienten leiden an Diabetes und erhöhtem Cholesterinspiegel, und wenn dann noch Bluthochdruck und Rauchen hinzukommen, besteht ein beträchtlich erhöhtes Risiko für einen Herzinfarkt.

Gewichtstabelle nach dem Body Mass Index

Körpergröße (in m)	Untergewicht (in kg) w	m	Normalgewicht (in kg) w	m	Übergewicht (in kg) w	m	Adipositas (in kg) beide
1,25	< 30	< 31	30 – 38	31–39	> 38	> 39	> 47
1,30	< 32	< 34	32 – 41	34 – 42	> 41	> 42	> 51
1,35	< 35	< 36	35 – 44	36 – 46	> 44	> 46	> 55
1,40	< 37	< 39	37 – 47	39 – 49	> 47	> 49	> 59
1,45	< 40	< 42	40 – 50	42 – 53	> 50	> 53	> 63
1,50	< 43	< 45	43 – 54	45 – 56	> 54	> 56	> 68
1,55	<46	< 48	46 – 58	48 – 60	> 58	> 60	> 72
1,60	< 49	< 51	49 – 61	51 – 64	> 61	> 64	> 77
1,65	< 52	< 54	52 – 65	54 – 68	> 65	> 68	> 82
1,70	< 55	< 58	55 – 69	58 – 72	> 69	> 72	> 87
1,75	< 58	< 61	58 – 74	61 – 77	> 74	> 77	> 92
1,80	< 62	< 65	62 – 78	65 – 81	> 78	> 81	> 97
1,85	< 65	< 68	65 – 82	68 – 86	> 82	> 86	> 103
1,90	< 69	< 72	69 – 87	72 – 90	> 87	> 90	> 108
1,95	< 72	< 76	72 – 91	76 – 95	> 91	> 95	> 114
2,00	< 76	< 80	76 – 96	80 – 100	> 96	> 100	> 120
2,05	< 80	< 84	80 – 101	84 – 105	> 101	> 105	> 126
2,10	< 84	< 88	84 – 106	88 – 110	> 106	> 110	> 132

Diät zur Gewichtsabnahme

Eine Gewichtsabnahme ist einerseits abhängig von den Kalorien, die man mit der Nahrung aufnimmt, und andererseits von den Kalorien, die man durch körperliche Betätigung verbrennt. Der Organismus eines Übergewichtigen ist darauf programmiert, Fett aufzubauen und zu speichern. Gleichzeitig verlangsamt sich der Zellstoffwechsel, so daß weniger Kalorien für das Aufrechterhalten der grundlegenden Körperfunktionen (Grundumsatz) verbrannt werden. Bei einer kurzfristigen »Crashdiät« stellt der übergewichtige Körper den »Thermostat« des Stoffwechsels noch weiter herunter, um mit der reduzierten Nahrung auszukommen. Der Stoffwechsel »auf Sparflamme« wird auch nach der Rückkehr zum üblichen Eßverhalten noch beibehalten, so daß jetzt um so mehr Kalorien in Form von Körperfett wieder gespeichert werden können.

Eine ausgeglichene Diät sollte immer mit körperlicher Betätigung kombiniert werden, um den täglichen Kalorienverbrauch zu steigern. Andernfalls nimmt man nach dem Ende der Diät innerhalb kurzer Zeit wieder zu. Deshalb sollte man den Start einer Diät zunächst mit körperlicher Betätigung einleiten: Ein täglicher, zügiger Spaziergang von etwa einer halben Stunde (Verbrauch: ca. 200 Kalorien) schon ein bis zwei Monate vor Diätbeginn und das Benutzen der Treppen statt des Aufzugs reichen bereits aus, um die körperliche Grundlage für ein wirkungsvolles Abnehmen zu schaffen.

Aber dennoch: Erfolgreiches und gesundheitsschonendes Abnehmen braucht seine Zeit. Am sinnvollsten legt man die Strategie auf den Zeitraum von einem Jahr an und versucht, ein bis zwei Kilo im Monat zu verlieren, insgesamt also 12 bis höchstens

24 Kilo pro Jahr. Denn zu ehrgeiziges Fasten kann einen ohnehin überlasteten Körper noch zusätzlich unter Druck setzen.

Jede Reduktionsdiät ist vor allem mit einer geringeren Aufnahme von kalorienreichem Fett und reinem Zucker verbunden, der im Körper ohne Stoffwechselkosten sofort zu Glucose (Traubenzucker) abgebaut wird. Der Fettanteil, insbesondere der gesättigten Fette, in der täglichen Nahrung sollte auf höchstens 30 % vermindert werden. Da ein Gramm Fett neun Kalorien enthält, ist eine Verminderung der Fettaufnahme um 120 Kalorien nicht besonders schwierig. Ein Filetsteak allein macht nicht dick. Man kann ohne weiteres dreimal in der Woche Rinderfilet oder Hähnchenbrust essen und dennoch abnehmen, wenn man entsprechend auf die dickbestrichenen Butterbrote verzichtet.

Die meisten »leeren« Kalorien stammen aus Leckereien wie Mehlspeisen mit Käse oder Sahne, frittierten Kartoffeln, Reis, schweren Fleischgerichten mit fetten Soßen, süßem Speiseeis, Kuchen und ähnlichem. All das braucht unser Körper aber nicht. Zum Abnehmen sollte man deshalb vor allem Kohlenhydrate in Form von Gemüse ohne fette Soßen, Rohkostsalaten ohne reichhaltige Dressings und mageres Fleisch zu sich nehmen. Als Dessert eignet sich am besten frisches Obst.

Eine Gewichtsabnahme tritt bereits ein, wenn man die Nahrungsaufnahme auf 1000 bis 1500 Kalorien pro Tag (Grundumsatz) beschränkt und gleichzeitig durch körperliche Bewegung zusätzlich Energie, das heißt Kalorien in Form von Körperfett verbraucht. Man kann dabei durchaus schmackhafte, appetitliche Gerichte genießen und dennoch Gewicht verlieren. Bei der Zubereitung der Mahlzeiten ist folgendes zu beachten:

1. Ratsam sind Lebensmittel mit hohem Kohlenhydrat- und Proteinanteil und geringem bis mäßigem Fettgehalt, wie sie unter »Herzinfarkt«, Abschnitt »Vorbeugende Ernährung«, beschrieben sind (S. 121ff.).
2. Den Verzehr kalorienreicher Lebensmittel sowie alkoholischer und zuckerhaltiger Getränke wie Cocktails, Bier und Limonaden sollte man einschränken.
3. Lebensmittel mit komplexen Kohlenhydraten und Ballaststoffen sollte man dagegen reichlich verwenden. Gerade Ballaststoffe, also unverdauliche pflanzliche Bestandteile, machen satt, ohne aber als Energielieferant ins Blut aufgenommen zu werden. Ballaststoffe sollten deshalb in allen Diätplänen einen festen Platz einnehmen: zum Beispiel Weizenkleie, grüne Erbsen, Kichererbsen, Bohnen, Mais sowie alle Gemüse- und Obstsorten, insbesondere Äpfel, Birnen, Pflaumen, Nektarinen und ähnliche, deren ballaststoffreiche Schale den Verdauungstrakt füllt.

Aber Vorsicht: Jeder Eingriff in die Ernährung muß wie jede andere Behandlung mit Bedacht erfolgen. Besondere Beachtung verdient der hohe Vitamin-K-Gehalt mancher ballaststoffreicher Lebensmittel wie Brokkoli, Rüben, Spinat und Alfalfa. Eine hohe Vitamin-K-Aufnahme kann zur Vermehrung der Blutgerinnungsfaktoren beitragen. In sehr seltenen Fällen beobachtet man bei einer langfristigen ballaststoffreichen Reduktionsdiät Anämie und Knochenschwund (Osteomalazie oder Osteoporose) sowie eine verminderte Resorption von Mineralien wie Calcium, Zink und Magnesium.

Auf die ausgewogene Zusammensetzung der Nahrung kommt es also an. Als optimal gelten 50 bis

60 % Kohlenhydrate, 15 bis 20 % Proteine und maximal 30 % Fette. Kalorientabellen helfen Ihnen bei der Zusammenstellung Ihrer Speisen. Grundsätzlich gilt für eine herzgesunde Kost:

- Maßvolles Essen: zum Beispiel abends statt vier dickbelegter Schnitten Brot nur eine, höchstens zwei dünn bestrichene mit etwas frischem Salat.
- Vermeiden Sie alle Weißmehlprodukte wie Weißbrot, Eiernudeln, Kekse, Torten und dergleichen.
- Verzichten Sie auf fettgebackene und panierte Speisen wie Pommes frites oder panierte Schnitzel.
- Vermeiden Sie Fastfood und Dosengerichte wegen des hohen Kalorien- und Salzgehalts (s. Tab. S. 65).
- Salzen Sie Ihre Speisen sparsam; benutzen Sie statt dessen abwechslungsreich herzgesunde Gewürze wie Knoblauch und Zwiebeln.
- Essen Sie vor allem regelmäßig alle Gemüsesorten, die viel Kalium und ungesättigte Fette enthalten und ballaststoffreich sind, und viel Obst.
- Reduzieren Sie den Fleischgenuß auf Geflügel- und Kalbfleisch und essen Sie öfter Fisch. Falls der Cholesterinspiegel über 240 mg liegt, sollte man nur zwei Scheiben mageres Rindfleisch und zwei Eier pro Woche verzehren. Bei einem Cholesterinspiegel unter 190 mg (5 mmol) sind zwei Steaks, Krabben ohne Ausbackteig und drei bis vier Eier in der Woche erlaubt.

Die empfohlenen Lebensmittel lassen sich zu wohlschmeckenden Mahlzeiten kombinieren und gewährleisten eine ausgewogene Ernährung, ohne daß ein Protein-, Vitamin- oder Mineralstoffmangel droht. Zusammen mit körperlicher Bewegung von mindestens einer Stunde an fünf Tagen in der Woche führt eine solche Diät zu einer erfolgreichen Gewichtsabnahme.

Doch außer einer ausgewogenen Ernährung sind für den Erfolg einer Diät auch Motivation, Willenskraft und Opferbereitschaft notwendig – wer wüßte das nicht. Eine kompetente Ernährungsberatung und auch Selbsthilfegruppen können dabei helfen, seine Ernährung an die eigene Lebensweise und die angestrebten Ziele anzupassen. Von einseitigen Diätempfehlungen wie einer »Kartoffeldiät« oder einer »Joghurtdiät« und Flüssigproteinen ist in jedem Fall abzuraten, weil dem Körper dabei langfristig wichtige Nährstoffe vorenthalten oder gar entzogen werden. Solche »Diäten« können sogar zu einem Anstieg des Cholesterinspiegels und Herzrhythmusstörungen führen.

Untersuchungsverfahren bei Herzkrankheiten

Das Elektrokardiogramm (EKG)

Bei Angina pectoris ist das Ruhe-EKG häufig normal; es kann aber auch auf chronischen Sauerstoffmangel (Ischämie) oder vernarbte Stellen nach einem früheren Herzinfarkt hinweisen. Da das EKG Herzrhythmusstörungen (Extrasystolen und Beeinträchtigungen der Reizleitungen) sowie eine Vergrößerung des Herzens anzeigt, ist es ein wertvolles Diagnosehilfsmittel. Ein normaler Befund besagt jedoch nicht, daß keine Angina pectoris vorliegt.

Das Ruhe-EKG kann Anzeichen für folgende Anomalien enthalten:

- für einen akuten Herzinfarkt. Für die Diagnose des Herzinfarktes ist das EKG nach wie vor das wichtigste Hilfsmittel – es ist durch die viel aufwendigeren Radioisotopenscans und Blutuntersuchungen nicht zu ersetzen;
- für einen alten Herzinfarkt, der am Herzen eine Narbe hinterlassen hat;
- für akuten Sauerstoffmangel des Herzen bei Patienten mit instabiler Angina pectoris;
- für chronische ischämische Veränderungen durch Sauerstoffmangel des Herzens oder für Veränderungen, die anzeigen, daß die linke Herzkammer übermäßig belastet ist;
- für Reizleitungsstörungen wie Rechts- und Linksschenkelblock oder Herzblock;
- für Extrasystolen und andere Herzrhythmusstörungen;
- für eine Vergrößerung der Herzkammern oder des linken Vorhofes;
- für einen geschwächten oder ausgebeulten Teil des Herzens (Aneurysma);
- für einen sehr langsamen Herzrhythmus, der möglicherweise auf eine Erkrankung des Sinusknotens hinweist;
- für mehrere weitere Störungen wie Mangel oder Überschuß an Kalium und Calcium, toxische Wirkungen von Digoxin, Herzbeutelentzündung, Sportherz, Muskelerkrankungen etc.

Obwohl es heute raffiniertere und aufwendigere kardiologische Untersuchungsverfahren gibt, ist das EKG nach wie vor eine einfache Möglichkeit zur Diagnose des Herzinfarkts. Es zeigt einen akuten oder alten Infarkt sowie eine Fülle weiterer Störungen an.

Belastungstest

Das Belastungs-EKG, das bei körperlicher Anstrengung aufgezeichnet wird, bestätigt die Diagnose der Angina pectoris und kann später als Vergleichsmaßstab für das Fortschreiten der koronaren Herzkrankheit dienen. Sehr nützlich ist es auch für die zu treffende Entscheidung, ob ein Patient für eine Ballonangioplastie oder Bypass-Operation in Frage kommt.

Röntgenaufnahmen des Brustkorbs

Röntgenaufnahmen des Brustkorbs von Patienten mit Angina pectoris sehen in der Regel normal aus; bei Herzinsuffizienz sind dagegen Veränderungen zu erkennen, ebenso bei schwerwiegenden Herzklappenfehlern, Herzmuskelerkrankungen und angeborenen Herzkrankheiten.

Myokardszintigramm

Mit einem Thalliumscan kann man bei einzelnen Patienten mit Angina pectoris feststellen, welcher Teil des Herzmuskels schlecht durchblutet ist. Die Methode ist einfach und bereitet keine Schmerzen. Während eines Belastungstests (meist auf einem Ergometer) wird eine sehr geringe Menge des radioaktiven Isotops Thallium-201 in eine Vene injiziert. Das Thallium gelangt mit dem Blut zum Herzen und verteilt sich in den Herzkranzgefäßen. Bereiche, die wegen einer Verengung der Herzkranzgefäße nicht ausreichend durchblutet werden, enthalten weniger Thallium. Diese Bereiche lassen sich mit besonderen Meßinstrumenten (Scanner) erkennen. Wegen verschiedener Fehlermöglichkeiten ist dieses Verfahren allerdings nur von begrenztem Nutzen. Bei koronarer Herzkrankheit reichen Empfindlichkeit und Spezifität nicht aus. Ein Myokardszintigramm weist zwar darauf hin, daß eine Herzkrankheit vorliegt, aber wenn es um Therapieentscheidungen geht, ist es nur von begrenztem Nutzen. Falsche positive Befunde kommen häufig vor, und in den meisten Fällen ist der Kostenaufwand nicht zu rechtfertigen. Über die Erkenntnise, die ein normales EKG liefert, gehen die Informationen eines Myokardszintigramms meist nicht hinaus.

Ein weiteres Verfahren, mit dem sich das bei jedem Herzschlag ausgeworfene Blutvolumen (Herzschlagvolumen) bestimmen läßt, ist die Ventrikelszintigraphie. Ein gesundes Herz stößt mit jedem Schlag mindestens die Hälfte des in den Kammern vorhandenen Blutvolumens aus. Dieser Anteil, das Schlagvolumen, ist eines der besten Anzeichen für die Wirksamkeit und Kraft der Herzkontraktion. Der Anteil, der normalerweise zwischen 50 und 75 % liegt, ist für den Kardiologen einer der wichtigsten Maßstäbe, um die Kraft und Funktionsfähigkeit des Herzens zu beurteilen. Recht genau läßt sich das Schlagvolumen mit der Koronarangiographie bestimmen, eine ähnliche Genauigkeit ist auch mit der Ventrikelszintigraphie zu erreichen. Bei dieser Untersuchung wird das Radioisotop Technetium in eine Armvene injiziert; es hängt sich an die roten Blutkörperchen und wird von ihnen zum Herzen transportiert. Insbesondere die linke Herzkammer ist mit hochentwickelten Szintillationskameras genau zu erkennen. Die Daten werden von einem Computer ausgewertet. Die Kontraktionskraft des Herzens und die Bewegungen seiner Wände werden auf dem Bildschirm sichtbar gemacht. Wenn sich das Herz schwach oder anormal zusammenzieht, wie man es bei einem Aneurysma erwartet, ist dies in den meisten Fällen zu erkennen. Die Untersuchung zeigt aber keine anatomischen Einzelheiten im Inneren des Herzens. Um zum Beispiel die Herzklappen sichtbar zu machen und gleichzeitig das Schlagvolumen zu bestimmen, kann man die Echokardiographie anwenden, weshalb diese meist anstelle der Ventrikelszintigraphie eingesetzt wird.

Der Hauptgrund für eine Koronarangiographie besteht in der Klärung der Frage, welcher Teil der Herzkranzgefäße verengt ist und wie groß das Ausmaß der Verengung ist, um so festzustellen, ob für die betroffene Person eine Ballonangioplastie oder eine Bypass-Operation in Frage kommt. Zwei Voraussetzungen müssen also erfüllt werden: Für den Patienten muß eine Operation angezeigt sein, das heißt, die Angina pectoris ist so stark, daß sich die Schmerzen nur durch den Eingriff beseitigen lassen, und es dürfen keine Krankheiten wie beispielsweise eine chronische Bronchitis vorliegen, die eine Kontraindikation darstellen. Die Koronarangiographie ist nach wie vor die wichtigste Methode, wenn man das Ausmaß der Atherosklerose in den Herzkranzgefäßen ermitteln will. Gleichzeitig zeigt sie die Größe und Form der linken Herzkammer sowie ihre Fähigkeit, sich gleichmäßig und kraftvoll zusammenzuziehen. Auch Herzklappenfehler sind zu erkennen. Die Untersuchung ist nicht schmerzhaft. Je nach der Klinik wird der Patient nachmittags aufgenommen, am nächsten Morgen erfolgt die Untersuchung, und am Nachmittag wird er wieder entlassen.

Am Tag der Untersuchung sollte man ab Mitternacht keine feste Nahrung mehr zu sich nehmen. Trinken ist bis eine Stunde vor dem Eingriff erlaubt. Die Patienten erhalten zur Ruhigstellung 5 mg Diazepam (Valium). Dann wird ein Katheter unter örtlicher Betäubung in eine Arm- oder Oberschenkelschlagader eingeführt und unter Röntgenkontrolle bis an die Stelle der Aorta geschoben, wo sie das Herz verläßt. An dieser Stelle zweigen in der Regel von der Aorta die Herzkranzgefäße ab; der Katheter wird zunächst in die linke und dann in die rechte Koronararterie geschoben. Nun wird ein Kontrastmittel injiziert, das man mit mehreren Röntgen-Schichtaufnahmen sichtbar machen kann. Die Aufnahmen zeigen das Herz und ob die Herzkranzgefäße gesund oder durch atherosklerotische Plaques verengt sind. Fachmännisch und in einer gut ausgerüsteten Klinik durchgeführt, ist die Koronarangiographie ein relativ ungefährliches Verfahren. Das Risiko, während dieser Untersuchung an Herzversagen zu sterben, liegt unter 0,05 %, und auch kleinere Komplikationen sind selten.

In der Regel sind die Patienten mit dieser Untersuchung einverstanden, denn sie wissen, daß Ausmaß und Schwere der Arterienverengung sich nur auf diese Weise zweifelsfrei feststellen lassen.

Echokardiographie

Die Echokardiographie ist ein schmerzloses, nichtinvasives Ultraschall-Diagnoseverfahren. Es vermittelt dem Kardiologen ohne jedes Risiko ein ausgezeichnetes Bild der Herzklappen, des Herzmuskels, der Kontraktionskraft und des Schlagvolumens. Man kann die Größe der Herzkammern messen, und eine Vergrößerung des Herzmuskels ist leicht zu erkennen.

Da man die Muskelkontraktion sichtbar machen kann, dient die Echokardiographie in manchen Fällen auch nach einem akuten Herzinfarkt zum Aufspüren besonderer Komplikationen. Besonders geeignet ist die Untersuchung auch zur Diagnose der Herzbeutelentzündung und zum Nachweis von Wasseransammlungen im Umfeld des Herzens.

Langzeit-EKG

Das Langzeit-EKG dient zum Nachweis von Herzrhythmusstörungen, insbesondere bei koronarer Herzkrankheit und anderen Funktionsstörungen des Herzens. Das Gerät ist ungefähr so groß wie ein Walkman und zeichnet über einen Zeitraum von 24 Stunden ein Elektrokardiogramm auf. Es wird am Gürtel befestigt und ununterbrochen getragen, auch über Nacht. Nach 24 Stunden wird das Gerät an den Arzt oder das Krankenhaus zurückgegeben, und die Magnetaufzeichnung wird ausgewertet. Auf diesem Weg kann festgestellt werden, wann Extrasystolen aufgetreten sind und ob eine Behandlung erforderlich ist.

Das Verfahren wird angewandt, wenn die Patienten über Herzrhythmusstörungen mit oder ohne Ohnmachtsanfälle klagen, wenn der Arzt mit dem Stethoskop Extrasystolen feststellt oder wenn er solche Störungen während eines Belastungstests auf dem EKG entdeckt.

Herzkatheter und Koronarangiographie

Die Untersuchung wird in einem Herzkatheter-Labor unter keimfreien Bedingungen durchgeführt. Der Kunststoffkatheter wird meist in der Leistenbeuge durch die Oberschenkelschlagader oder in der Ellenbeuge durch die Armarterie eingeführt. Diese Stellen bevorzugt man, weil die Blutgefäße dort groß sind und dicht unter der Haut liegen. Sie werden zuvor mit einem injizierten Lokalanästhetikum betäubt. Sobald die entsprechende Stelle gefühllos ist, wird der Katheter durch die Aorta bis in die linke Herzkammer eingeführt, wobei seine Lage auf dem Röntgenschirm ständig überwacht wird. Dieses Verfahren nennt man Herzkatheterisierung. Mit der gleichen Methode untersucht man auch die Herzkranzgefäße (Koronarangiographie) oder die Herzklappen sowie den Druck in den Herzkammern.

Zur Ballonangioplastie verwendet man einen etwas anders gebauten Katheter mit einer Doppelröhre und einem kleinen aufblasbaren Ballon an der Spitze (s. Abb. S. [illegible]5). Der Ballon ist etwa 2,5 cm lang und läßt sich auf einen Durchmesser von 2 bis 4 mm aufblasen. Der Arzt schiebt den Katheter in das betroffene Gefäß bis zu der verengten Stelle, die man zuvor durch Koronarangiographie sichtbar gemacht hat; bei der Koronarangiographie wird ein Kontrastmittel, das im Röntgenbild weiß aussieht, mit einem Katheter gezielt in die linke und rechte Koronararterie gebracht.

Bei allen Patienten, die sich einer Ballonangioplastie oder einer Bypass-Operation unterziehen, muß der Arzt zunächst durch die Angiographie genau feststellen, wo die Gefäße durch atherosklerotische Plaques verengt sind. Diese Diagnose kann einige Tage oder auch mehrere Wochen vor einer Operation oder anderen Therapiemaßnahmen erfolgen.

Vorhofflimmern

Als Vorhofflimmern bezeichnet man eine bestimmte Art der Herzrhythmusstörung. Das Herz schlägt nicht mehr mit der Präzision eines Uhrwerks, sondern sehr unregelmäßig. Diese unregelmäßige Herztätigkeit kann sich auf 150 bis 180 Schläge in der Minute beschleunigen und wird dann häufig als Herzrasen wahrgenommen. Das Vorhofflimmern ist die häufigste dauernde Herzrhythmusstörung.

Zahnbehandlungen und Herzkrankheiten

Patienten mit geschädigten oder künstlichen Herzklappen müssen vor einer Zahnbehandlung Antibiotika nehmen, damit es nicht zu Infektionen kommt. Wer an Angina pectoris leidet und einen Herzinfarkt oder eine andere Herzkrankheit hatte, benötigt bei Zahnbehandlungen keine Antibiotika. Eine Infektion der Herzklappen bezeichnet man auch als Endokarditis (s. S. 137f.). Sind die Herzklappen durch rheumatisches Fieber, Mitralklappenprolaps oder andere Krankheiten geschädigt, sollte man eine Stunde vor und sechs Stunden nach der Zahnbehandlung Antibiotika einnehmen.

Alle Patienten, die von ihrem Arzt darüber aufgeklärt wurden, daß Herzgeräusche auf einen geringfügigen Schaden der Herzklappen hinweisen, sollten ihrem Zahnarzt darüber berichten und Antibiotika bei sich tragen. Alle Patienten mit künstlichen oder biologisch-prothetischen Herzklappen brauchen Antibiotika bei Zahnbehandlungen sowie bei den meisten anderen Operationen und Biopsien (Gewebeentnahmen).

Herztest: Erkennen Sie Ihr Herz-Kreislauf-Risiko

	Bewertung
Wie alt sind Sie?	
■ unter 20	0
■ zwischen 20 und 40	1
■ zwischen 41 und 55	2
■ über 55	3
Ihr Geschlecht?	
■ weiblich	0
■ männlich	1
Wie häufig kamen Schlaganfälle oder Herzinfarkte in Ihrer Familie vor?	
■ bei keinem engen Verwandten	0
■ bei ein bis zwei engen Verwandten im Alter über 60 Jahren	1
■ bei ein bis zwei engen Verwandten mit 60 Jahren	4
■ bei ein bis zwei engen Verwandten im Alter unter 60 Jahren	6
Traten bei Ihnen bereits Angina pectoris, Schlaganfall oder Herzinfarkt auf?	
■ nein	0
■ Angina pectoris	2
■ Schlaganfall oder Herzinfarkt im Alter von über 50 Jahren	4
■ Schlaganfall oder Herzinfarkt im Alter von unter 50 Jahren	6
Arbeiten Sie?	
■ nicht berufstätig	0
■ Berufsfachmann, Angestellter	0
■ ausgebildeter Arbeiter, Facharbeiter	1
■ teilweise ausgebildeter oder ungelernter Arbeiter	2
Sind Sie Diabetiker (zuckerkrank)?	
■ nein	0
■ Diabetes mit Diät kontrollierbar, Alter über 40	1
■ Diabetes mit Tabletteneinnahme, Alter über 40	2
■ Diabetes, der unter 40 einsetzte, mit Insulingabe	3
Haben Sie hohen Blutdruck?	
– systolischer (oberer) Druck, soweit bekannt:	
■ unter 120 mm Hg	0
■ 120 bis 139 mm Hg	1
■ 140 bis 159 mm Hg	2
■ 160 bis 199 mm Hg	3
■ 200 bis 229 mm Hg	4
■ über 230 mm Hg	6
– oder nach Bewertung des Arztes:	
■ leichter Bluthochdruck	3
■ mittelschwerer Bluthochdruck	6
Sind Sie Raucher?	
■ nein oder seit mehr als fünf Jahren nicht mehr	0
■ nach 1992 aufgehört	1
■ weniger als 10 Zigaretten pro Tag	2
■ 11 bis 20 Zigaretten pro Tag	3
■ 21 bis 40 Zigaretten pro Tag	4
■ über 40 Zigaretten pro Tag	6
Wie hoch ist Ihr Cholesterinspiegel?	
■ unter 180 mg	0
■ 180 bis 218 mg	1
■ 219 bis 240 mg	2

- 241 bis 268 mg 4
- über 268 mg 6

– oder nach Bewertung des Arztes:

- leicht erhöht 2
- mittelmäßig erhöht 4
- hoch 6

Wie setzt sich Ihre Ernährung zusammen?

- täglich Fleisch, Butter, Käse, mehr als 7 Eier pro Woche, ca. 0,3 bis 0,6 l Vollmilch, mehr als 150 ml Sahne pro Woche 6
- Butter täglich, Fleisch vier- bis sechsmal pro Woche, 4 bis 7 Eier pro Woche, Geflügel und Margarine mit mehrfach ungesättigten Fettsäuren; 0,3 l Magermilch 3
- maximal 4mal Fleisch und 2 bis 4 Eier pro Woche; Geflügel und Margarine mit mehrfach ungesättigten Fettsäuren; 0,3 Liter Magermilch, zwei- bis dreimal Käse oder Sahne 2
- Geflügel und Fisch, gelegentlich Fleisch, Käse, Sahne und Butter; weniger als 3 Eier wöchentlich; Weichmargarine und Magermilch 1
- vegetarische Nahrung mit Joghurt, Magermilch, Vollkorngetreide, Früchten und Gemüse; mehrfach ungesättigte Fettsäuren 0

Ihre Lebensweise …

- … ist ein ständiger, freudloser Kampf. Sie meinen oft, in der Falle zu sitzen. 4
- … bringt häufig Ärger. Sie verlieren gelegentlich die Kontrolle. 3
- … ist manchmal fordernd. Sie fühlen sich oft frustriert oder gelangweilt. 2
- … nehmen Sie entspannt. Sie bringt das Gefühl, etwas geleistet zu haben. 0

Ihr Gewicht?

(nach Broca: Normalgewicht = Körpergröße in cm minus 100)

- weniger als 4,5 kg zuviel 0
- bis 11,5 kg Übergewicht 2
- mehr als 11,5 kg Übergewicht 4

Treiben Sie Sport?

- mindestens dreimal wöchentlich intensiv 0
- regelmäßig Schwimmen, Fitneßtraining, Yoga, Spazierengehen 1
- sitzende Tätigkeit und sehr wenig Bewegung 3

Gesamtzahl der Punkte

Auswertung

Zählen Sie Ihre Punkte zusammen.
Ihr Risiko ist …

- unterdurchschnittlich bei 0–10
- durchschnittlich bei 11–20
- mäßig 21–30
- hoch 31–40
- sehr hoch 41–50
- gefährlich hoch > 50

Abdruck mit freundlicher Genehmigung der
Deutschen Herzstiftung, Vogtstraße 50
60322 Frankfurt
Service-Telefon: 01803/333 233